SHANGHAI TOWER
CURTAIN WALL STRUCTURE

上海中心大厦悬挂式幕墙结构设计

丁洁民 何志军 著

中国建筑工业出版社

前言
FOREWORD

上海中心大厦位于上海浦东陆家嘴金融区核心区小陆家嘴，与金茂大厦和上海环球金融中心毗邻，是我国设计建造的第一幢600m以上的超高层建筑，总建筑面积58万m^2，主体结构高度583.4m，塔冠结构最高点632m，建成后三座建筑成品字布局，共同成为上海的新地标。该项目首次在超高层建筑中大规模使用了双层独立玻璃幕墙系统，其中与主体结构分离且扭曲收缩的外幕墙系统是整栋建筑区别于其他高层建筑的显著特点之一。

如何为脱离主体结构且扭曲上升的外幕墙提供坚实的支撑，保证整个外幕墙系统的安全受力和正常使用，是整个幕墙系统设计乃至整个项目结构设计的难点。为此，该项目首次在超高层建筑上采用了一种新型的分区悬挂的“巨型柔性悬挂式幕墙支撑结构体系”，用于实现外幕墙扭曲的外立面几何形态。该体系独立于主体结构、几何造型扭曲、分区悬挂重量大、悬挂高度高、竖向支承刚度柔且不均匀，整个幕墙结构体系构成及传力较为特殊导致其与主体结构协同工作复杂，给结构设计与施工带来巨大的技术挑战。

由于该体系在国内外超高层建筑工程中尚无应用先例，且在很多方面都超越了现行技术标准，同济大学建筑设计研究院（集团）有限公司抽调技术骨干组成科研攻关团队对其进行技术攻关。无论是结构体系还是节点构造均经历了多轮的反复论证分析与优化，进行了大量的创新性工作，相关优化措施不仅提高了整个系统的可建造性，而且节省了结构造价，取得了显著的经济效益。同时科研团队还对对结构安全至关重要的，水平和竖向荷载下幕墙支撑结构与主体结构协同工作性能、竖向地震反应以及施工过程中幕墙支撑结构的受力特性等一系列非常规问题进行了深入的专项分析和研究，确保了工程建设的顺利进行，幕墙系统的建造完成也验证了该结构分析、设计研究的可靠性。另外，在深化设计阶段，科研团队配合上海市机械施工集团有限公司对支撑结构的竖向伸缩节点、短支撑节点、扭转限位约束节点等一系列特殊节点构造进行了深入的深化设计研究，确保了相关特殊节点设计的可实施性。

上海中心幕墙支撑结构设计经历了艰辛的设计历程，其成功的设计经验和研究成果是对现有高层建筑幕墙结构设计理念和方法的丰富和完善，同时也对其他类似的复杂工程项目具有一定的参考价值。

本书共有9章。第1章为项目工程的基本概况，主要介绍工程背景情况，幕墙建筑设计理念，结构设计的特点及难点。第2章为主体结构设计概况，简要介绍主体结构的体系及设计情况，使读者对幕墙依附的主体结构有所了解。第3章主要介绍幕墙的体系及其与主体结构的连接关系，使读者对上海中心幕墙系统构成特点有宏观的了解。第4章为荷载与作用，介绍幕墙系统所承受的荷载的特点。第5章介绍幕墙结构的基本力学特性及基本设计情况。第6~8章详细介绍了幕墙与主体结构协同工作特性，包括静力协同特性、地震反应、施工过程影响等。第9章对幕墙支撑结构一些关键节点设计、试验情况进行说明。

本书由丁洁民负责组织和定稿，丁洁民、何志

军、李久鹏编写，胡殷为本书的编写也做了大量工作。

上海中心幕墙支撑结构的设计过程，得到了建设单位上海中心建设发展有限公司全方位的大力支持，总经理顾建平先生、副总经理葛清先生在项目最艰难的攻关阶段给予了充分的信任是项目设计得以顺利完成的重要保障，在此表示衷心的感谢。

美国 GENSLER 建筑师事务所，完成了幕墙系统的方案及初步设计，在项目的前期做了大量协调工作，在此表示衷心的感谢。

美国 Thornton Tomasetti 工程顾问公司执行总裁 Dennis Poon 先生，副总裁朱毅先生在项目前期做了大量探索性的工作，为后续设计工作提供了建设性的建议，在此表示衷心的感谢。

上海建工集团副总裁房庆强先生在项目设计、施工过程中做了大量协调工作，上海机械施工集团有限公司总工程师吴欣之先生针对有关特殊节点的深化设计，提出了大量创造性的解决方案，在此一并表示衷心感谢。

宝钢钢构有限公司、沈阳远大铝业工程有限公司，在钢结构深化设计及加工、幕墙深化及制作安装过程中做了大量卓有成效的工作，圆满地实现了设计的意图，在此表示衷心的感谢。

最后，由衷感谢同济大学建筑设计研究院（集团）有限公司“上海中心设计团队”的各位同仁在幕墙支撑结构设计和建造过程中给予的全方位的大力支持和配合。特别感谢集团总建筑师任力之先生、副总建筑师兼上海中心项目经理陈继良先生，在技术上所给予的支持以及在项目设计和施工过程中所做的大量协调工作。

谨以此书献给所有为此项目付出艰辛工作的单位和个人。

本书介绍的内容引用了美国 GENSLER 建筑师事务所、美国 Thornton Tomasetti 结构事务所、沈阳远大铝业工程有限公司，在幕墙建筑设计、幕墙结构初步设计、幕墙深化设计中所做的杰出工作，以及加拿大 RWDI 顾问公司的风洞试验的研究成果，在此一并表示感谢。同时，本书的编写过程中也参考了很多国内外同行的相关资料、图片及论著，并尽其所能在参考文献中予以列出，但如有疏漏之处，敬请谅解。

由于作者水平有限，且成书时间较紧，书中不妥之处在所难免，敬请广大读者批评指正。

丁洁民

2014 年 12 月于上海

目录

CONTENTS

1 CHAPTER 第 1 章

项目基本情况
Project basic information

工程背景
Project background

建筑设计概况
Architectural design overview

幕墙设计概况
Curtain wall design overview

外幕墙结构设计挑战
Structural design challenge of curtain wall

外幕墙支撑结构选型
Structure selection of exterior curtain wall support system

悬挂式幕墙支撑结构设计的特点及难点
Structural feature and difficulties of suspended curtain wall support structure design

1.1 工程背景

上海中心大厦是浦东小陆家嘴地区继金茂大厦、环球金融中心之后的第三座也是最后一座超高层建筑。三座超过 400m 的超高层建筑形成品字形格局，并作为一个和谐的整体成为陆家嘴的新地标(图 1.1)。作为收官之作的上海中心，其建设规划可追溯到 20 年前，1990 年国务院宣布开发浦东，在陆家嘴成立中国首个国家级金融开发区，随后上海市政府在 1993 年《上海陆家嘴中心区的规划设计方案》中明确了在小陆家嘴核心区将规划建设上海中心、金茂大厦、环球金融中心组成超高层建筑群，形成上海中心城区的制高点。

经过近 20 年的开发、建设，小陆家嘴作为陆家嘴金融贸易区的核心区，其形态和功能已经发生天翻地覆的变化，已经成为中国最具有代表性的超高层建筑集聚区之一，在上海中心开工建设之前，已经建成了东方明珠、金茂大厦、上海环球金融中心三座 400m 以上超高层地标建筑；从城市功能上看，现小陆家嘴中外金融机构集聚，已经成为陆家嘴金融城的主要载体。

上海中心的开工建设标志着整个陆家嘴金融贸易区进入了一个崭新的发展阶段，其建设机遇与挑战并存，既可以借鉴小陆家嘴地区的超高层建设和开发经验，又将承载着完善区域功能配套、丰富城市空间、推进历史创新的使命。

图 1.1 小陆家嘴地区平视图

1.2 建筑设计概况

上海中心的整个建筑设计从形态、功能、品质等方面进行了诸多的设计创新。

在建筑形态上，上海中心旋转而具有动感的流线形造型与古典的金茂、简洁硬朗的环球既形成强烈对比而又相互呼应、和谐共处，并形成“过去、现在、未来”的时空联系 [1]。

从建筑高度上，632m 高的上海中心充分考虑了与 492m 高的环球金融中心和 420m 高的金茂大厦的高差关系，使三座建筑的顶部呈优美的弧线形上升(图 1.2 ~ 图 1.5)。同时兼顾了与东方明珠、外滩建筑群、人民广场等重要建筑、城市空间的关系，以达到和谐共存、遥相呼应的效果。

在建筑功能配置上，着重于小陆家嘴核心区的功能完善、提升区域发展潜力。结合建筑避难层和设备层的设置，整个大厦沿高度分为 9 个区段，每段 12~15 层，由低到高依次配置了商业娱乐、高档办公、酒店、精品办公和观光体验 5 大功能(图 1.6 ~ 图 1.8)。其中 1 区（包括裙房）为高档商场餐饮以及大型会议，2~6 区为办公楼，7 区和 8 区为酒店和精品办公，9 区为塔冠区，主要为观光体验，但其具体的功能分布十分复杂，在垂直方向上又可细分为三个功能分区（图 1.9），从下至上依次为 118~120 层的室内观光区，主要为室内观光，同时 120 层又设有餐厅，可作为大型活动中心；121~124 主要为设备层，在该高度范围内的外围桁架上设有风力发电机，可为大楼提供部分电能，同时 121 层还设有室外观景平台；125~127 层有为改善大楼舒适度而设置的 TMD 阻尼器，这一区域同时也作为观光区域向外开放。除以上功能外，塔冠区还设有冷却塔、卫星天线、泛光照明等大量的机电设备。

在垂直交通系统的组织上，上海中心的竖向交通主要由各区的穿梭电梯组及服务于各区区间内电梯组组成。用户可以在塔楼底部乘坐各区的穿梭电梯直达各区段的空中大堂，然后在空中大堂换乘区段内电梯从而达到目的楼层。为保证核心筒的运送效率，所有穿梭电梯均设置为双层，每层载重量均为 1600kg（图 1.10）。此外，塔楼还设有 3 部速度 18m/s 的双层高速观光电梯，可将游客直接送达塔楼顶部观景平台进行观光。

整个建筑用地面积 30370m^2，地上建筑面积大约 41 万 m^2，容积率 12.51，共 132 层，其中最高观光楼层为 126 层，583.4m 高，顶部其余楼层为设备用房[2, 3]。地下 5 层，埋深 25m，总面积约 16.6 万 m^2。

整个建筑从几何造型、围护系统设计、建筑内部空间组织到主体结构以及机电系统设计，均以绿色节能、低碳为目标，对建筑相关各领域的尖端技术进行全方位的创造性整合和应用，力图将整个项目打造成一座绿色、环保的多功能垂直城市。

在该项目的诸多绿色专业设计技术中，分离式双层幕墙是最为关键的绿色设计技术策略。内幕墙与主体楼面呈圆柱体布置并沿高度分区收缩，外幕墙平面形状为与主体楼面内切的圆角三角形（图 1.8、图 1.11），在高度方向，三角形的外幕墙绕着圆柱体楼面逐层旋转、收缩向上，借助避难层和设备层分隔在内外幕墙之间形成 21 个空中庭院（图 1.12~ 图 1.14）。

该分离式的双层幕墙成为大厦可呼吸的智能表皮系统，有效地降低了建筑的能耗，提高了室内环境品质。空中庭院作为各功能分区的开放式共享空间，提供分区的餐饮、社交等公共配套服务，既丰富了超高层内部的工作和生活体验，又降低楼内人群下到地面的交通需求，减少了电梯的使用频率，提高了建筑的运营效率，降低了能耗。分离式双层幕墙和空中庭院，是整个项目的核心创意和最大的设计亮点。

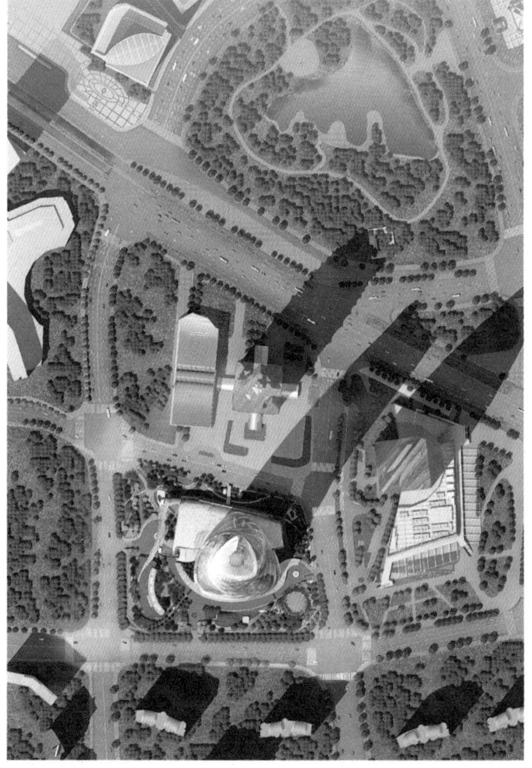

1 图 1.2 上海中心、环球金融中心、金茂大厦平视效果
2 图 1.3 上海中心、环球金融中心、金茂大厦俯视图

1 2
3

图 1.4 上海中心、环球金融中心与金茂大厦立面图
图 1.5 扭转上升的上海中心大厦
图 1.6 上海中心大厦裙房效果图

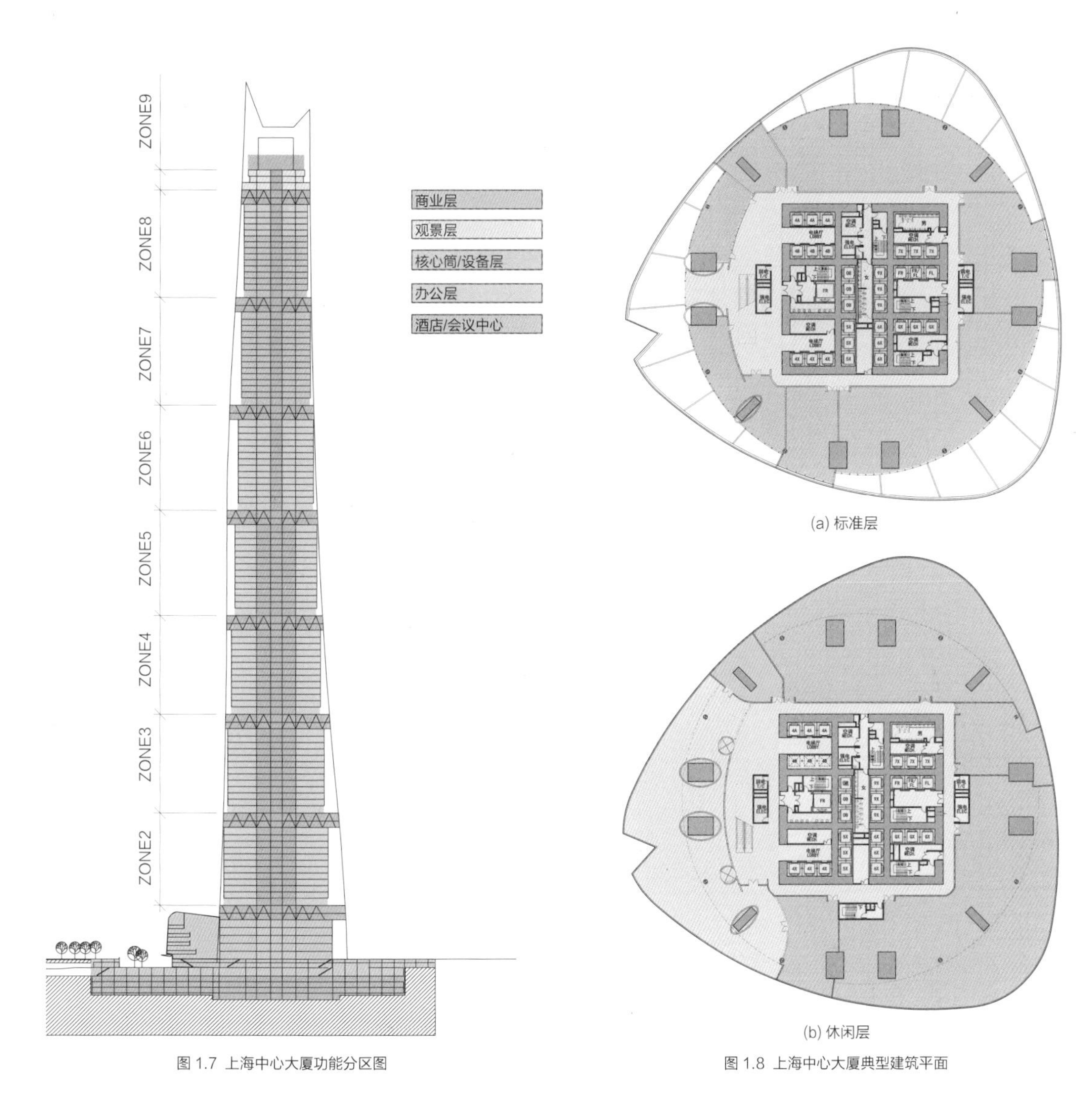

图 1.7 上海中心大厦功能分区图

图 1.8 上海中心大厦典型建筑平面

图 1.9 上海中心大厦塔冠功能分区

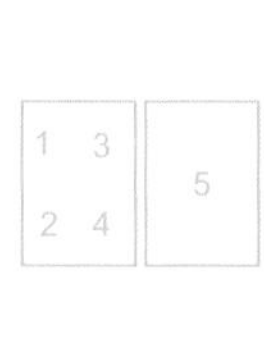

图 1.10 上海中心双层轿厢
图 1.11 圆柱体内表皮与三角形流线形外表皮
图 1.12 双层幕墙与空中庭院
图 1.13 上海中心大厦空中庭院局部剖面
图 1.14 空中庭院内景

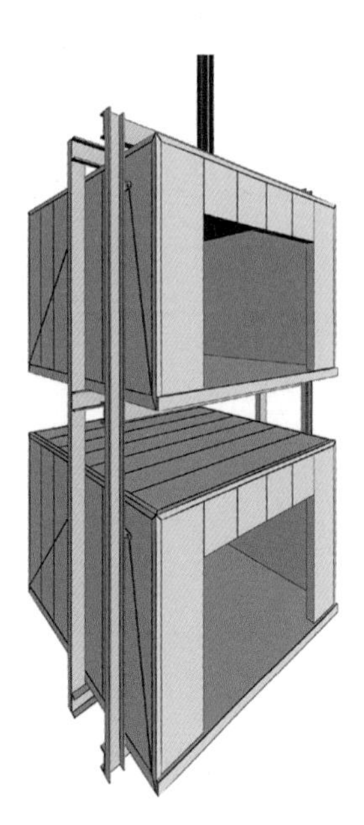

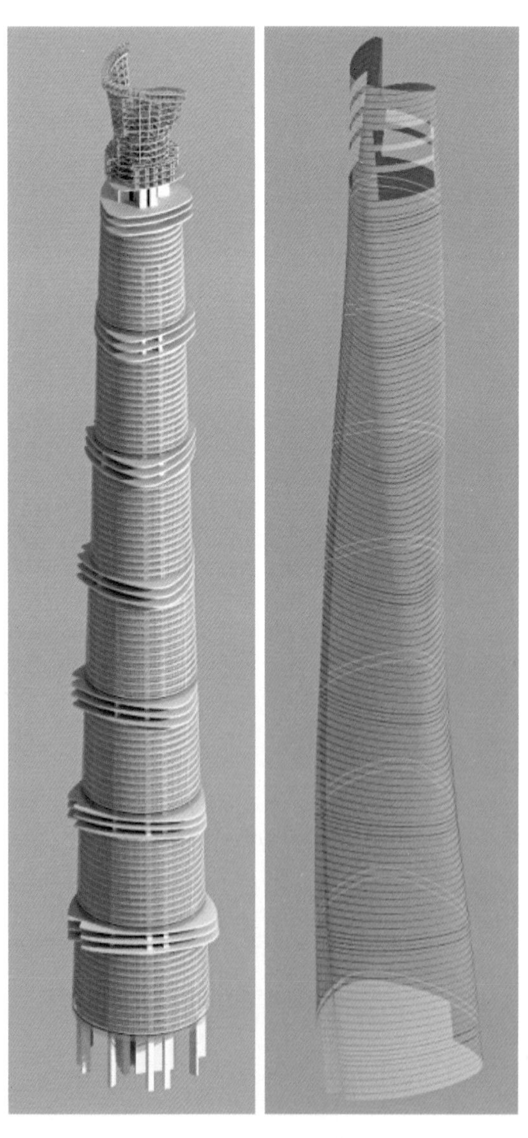

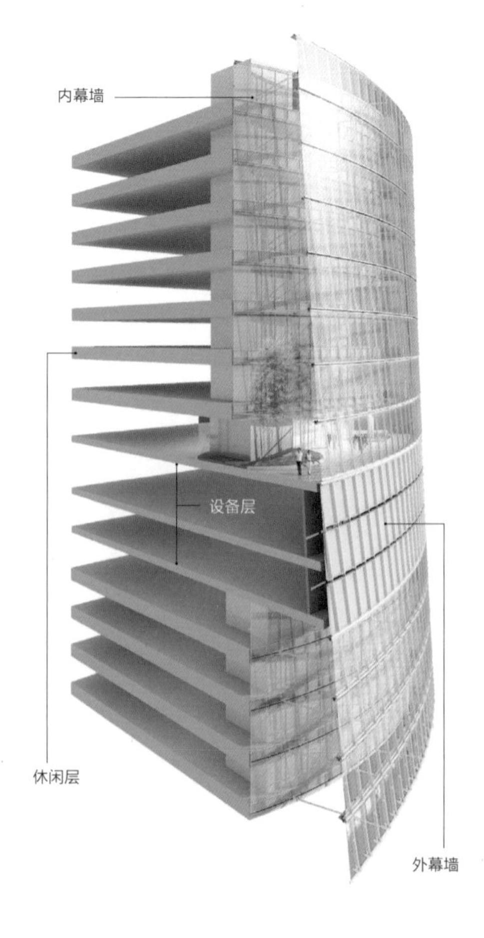

1.3 幕墙设计概况

1.3.1 幕墙系统设计理念

上海中心大厦创造性地设计了从未在超高层大规模应用的内、外分离的双层幕墙系统，双层幕墙和空中庭院构成整个建筑的核心设计理念，是实现绿色低碳设计的关键设计技术支撑。更具创意的是，设计师还将双层幕墙的外表皮设计成逐层旋转并逐渐向上收分的形态，让大楼具备了动感，突破了以往超高层建筑外形简单、规则的惯例。大楼外形从底到顶连续旋转 120° ，同时几何轮廓也随高度逐层收缩，顶部为底部的 55%。这样设计的流线形的立面形态，部分是从与周边环境以及与金茂和环球关系角度考虑的；更为重要的是，采用这种非规则、非对称收分的建筑造型有利于破坏塔楼尾流旋涡脱落的规律性，从而降低结构横风向风振效应。风洞试验表明，上海中心的最终设计的几何造型较常规的正方形截面锥体造型可减少 40% 的风力，节省结构造价约 3.5 亿元。

但如果将主体结构也按照这样非规则造型进行设计，将成倍地加大主体结构的设计和建造难度，并影响建筑的使用效率。为此创造性地采用了内、外幕墙分离的双层幕墙设计策略，将内幕墙和主体建筑设计成造型一致的分段收缩圆柱体造型，而将外幕墙与主体建筑脱开（图 1.15~ 图 1.18），使其造型设计相对独立于主体结构，从而可以在保持主体建筑造型简洁高效的同时，增加了外表皮几何造型设计的自由度，进而为通过改变建筑几何造型来降低整个建筑的横风向风振效应提供了可能性。

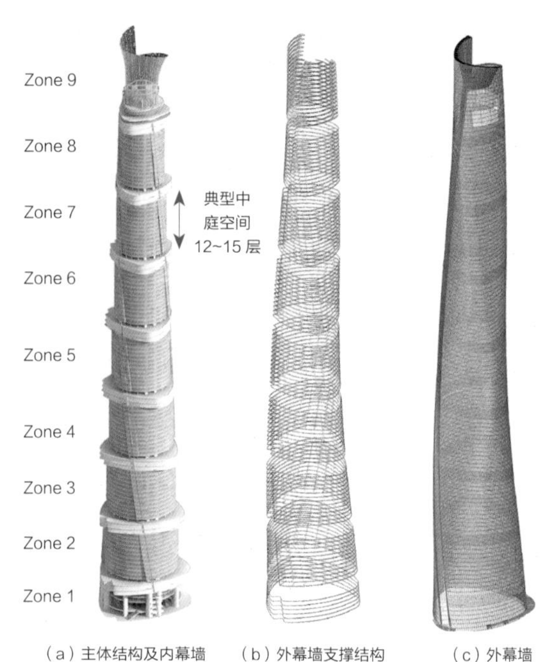

（a）主体结构及内幕墙　（b）外幕墙支撑结构　（c）外幕墙

图 1.15 幕墙系统构成

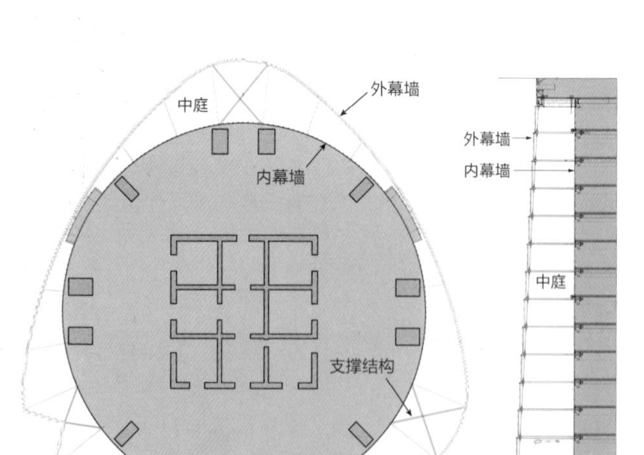

（a）平面图　（b）剖面图

图 1.16 内外幕墙位置关系

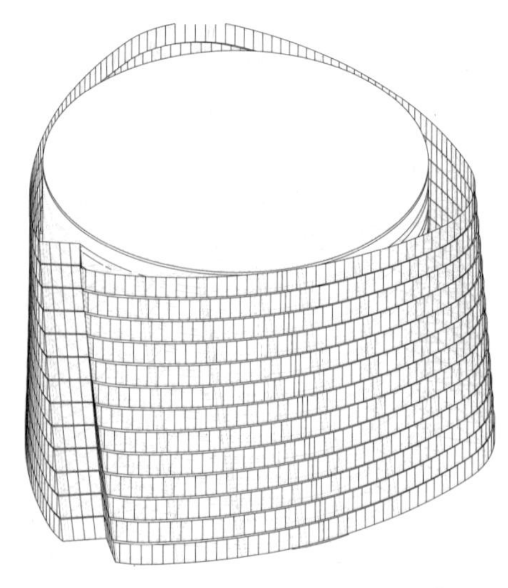

图 1.17 幕墙区段模型

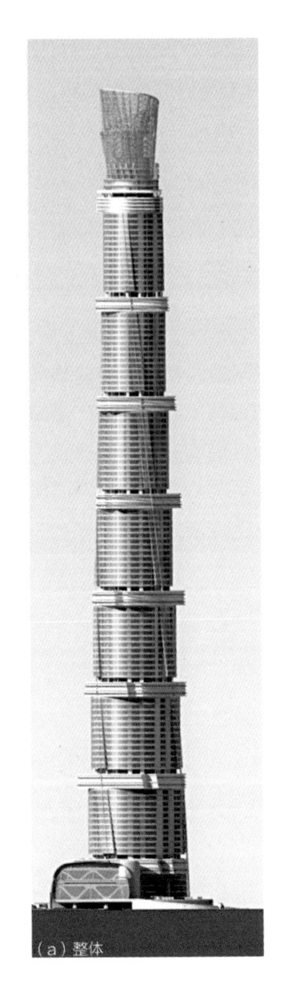

图 1.18 上海中心内幕墙

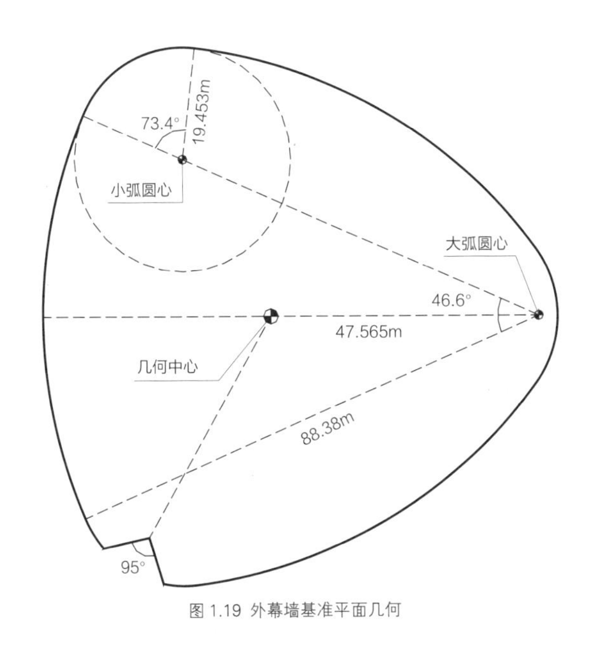

图 1.19 外幕墙基准平面几何

1.3.2 外幕墙几何形态及优化

由于外立面 45m 以下区域基本被周边建筑遮挡，为此以 45m 标高处的圆角三角形轮廓（图 1.19）作为建筑表皮的基准平面沿高度方向逐层扭转、收分形成整个光滑、连续的流线形建筑表皮。圆角三角形由两段半径分别为 88.38m 和 19.453m 的大小圆弧围绕建筑的几何中心交替衔接重复 3 次，并在其中一个圆角开 95° 的 V 形口而形成。其中大圆弧圆心距建筑几何中心 47.565m，圆心角 46.6° ，小圆弧与大圆弧在端部相切连接，圆心角 73.4° [4, 5]。

为了让建筑形态更加优美、轻盈，方案早期建筑师分别从数学和美学角度，对建筑扭转角度进行了反复论证和优化。从 90° 开始按 10° 量级递增，一直到 180° ，每个递增角度分别输出模型进行比较（图 1.20）。通过比较发现，旋转角度越大，建筑体量动态效果越强烈，但过于强烈的动态感将破坏上海中心和陆家嘴超高层建筑群体之间的和谐关系。为确保建筑几何造型的最优化，最终借助风洞试验对大楼外形进行空气动力学优化（图 1.21）。考虑实际上允许的扭转范围，先对 100° 和 180° 两个扭转角度进行风洞试验研究，结果确实证明了扭转造型对降低横风向响应的效果。在此基础上，就 110° 和 120° 两个扭转角进行风洞试验。在综合考虑风洞试验结果与其他诸如建筑美观和幕墙设计等各种因素后，最后发现整体扭转 120° ，是美学与风工程学的最佳结合点。

相较于外表皮的线性旋转，其收分并不是一个线性过程，收分表现在楼层平面上即为相对于基准平面的缩放比率（图 1.21）。为了最大化外层表皮所能覆盖的内层圆柱空间的使用面积，即实现最大体表比，收分按幂函数 e^x 的方式进行，整个外表皮的几何可由下述公式准确描述，顶部相对基准平面缩小了 45%。

旋转值：$r=(\frac{120}{560})z+50$

缩放值：$y=e^{-0.001096(z-45)}$

其中，z 为楼层标高。

经风洞试验优化后最终确定的几何造型，以基底倾覆弯矩为比较指标，与最初设计的旋转 100° 造型相比，风荷载降低约 25%，顺风向等效体型系数仅为 0.95。风洞试验实景见图 1.22。

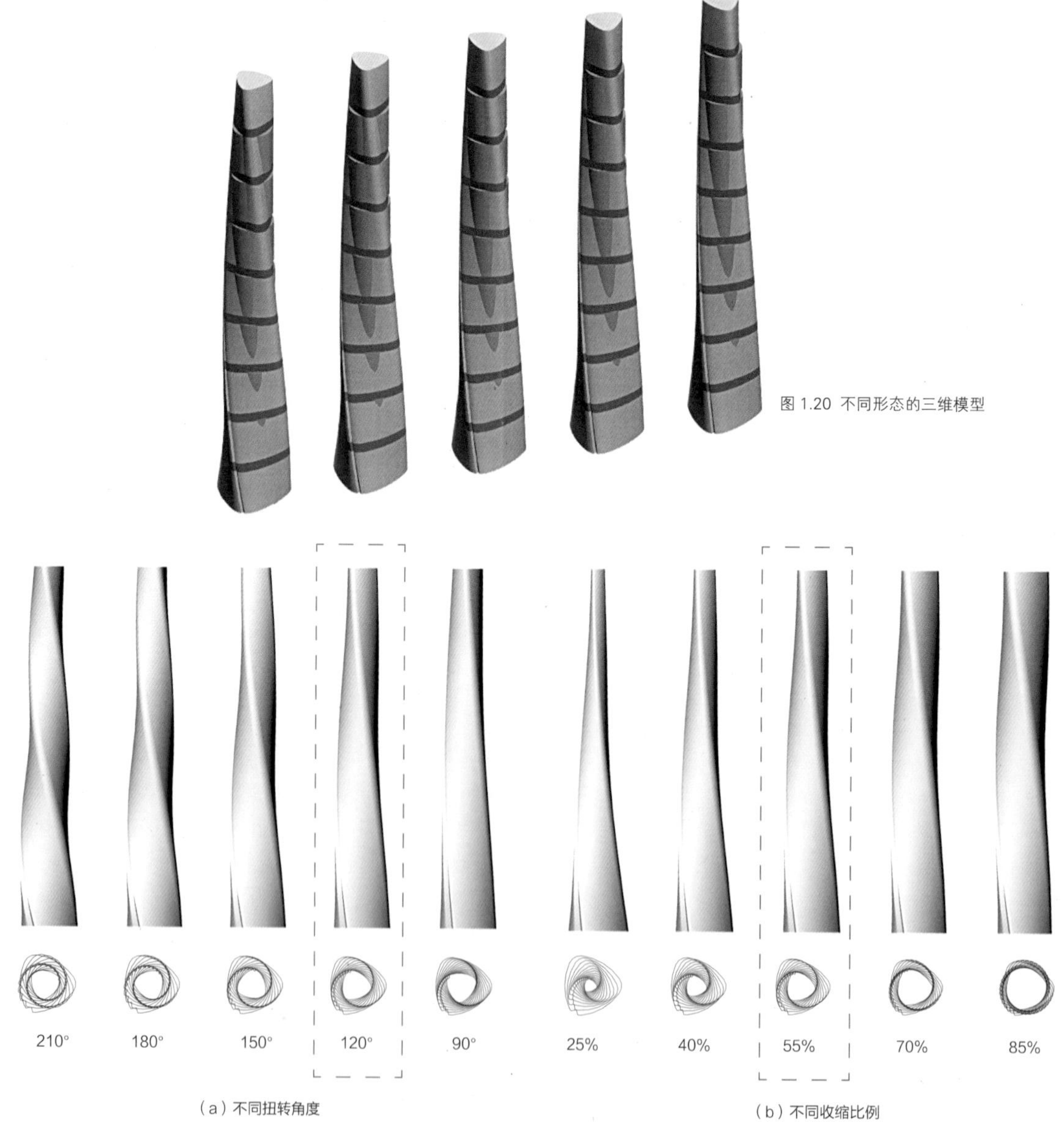

图 1.20 不同形态的三维模型

（a）不同扭转角度

（b）不同收缩比例

图 1.21 不同模型参数对比

图 1.22 风洞试验实景

1.3.3 复杂曲面幕墙的拟合

尽管借助空气动力学优化最终确定了建筑的几何造型，但由于建筑表皮逐层旋转收缩，导致常规划分的单元板块四个角点不在同一平面，针对这样一个非规则的 13.5 万 m^2 的超大尺度建筑表皮，如何排列和划分幕墙的玻璃板块，使之能与复杂的曲面形态匹配，并同时兼顾构造的经济性和可操作性，是这类复杂几何形态幕墙设计的一个难点。

为此在方案设计阶段，针对建筑的几何造型特点，从建筑效果、经济性及可建造性角度，对三种较为可行的排列方案："水平交叠式(shingle)"，"垂直阶梯式(stagger)"和"平滑式(smooth)"(图 1.23~图 1.25)进行了深入的选型研究。

这三种方案以不同的几何构成方式实现对上海中心复杂曲面造型的拟合。水平交叠式设计采用平行四边形玻璃，在水平向两块相邻玻璃像鱼鳞一样水平搭接(图 1.26)；垂直阶梯式设计采用矩形玻璃，玻璃始终垂直，利用上下层单元板块间凸台、凹台的宽度变化拟合曲面(图 1.27)；平滑式设计将玻璃冷弯成曲面形状以适应扭曲的曲面(图 1.28)[6]。

水平交叠式方案需采用平行四边形玻璃，导致其材料切割会产生较多废料；平滑式需将玻璃冷弯加工，玻璃加工难度高、造价昂贵；同时，水平交叠式和平滑式拟合一层建筑曲面所需要的板片种类约为垂直阶梯式的 5~10 倍，远远多于垂直阶梯式的排列方式，过多的板块类型导致两种方案的可建造性和经济性很差。

而垂直阶梯系统的玻璃板块为常规的矩形板块，板块易于加工，切割后无废料；建造所需板块种类少，整个系统的可建造性和经济性突出，成为最佳选择。此外，通过对不同方案的光反射分析表明，与水平交叠和平滑式方案相比，垂直阶梯式幕墙系统对周围建筑造成的光反射影响也最小。

(a) 整体

(b) 局部

图 1.23 水平交叠式板块排列

(a) 整体

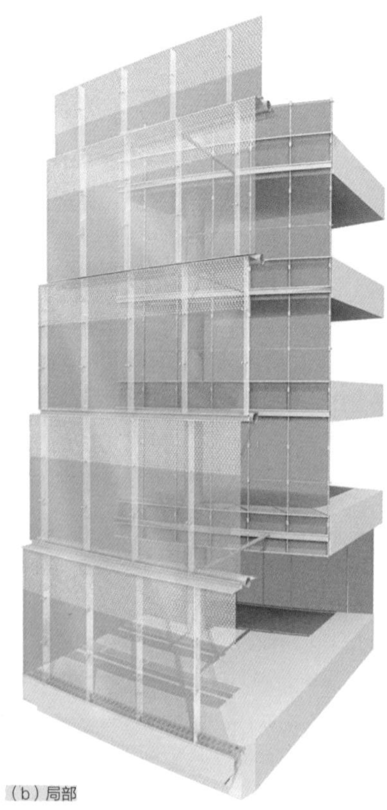
(b) 局部

图 1.24 垂直阶梯式板块排列

(a) 整体

(b) 局部

图 1.25 平滑式板块排列

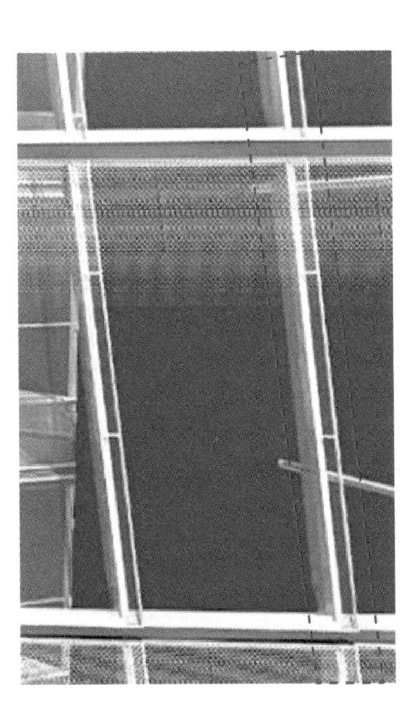

图 1.26 交叠式构造

图 1.27 垂直阶梯式构造

图 1.28 平滑式板块曲面玻璃

为进一步增加垂直阶梯幕墙系统的可建造性和经济性，借助 BIM 技术对全楼 2 万余块板块进行优化，对在幕墙组装容差范围内的幕墙板块进行归并，将拟合一层幕墙所需的板块种类缩减到了 13 种。其中，绝大多数幕墙板块为同一种类，仅在 V 口附近额外增加了几种板块类型以适应建筑轮廓的变化。优化后各层主要板块的分格尺寸为：立面标准单元宽：2120mm（2 区 1 层）~1235mm（8 区 15 层）；立面标准单元高：4500mm（2~6 区相同），4300mm（7、8 区相同）。

1.3.4 幕墙单元板块构造

外幕墙板块构造的选择综合考虑了视觉效果、节能效果、结构安全性等因素，最终采用了横明竖隐的单元式构造。该构造对不均匀变形的吸收能力更强，有利于提高幕墙的整体安全性。

玻璃板片采用 12mm 半钢化超白玻璃 +Low-E 镀膜 +1.52mmSGP 胶片 +12mm 半钢化超白玻璃，通透性好且杂质少，自爆率接近零；SGP 胶片的剪变模量高，温度敏感性低，可以考虑夹胶玻璃的部分整体作用，因而可提高夹胶玻璃的承载力，同时能使玻璃意外破碎时的碎片牢牢粘在胶片上不脱落，提高玻璃安全性。同时从节能角度，外层幕墙采用夹胶玻璃、内层幕墙采用中空玻璃的组合，可使上海中心维护系统节能达 20%，仅比内外双层均采用中空玻璃少节能约 2.8%，却减少了 20% 左右的板片重量，大大降低了外幕墙结构系统的受力。

板块的龙骨采用铝合金型材（图 1.29），固定玻璃的上部横框悬挂在凸台牛腿的端部，凸台钢牛腿与环梁间采用两级转接件连接（图 1.30），可方便调整幕墙板块的定位偏差。下部横框与下层板块的铝合金上横框形成插接构造，用以吸收板块层间的相对竖向变形。

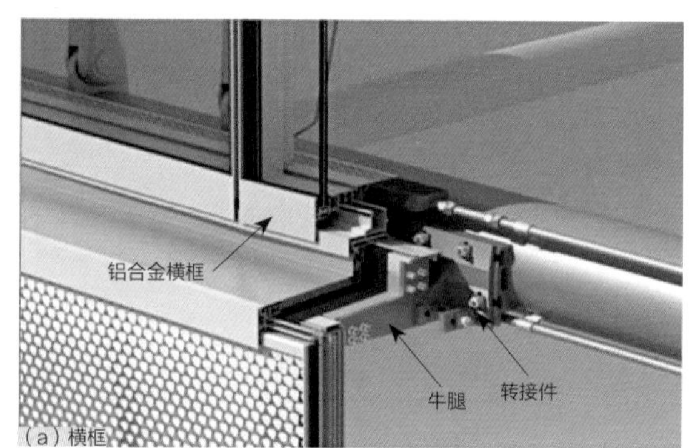

图 1.29 幕墙铝合金龙骨构造

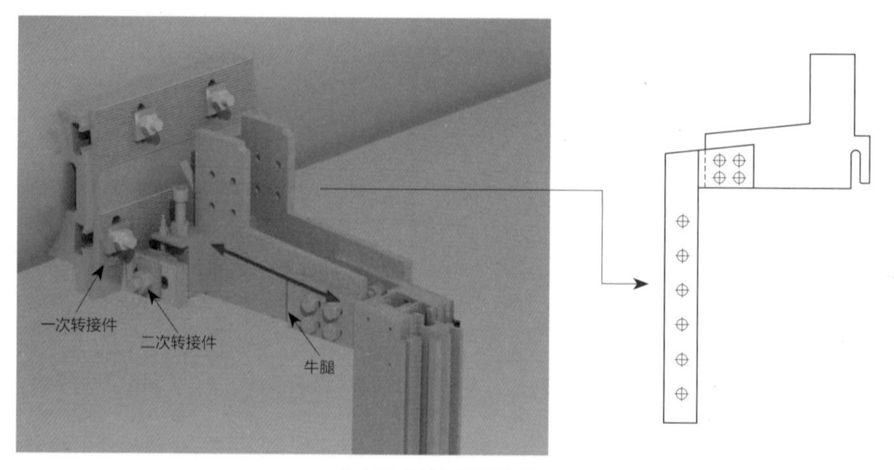

图 1.30 牛腿与转接件连接

1.4 外幕墙结构设计挑战

上海中心大厦外幕墙几何形态扭曲、收缩，分区体量超大且远离主体结构，给上海中心幕墙支撑结构的设计带来许多前所未有的技术挑战。

（1）外幕墙远离主体结构，中庭最宽处外幕墙距主体结构距离达 13m 以上，主结构无法直接为板块提供支撑，为此需在幕墙与主体结构之间设置在几何上能够协调内外幕墙的过渡次级结构系统，为幕墙板块提供支撑。

（2）由于外幕墙表皮形态不规则，支撑结构对复杂表皮几何应具有良好的适应性，能用简洁的结构搭建出复杂的几何形态。

（3）幕墙支撑结构的体量大，对幕墙系统的通透性影响大，因此支撑结构构件需要做到轻巧，断面小，视觉阻碍小。

（4）建筑超高，风荷载大，风洞试验结果表明幕墙板块最大负风压达到了 6.5kN/m^2（7~8 区）。相应的幕墙玻璃板片厚度也较厚，板块重量重，达到了 1.2kN/m^2，单块板块达 1t 重。分区幕墙吊重达 2200~3200t，支撑结构负荷重。

（5）上海中心结构超高，外幕墙面积较大，结构施工周期长、难度大，因此幕墙支撑系统应具有良好的可建造性及技术经济性。

1.5 外幕墙支撑结构选型

针对上述挑战，对外幕墙支撑结构体系做了详细的多方案的设计选型研究，包括刚性的三向斜交叉网格支撑结构方案（图 1.31）及水平桁架—吊杆悬挂方案（图 1.32）。刚性三向斜交叉网格支撑结构方案尝试将外幕墙结构加以利用，变成钢斜交叉网格外筒，以增加结构抗侧刚度。分析结果表明，增加钢斜交叉网格外筒后结构抗侧刚度仅提高 10%~15%，但用钢量却达 3 万 t，抗侧效率较低，并且构件及节点尺寸大，严重影响建筑外观。而柔性水平桁架—吊杆方案，竖向采用吊杆，视觉通透性较好，但水平向杆件较多，严重影响中庭视觉效果。

经过多方案的比选，外幕墙支撑结构最终选择了由“吊杆—环梁—径向支撑”组成的“分区段悬挂的柔性幕墙支撑结构系统”（图 1.33）。每区环梁由 25 组高强度吊杆串联，悬挂在顶部设备层悬挑端，径向通过 25 组径向支撑与楼面相连，底部通过 25 个竖向伸缩节点与休闲层相连，以允许幕墙与主体结构在竖向可相对自由变形。该系统具有轻盈通透、视觉阻碍小，结构传力简洁、结构造型与外幕墙高度匹配，结构用钢量小，总重量仅约 6200t 等优点。

图 1.31 三向斜交网格结构方案

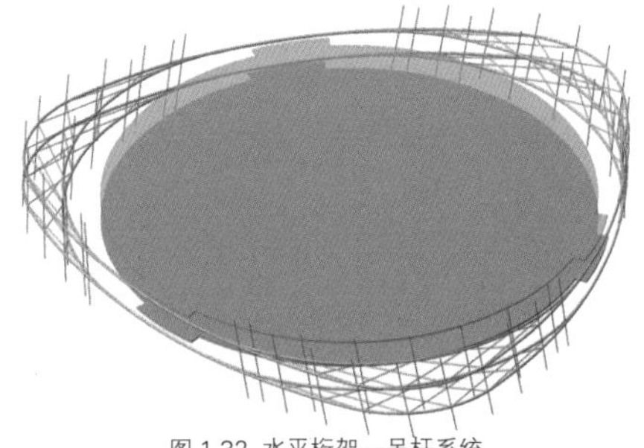

图 1.32 水平桁架—吊杆系统

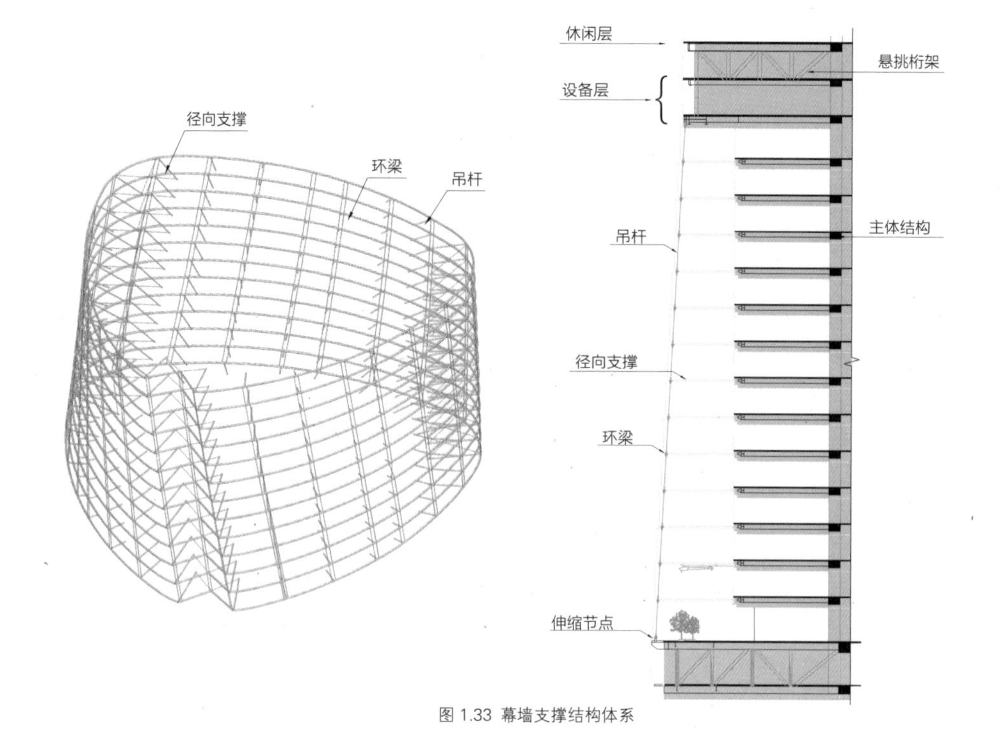

图 1.33 幕墙支撑结构体系

1.6 悬挂式幕墙支撑结构设计的特点及难点

尽管悬挂式幕墙支撑结构有许多技术上的优点，但该体系远离主体结构、几何造型扭曲、分区悬挂重量大、悬挂高度高、竖向支承刚度柔且不均匀，整个幕墙结构体系构成及传力较为特殊导致其与主体结构协同工作复杂。幕墙支撑系统的设计在保证自身受力安全、能可靠地向主体结构传递荷载的同时，需能在竖向相对主体结构自由变形，防止主体结构各种荷载效应下的变形导致幕墙板块破坏、支撑结构产生过大的约束次内力。这使其分析和设计面临诸多技术难点和挑战：

1. 荷载作用复杂

重力荷载作用下由于环梁曲线几何造型及幕墙玻璃板块偏心悬挂将引起环梁的扭转受力。

塔楼超高、几何造型扭曲，同时陆家嘴地区周围高层建筑林立，建筑间风荷载干扰大，这些因素都导致外幕墙承受的风荷载复杂，需借助风洞试验确定风荷载。同时作用在幕墙上的风荷载随时间和风向不断变化，如何利用风洞试验测得的幕墙板块风荷载，确定幕墙支撑结构的风荷载亦需专门分析和研究。

外幕墙采用超白玻璃，透光率高、辐射强；同时中庭空间大、高度高、热环境复杂，夏季在日照辐射下使中庭温度升高形成“温室效应”，上述两方面的综合作用导致这个幕墙结构的温度作用强。此外，幕墙向阳面与背阴面在同一时间日照辐射不同，从而使幕墙承受不均衡的温度作用。

2. 环梁超长、结构超静定温度敏感性强

支撑结构环梁周长在 2 区约为 300m，沿高度逐层减缩，8 区环梁周长为 170m 左右，环梁长度超长，径向支撑向心布置对环梁形成较强的径向和环向约束，将限制环梁伸缩变形，使其成为温度敏感结构。

3. 外幕墙存在绕主体塔楼扭转趋势

幕墙几何造型扭曲，在重力、风荷载、水平地震作用下，将绕主塔楼发生扭转。应控制环梁扭转变形，防止环梁层间剪切变形过大引起玻璃板块破坏 [7]。

4. 与主体结构协同工作性能复杂

常规的幕墙结构为附属于主体结构的单跨悬挂静定的结构系统，主体结构变形不会引起幕墙次结构产生附加内力，因此将其作为刚性边界条件独立的结构体系进行分析设计即可，不需与主体结构整体协同分析。

但上海中心幕墙支撑系统放射状布置的径向支撑将幕墙结构与主体结构形成超静定的传力和约束机

制，两者之间存在复杂的静动力相互作用机制。在幕墙悬挂重力及设备层附加恒活荷载作用下，由于各吊点悬挂刚度柔且不均匀，幕墙支撑结构将产生较大的不均匀竖向位移；同时主体结构超高重量大，分区巨柱长度长、建造时间长，导致幕墙安装完成后巨柱仍产生较大的压缩；水平荷载作用下，主体结构超高，侧向弯曲导致相邻设备层之间产生转角差。由于幕墙支撑结构环梁悬挂于顶部设备层上，将随顶部设备层转动产生随动竖向变形，而连接径向支撑的楼面次框架支承于下区设备层环带桁架之上，将随下区环带结构变形，由此导致各种水平和竖向荷载作用下，环梁与楼面产生较大的相对竖向位移。

上述体系构成、传力和变形特点，使幕墙支撑结构在将荷载传递到主体结构的同时，主体结构的变形又不可避免地使幕墙板块承受较大的竖向剪切变形，引起支撑结构构件产生附加次内力，并对有关节点构造带来不利影响。

5. 与主体结构连接构造复杂

重力荷载、风荷载、巨柱压缩、温度均会导致幕墙结构相对主体结构产生竖向相对位移。这就要求幕墙与主体结构连接构造节点既要传力可靠又要能吸收幕墙与主体结构相对变形，以防止幕墙产生过大的约束内力。

6. 竖向地震反应显著

从竖向受力来说，上海中心幕墙支撑结构为巨型的弹性串联悬挂系统，分区悬挂重量达 2200~3200t，且悬挂高度高（8 区达 536m），设备层悬挂点的竖向支承刚度柔，因此该结构在竖向地震作用下的响应不容忽视，且主体结构超高、超重，幕墙与主体结构的竖向振动周期均处在上海 IV 类场地反应谱平台段，使得幕墙结构的竖向地震响应更为突出。因此需对竖向地震作用下幕墙吊杆轴力、竖向加速度反应以及各吊点的竖向位移进行评估以保证幕墙结构及玻璃板块的设计安全。

7. 施工建造过程结构力学行为复杂

首先幕墙吊挂施工过程中，环梁将随吊点产生竖向不均匀的随动变形，导致其外观不平整并影响幕墙板块的安装及使用。因此，非常有必要对幕墙支撑结构进行施工过程模拟分析，并据此采取有效的控制措施确保环梁的几何平整度。

此外，巨柱区间压缩量较大对径向支撑和有关节点设计带来不利影响。而主体结构（巨柱）压缩量与主体结构施工顺序密切相关，因此需结合主体结构的施工顺序进行施工过程模拟分析，对巨柱压缩量进行相对准确的计算。

第 2 章

主体结构设计概况
Introduction of the main structure design

2.1　结构体系与布置

2.1.1　抗侧力体系

上海中心建筑高度 632m，结构高度为 580m，整个塔楼沿竖向共分为 8 个标准区段和 1 个 84.5m 高的塔冠，每个区段约 12~15 层，1~8 区区顶均布置有加强层，塔楼竖向分区布置见图 2.1。塔楼标准层呈圆形，平面直径由底部的 83.6m 逐步收缩到顶部塔冠区的 35m，加强层平面为倒角的三角形（图 2.2）。

塔楼主体结构 1~8 区采用带伸臂桁架的巨型框架－核心筒体系（图 2.3）。巨型框架结构由 8 根巨柱、4 根角柱及 8 道位于加强层的两层高的箱形空间环带桁架组成 [8, 9]。核心筒平面轮廓根据建筑功能布置由低区的方形逐渐过渡到高区的十字形。在塔楼的 2 区，4~8 区共设置了 6 道两层高的伸臂桁架，将巨型柱与核心筒联系起来，使周边巨型框架能更加有效地参与抗侧，有效地约束了核心筒的弯曲变形，提高了结构的抗侧刚度。在各个分区的加强层均设置了一层高的外挑径向桁架作为外幕墙结构的重力支承系统。

巨型框架中，8 根巨柱和 8 道位于加强层的箱形空间环带桁架为基本组成部分，1~5 区因巨柱之间环带桁架跨度较大，增设 4 根角柱以减小环带桁架跨度。巨柱和角柱均为钢骨混凝土柱，分别止于 8 区和 5 区顶部。

巨柱在竖向内倾布置，倾角约 2°，其截面随高度增加而逐渐缩小，截面从底部 3.7m×5.3m，渐变至

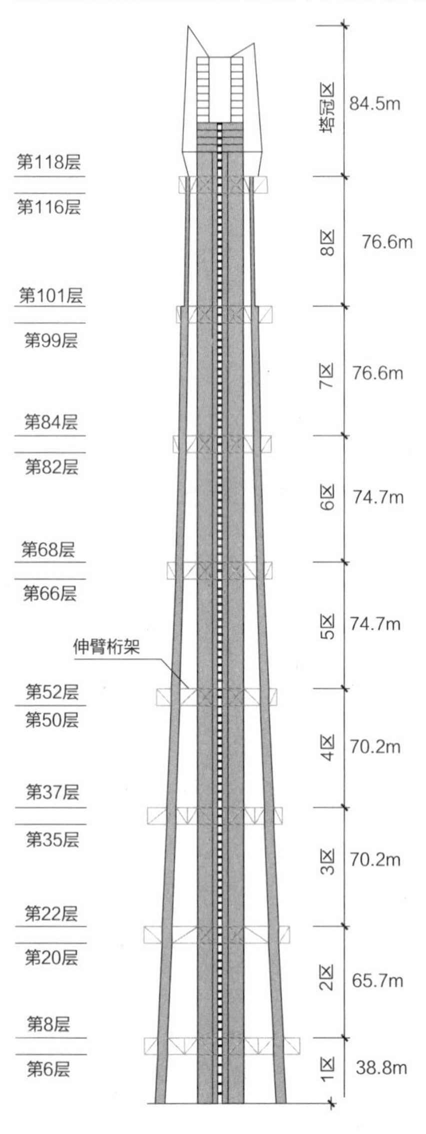

图 2.1 主结构剖面

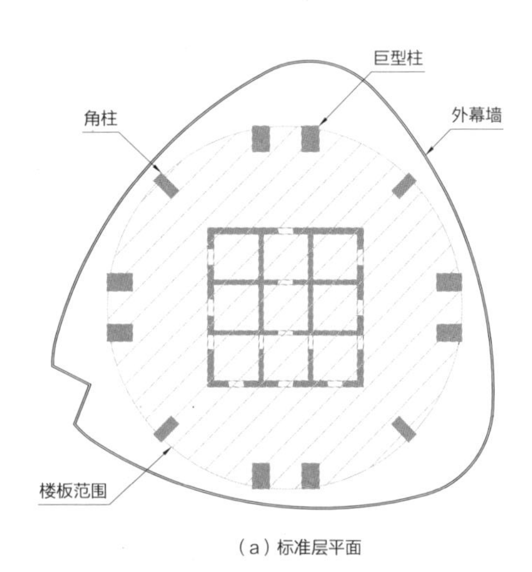

（a）标准层平面

（b）加强层平面

图 2.2 结构平面

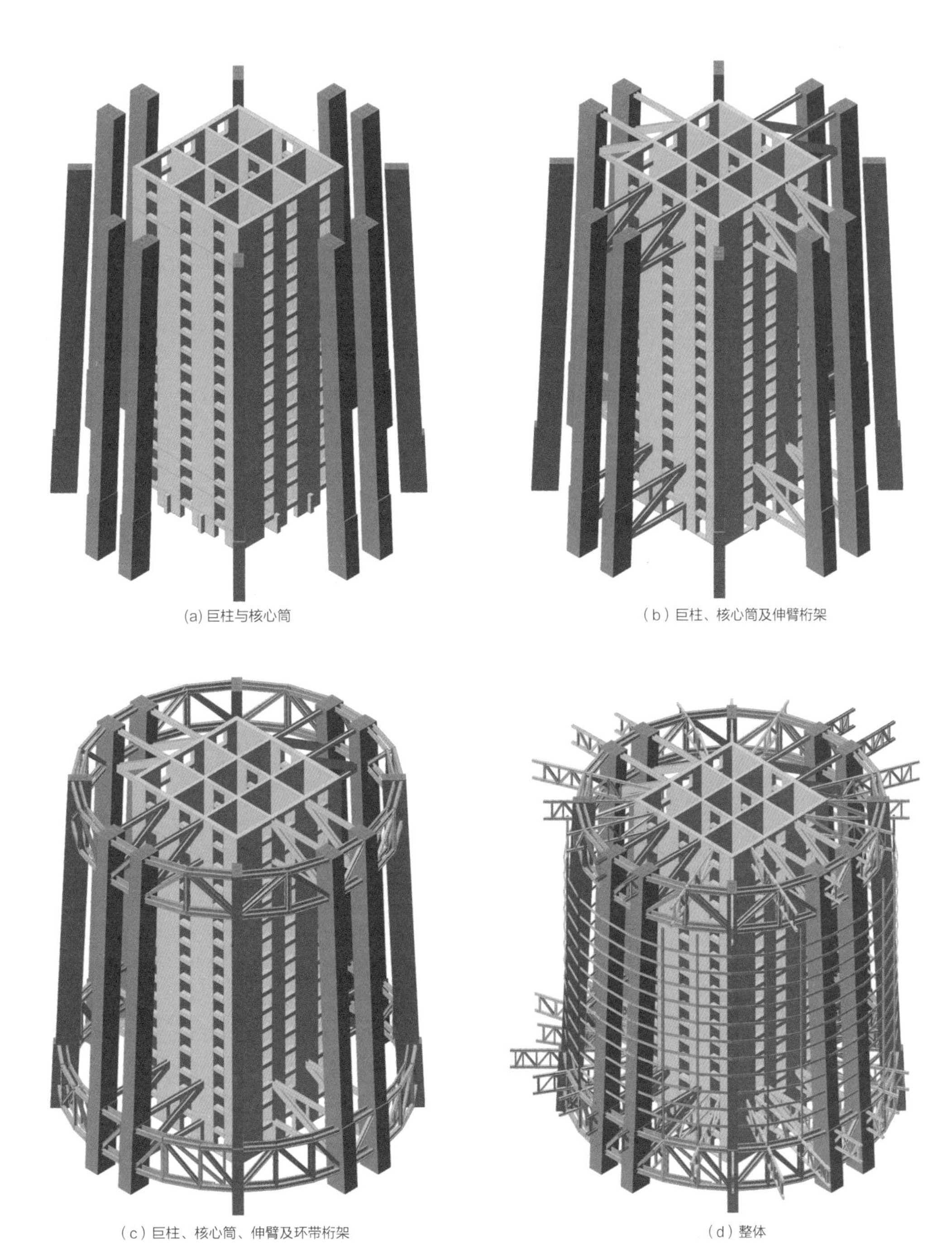
(a) 巨柱与核心筒

（b）巨柱、核心筒及伸臂桁架

（c）巨柱、核心筒、伸臂及环带桁架

（d）整体

图 2.3 主结构分段轴侧图

顶部 1.9m × 2.4m。从与伸臂桁架及环带桁架连接的角度，巨柱钢骨有 “多肢格构钢骨” 与 “单肢实腹钢骨” 两种形式可供选择（图 2.4）。设计时从加工运输、安装以及受力的角度进行了对比研究。“多肢格构钢骨” 的优点在于，单肢钢骨截面较小，吊装运输效率高且钢骨拼接焊接工作量较小，其劣势在于各肢钢骨之间整体性较差可能产生纵向剪切破坏。“单肢实腹钢骨” 的优点在于，截面整体性好，各分肢协同受力，且由于钢骨腔体的套箍作用，可提高局部混凝土的抗压能力和延性，其劣势在于工厂和现场拼装焊接工作量大，分段吊装重量大，运输和吊装难度大。鉴于 8 根巨柱承担的竖向和水平荷载巨大（中震组合下轴力达 7 万 t，剪力达 4000t），为确保结构受力安全，并对吊装和运输能力充分论证，最终设计采用了 “单肢实腹钢骨”，截面含钢率约 4%~5%。

两层高的弧形环带桁架既是抗侧力体系巨型框架

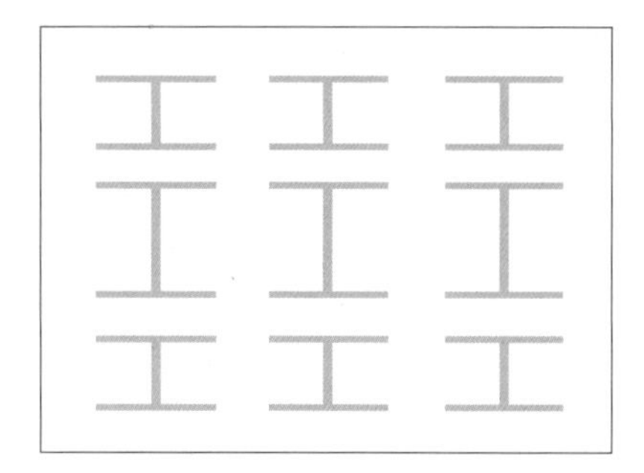

（a）多肢格构钢骨

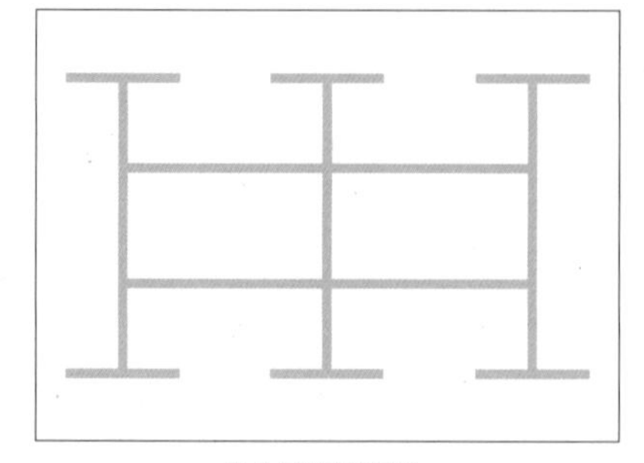

（b）单肢实腹钢柱

图 2.4 巨柱钢骨形式

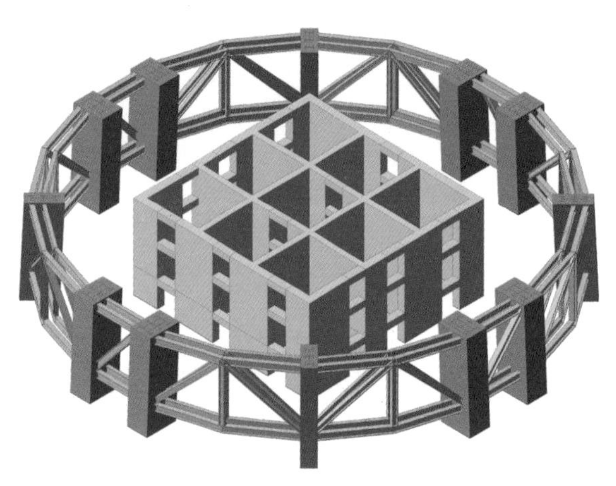

（a）1~5 区加强层布置（含角柱）

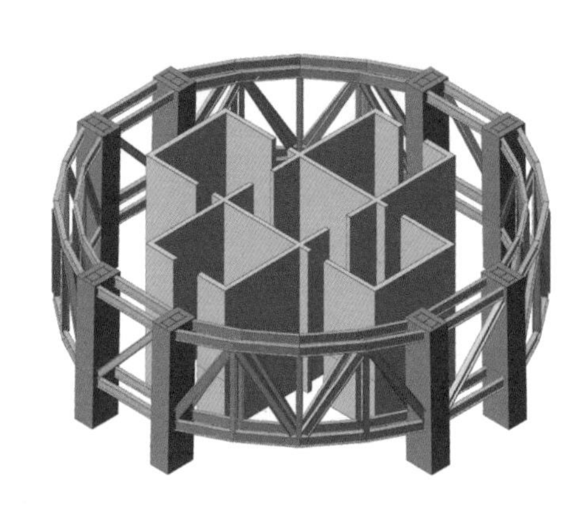

（b）6~8 区加强层布置（无角柱）

图 2.5 加强层结构布置

的一部分，也是结构周边次框架柱的转换支承结构。分区的次框架系统将楼面荷载通过环带桁架传至巨柱。环带桁架的跨度由 1 区的 22.4m 逐渐减小到 5 区的 15m，6~8 区因角柱抽除跨度增加至约 22~26m（图 2.5）。由于环带桁架平面投影呈弧形，重力荷载下将产生明显的扭转效应，为增强其整体抗扭能力，控制扭转变形，将其设计成由内外双层桁架组成的箱形空间环带桁架。

核心筒平面形状沿高度渐变（图 2.6），底部 4 区（51 层以下）平面为 30m×30m 的正方形九宫格布置，中部 5~6 区（52~83 层）为切角方形布置，顶部 7 区以上（84~125 层）为十字形布置，为确保连续均匀的刚度变化和合适的轴压比，核心筒墙体厚度随高度增加逐渐缩小，翼墙和腹墙分别由底部 1.2m 和 0.9m 减薄至顶部 0.5m。在塔楼底部 2 个区，为减小核心筒墙体厚度并控制墙体轴压比、增加底部加强区延性，在核心筒内埋设了钢板，形成钢板混凝土组合剪力墙，钢板含钢率约为 1.5%~6.5%。

在塔楼地下室区域布置八道连接巨柱与核心筒的 2m 厚翼墙，8 道翼墙从首层向下延伸至基础底板。翼墙的设置一方面保证了地下室对上部塔楼的嵌固作用，另一方面也增加了基础的刚度、减小了桩基不均匀沉降，有效地扩散了上部结构荷载、改善了底板受力。

6 道 2 层高的伸臂桁架协调巨框与核心筒整体受力，伸臂在下面 4 区为隔层布置，上面 4 区为逐区布置，以取得较为均匀的受力和变形控制。为确保外伸臂与核心筒连接的传力安全，伸臂桁架将贯通核心筒腹墙（图 2.7）。伸臂的设置使得核心筒承担的倾覆弯矩由 55% 下降至 22%，结构的整体弯曲变形得到大大改善。在地震作用下，核心筒承担 48% 的基底剪力及 22% 左右的倾覆弯矩，巨型框架承担了 52% 左右的基底剪力和 78% 左右的倾覆弯矩。而在重力荷载作用下，混凝土核心筒与巨型框架承担的重力比例为 45：55，若考虑施工过程的影响，这一比例将变为 47：53。

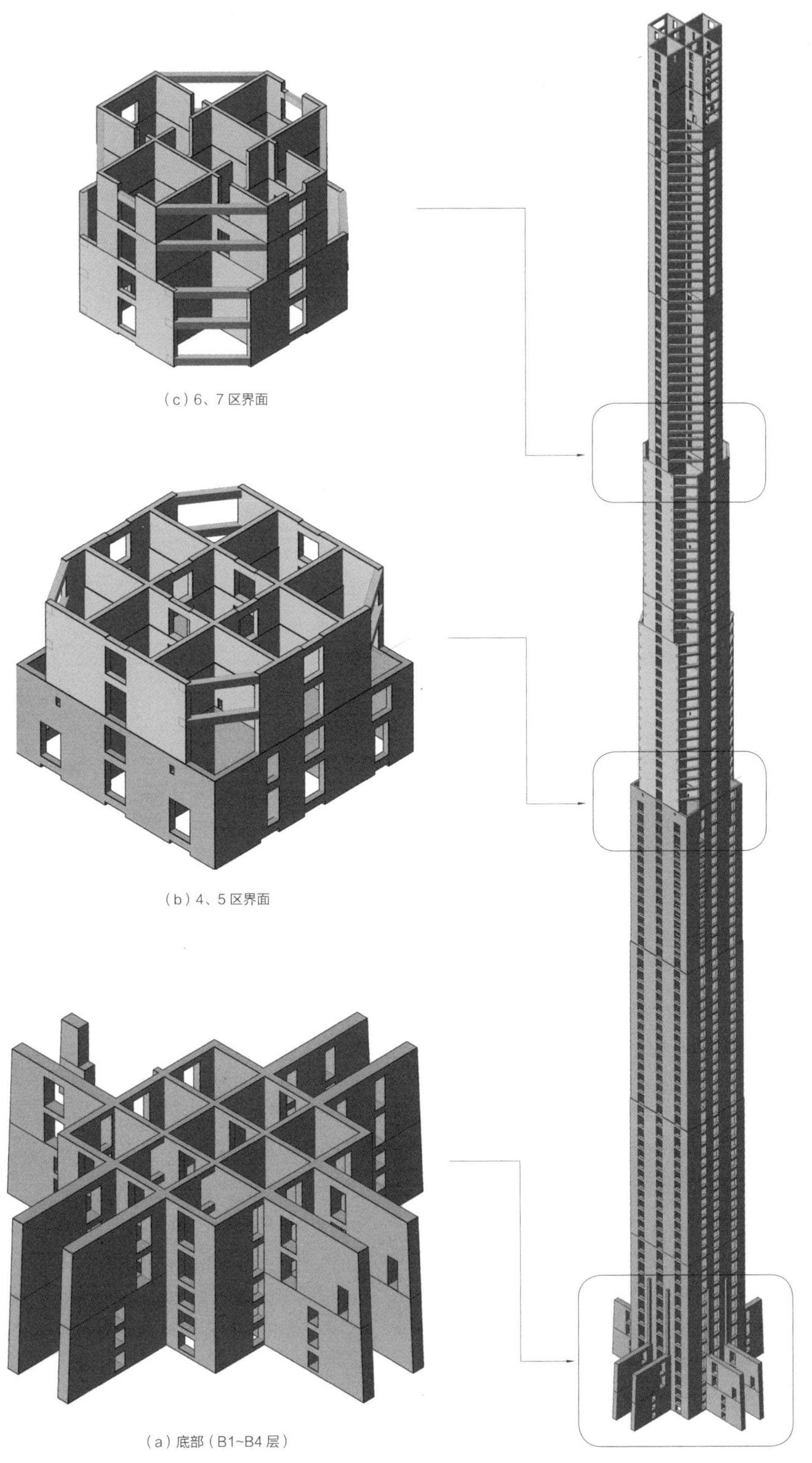

（c）6、7 区界面

（b）4、5 区界面

（a）底部（B1~B4 层）

图 2.6 核心筒布置

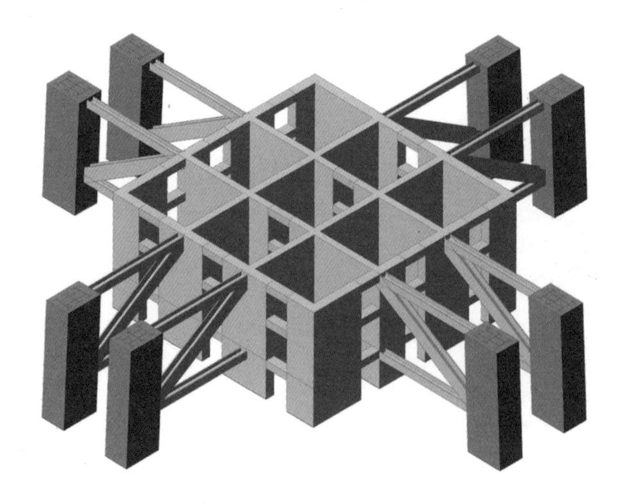

（a）轴侧图

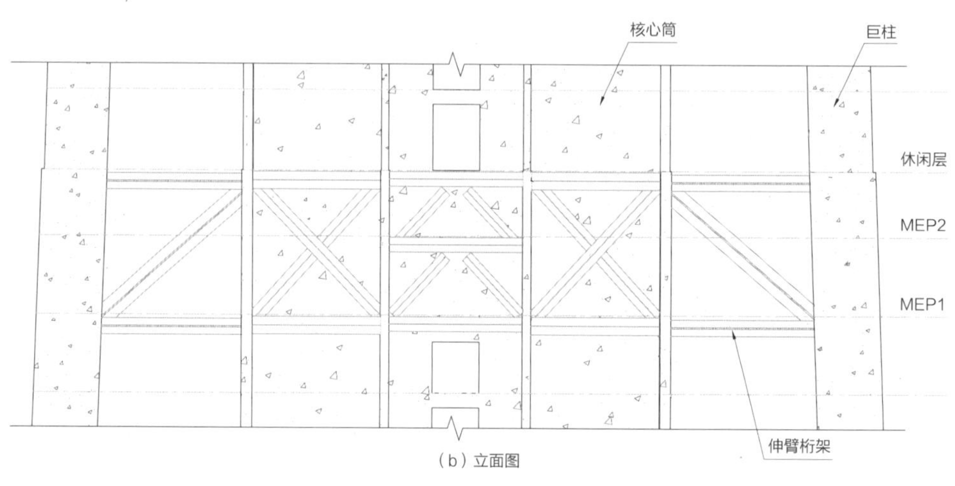

（b）立面图

图 2.7 典型伸臂桁架布置

2.1.2 重力体系

巨柱和核心筒剪力墙将所有重力荷载集中传递到基础。在加强层之间，沿建筑外围设置只承担重力荷载的次框架，作为普通楼面的承重结构（图 2.3），其中，次框架柱环向支承于区底部加强层的环带桁架上，其承担的重力通过环带桁架传到巨柱，可部分抵消由侧向荷载引起的巨柱上拔力；次框架梁则环向连接于巨柱和次框架柱（图 2.8）。在次框架柱、巨柱与核心筒之间布置径向楼面梁。楼面梁采用热轧 H 型钢，与楼板共同作用形成组合梁，以节省用钢量，增加建筑净高。普通层楼板采用 155mm 厚组合楼板。

加强层楼面为倒角三角形，它悬挑出主体结构，用以悬挂外幕墙，因此在加强层楼面处设置 20~28 榀径向桁架以支承悬挑楼面及幕墙重量（图 2.9、图 2.10）。径向桁架内端支承于核心筒外墙，外侧支承于环带桁架，为一跨伸臂梁，通过环带桁架转换将楼面及幕墙的重力荷载传递至巨柱及核心筒。楼面次梁布置于相邻两榀径向桁架之间。由于加强层机电设备荷载较重，地震作用、风荷载作用以及幕墙吊挂作用下存在较大面内应力，因此核心筒外的楼板采用 200mm 厚组合楼板。

2.1.3 塔冠结构

塔冠区结构为框架 – 核心筒结构，核心筒 125 层以下为混凝土核心筒，125 层以上为由内外八角偏心支撑钢框架组成的钢支撑筒，外围框架 118~121 层为 V 柱钢框架体系，121~ 冠顶为鳍状桁架体系（图 2.11、图 2.12）。

混凝土核心筒从 8 区向上自然延伸至 580m 标高的 125 层，而后从剪力墙角部升起 8 根钢柱（图 2.13），与钢梁和支撑形成 4 层外八角偏心支撑钢框架；从腹墙

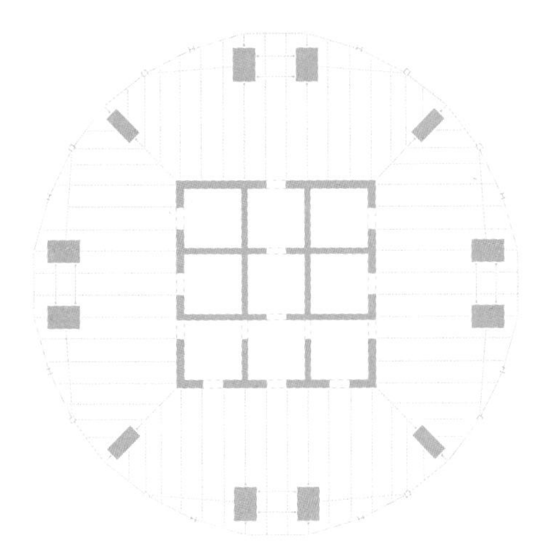

图 2.8 普通层楼面体系

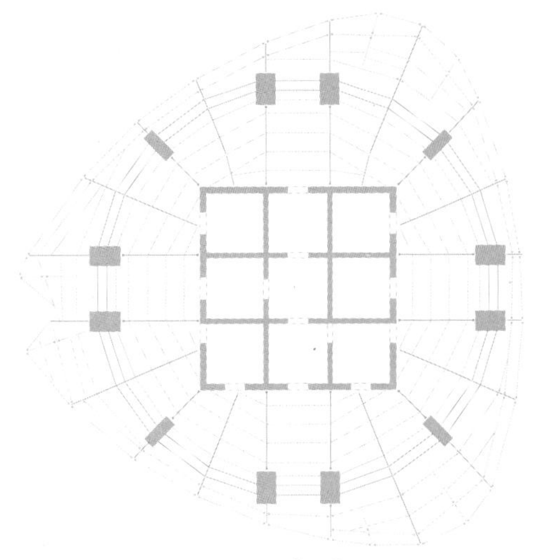

图 2.9 加强层楼面体系

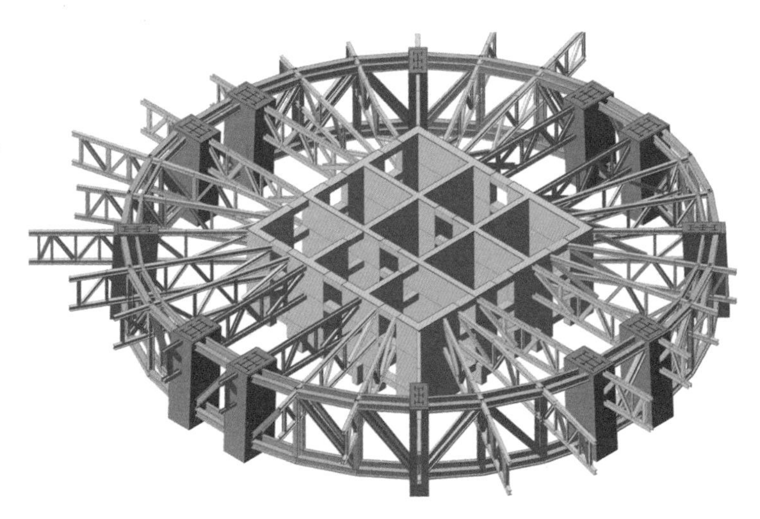

图 2.10 设备层径向桁架布置

交叉处附近升起另外 8 根钢柱（图 2.13），形成 5 层内八角偏心支撑钢框架，作为 TMD 的支承结构，内外八角框架由楼面结构连成整体，形成钢支撑筒（图 2.14）。

在外围的 V 柱框架由 25 根向外倾斜的 3 层 V 柱与楼面钢梁组成，V 柱支承于 8 区巨柱及环带桁架顶，向上延伸至 121 层，并与 119~121 楼面钢梁形成斜柱框架体系（图 2.12）。鳍状桁架共 25 榀，呈环状放射布置，底部支撑于 V 柱柱顶，侧向在 124F、126F、128F 及 130F 通过 25 根径向支撑支承于内部主体结构。

2.2 结构设计标准

根据结构破坏后可能产生后果的严重性，将塔楼结构的核心筒、巨型柱、伸臂桁架、环带桁架以及径向桁架划分为重要构件，其余构件为次要构件，塔楼结构的具体设计标准如下：

1. 设计基准期及使用年限

设计基准期 50 年，承载力及正常使用情况下为 50 年。重要结构构件耐久性为 100 年。

2. 结构安全等级

重要构件为一级，重要性系数 1.1；次要构件为二级，重要性系数 1.0。

3. 抗震设计标准

结构设计抗震设防烈度为 7 度，抗震设防类别为乙类。结构地上部分巨柱、核心筒的抗震等级均为一级。地下室塔楼范围在地下一、二层为特一级，往下

图 2.11 塔冠结构轴测图

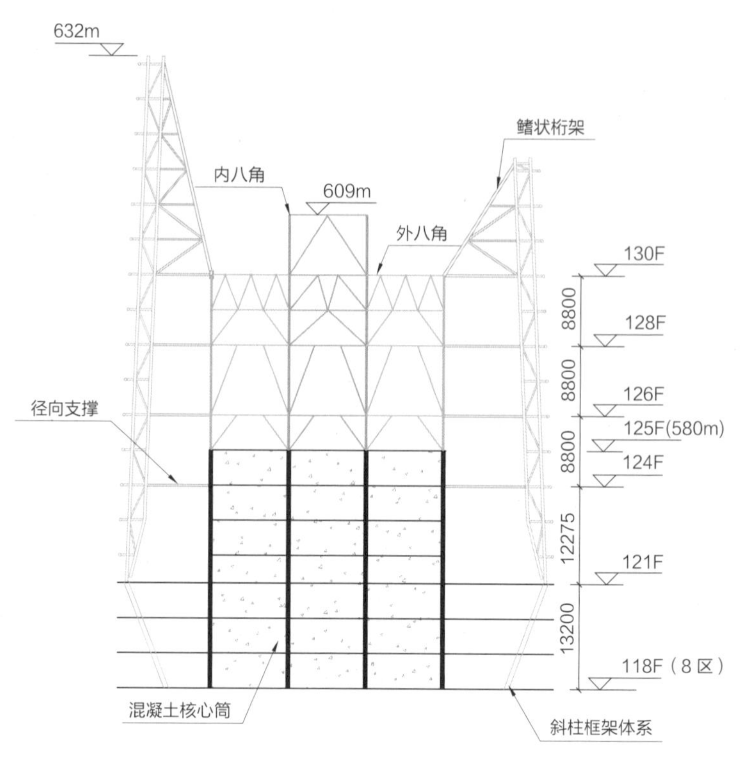

图 2.12 塔冠结构剖面图

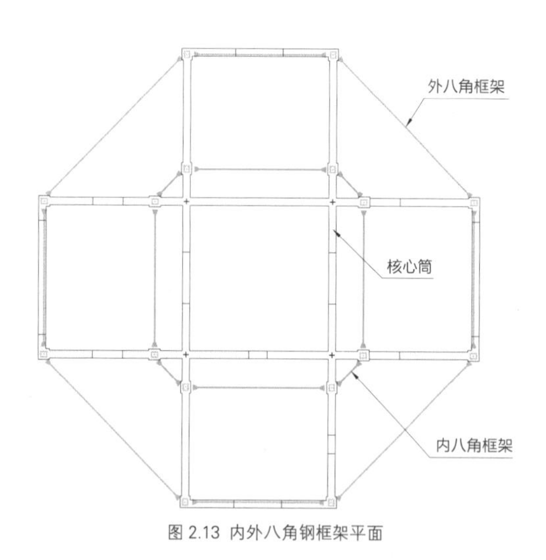

图 2.13 内外八角钢框架平面

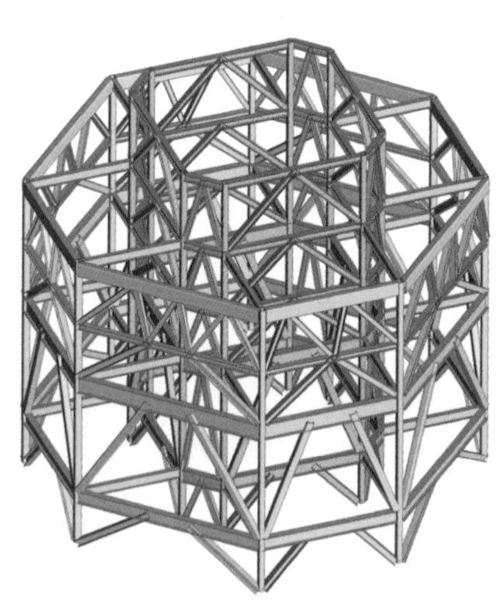

图 2.14 钢支撑筒

逐层降低但不低于三级，地下室塔楼范围外比塔楼范围内对应楼层降低一级，但不低于三级。

结合本工程超限情况、结构体系构成及受力特点，塔楼的抗侧力体系按设防烈度地震进行设计，主要抗侧力构件满足中震弹性（不屈服）的性能目标，关键构件满足大震不屈服性能目标。其中，巨柱按中震弹性设计，核心筒加强层及相邻上下一层墙体按中震弹性设计，一般层按中震不屈服设计，在大震情况下控制底部加强区范围内墙体的剪应力和轴向应力水平；伸臂桁架按中震不屈服进行设计。环带桁架由于承担各区 12~15 层楼面重力荷载，安全意义重大，按中震弹性、大震不屈服进行设计。不同水准地震作用下，构件设计控制指标见表 2.1。

表 2.1　不同设防地震水平下构件设计控制指标

构件类型	设计控制指标		
	频遇地震	设防烈度地震	罕遇地震
核心筒墙	保持弹性	底部加强区、加强层及加强层上下各一层核心筒保持弹性，其他区域核心筒保持不屈服	底部加强区、加强层及加强层上下各一层核心筒满足大震下受剪截面控制条件（$V_k<0.15f_{ck}b_{h0}$）
连梁	保持弹性	保持不屈服，钢筋应力不超过屈服强度	可出现塑性铰，但塑性铰转角不大于 1/50。钢筋应力可超过屈服强度，但不能超过极限强度
巨柱	保持弹性	保持弹性	满足大震下受剪截面控制条件（$V_k<0.15f_{ck}bh_0$）。钢筋应力可超过屈服强度，但不能超过极限强度
环带桁架	保持弹性	保持弹性	保持不屈服，钢材应力不超高屈服强度的 85%
伸臂桁架	保持弹性	保持不屈服，钢材应力不超过屈服强度	钢材应力可超过屈服强度，但不能超过极限强度
塔冠钢结构	保持弹性	保持弹性	钢材应力可超过屈服强度，但不能超过极限强度
节点	保持弹性	保持弹性	保持不屈服，钢筋或钢材应力不超高屈服强度的 85%

4. 水平荷载侧移限值

重现期 50 年风荷载及多遇地震作用下层间位移角限值为 1/500，首层位移角 1/2000~1/2500。

5. 竖向荷载下挠度限值

如表 2.2、表 2.3 所示。

为进一步控制楼面梁变形，对挠度过大的大跨度钢梁，按 1/600 起拱，对混凝土梁按 3/1000 起拱。

6. 舒适度控制标准

10 年重现期风荷载作用下，办公楼结构顶点加速度小于 $0.25m/s^2$，酒店结构顶点加速度小于 $0.15m/s^2$。

7. 耐火等级

一级，柱、桁架、承重墙及钢梁不小于 3.0h，普通层楼板 2h，设备层、休闲层楼板 2.5h，楼梯 1.5h。

表 2.2　混凝土结构构件受弯挠度限值

构件计算跨度	限值
l_0<7m	l_0/200
7m ⩽ l_0 ⩽ 9m	l_0/250
l_0>9m	l_0/300

表 2.3　钢结构构件受弯挠度限值

构件类型	挠度限值	
	永久荷载 + 可变荷载	可变荷载
主梁 / 桁架	l_0/400	l_0/500
其他	l_0/250	l_0/350

2.3　荷载与作用

2.3.1　重力荷载

重力荷载包括恒荷载和活荷载两部分。恒载可分为结构自重及附加恒载，附加恒载主要为楼面装修、吊顶、设备管道等荷载。活荷载根据不同的计算目的也可分为两类：可折减活荷载和不可折减活荷载。一方面，考虑到活载满布的可能性较小，在进行墙、柱、基础设计时，根据《建筑结构荷载规范》GB 50009 对该类活荷载进行折减。另一方面，考虑到设备在实际结构中的布置情况，对设备层及普通层的机电设备类活荷载不予折减。另外，对于高层建筑，由于楼层数较多，在进行结构整体响应分析时，考虑到楼面上的活荷载不可能以标准值同时满布所有楼层，对活荷载按《建筑结构荷载规范》GB 50009 有关规定进行折减。各类荷载取值如表 2.4 所示。

表 2.4　重力荷载取值（kPa）

功能	总附加恒荷载	局部楼面梁板分析活荷载（含隔墙）	计算墙、柱及整体分析活荷载
旅馆／公寓（普通／VIP）	1.8/2.3	4.0	4.0
典型办公室（典型／精品）	1.5/2.0	3.5	3.0
商务休闲层（含办公部分）	4.0	5.0	3.0
避难层	1.1	5.0	3.5
设备间（重型）	2.9	12.5	7.0

2.3.2　风荷载

上海中心整体结构设计风荷载分为强度设计用风荷载及位移计算风荷载：强度设计风荷载采用 100 年重现期，阻尼比 2%，500m 高度处风速 50m/s 的风荷载；整体结构位移计算采用国际上普遍采用的 20 年重现期，阻尼比 1.5% 的风荷载。其数值大致相当于 50 年重现期，阻尼比 4%，梯度风速 47 m/s 的风荷载。此外，舒适度采用 10 年重现期阻尼比 1% 的风荷载。

由于上海中心结构超高、体型扭曲、周围高层建筑林立，风环境复杂，为保证结构抗风设计的可靠性及准确性，对其进行了包括高频测力天平、高频压力积分、高雷诺数模型、气动弹性模型等一系列风洞试验研究以确定合理的风荷载取值（风洞试验具体介绍详见 4.3 节）。风洞试验测得的上述三种荷载的基底反力对比见表 2.5。为方便结构设计，最终风荷载以等效楼层风荷载给出，具体数值参见附录 1。另外，通过对风洞试验结果进行分析可以发现（表 2.6）上海中心结构抗风设计由横风向风荷载控制。这主要是由于上海中心高宽比较大，由涡激振动引起的建筑物横风向风振效应显著所致。

另外，试验结果还表明结构顶点加速度小于 0.08m/s^2，满足舒适度控制要求。

表 2.5　三种风荷载的基底反力对比

重现期（年）	500m 高处风速	阻尼比	M_y (kN · m)	M_x (kN · m)	M_z (kN · m)	F_x (kN)	F_y (kN)
100	50 m/s	2.0%	31 600 000	30 800 000	306 000	82 300	79 900
50	47 m/s	4.0%	21 400 000	21 100 000	206 000	56 400	54 800
20	42 m/s	1.5%	19 300 000	22 300 000	182 000	52 600	58 400

表 2.6　横风向与顺风向风荷载比较

顺风向		横风向		合力	
基底剪力（MN）	倾覆弯矩（MN · m）	基底剪力（MN）	倾覆弯矩（MN · m）	基底剪力（MN）	倾覆弯矩（MN · m）
57.5	20800	97.1	35900	103	38000

2.3.3　地震作用

水平地震作用计算时，小震反应谱采用上海《建筑抗震设计规程》DGJ 08-9-2003 的反应谱与安评报告 [10] 建议 50 年超越概率 10% 反应谱并考虑折减系数 0.35 后的包络谱。中震、大震反应谱采用上海《建筑抗震设计规程》DGJ 08-9-2003 的反应谱。竖向地震作用计算，采用与水平地震相同的反应谱，竖向地震影响系数取为水平地震作用的 65%。地震作用的主要计算参数见表 2.7。

表 2.7 地震作用计算参数

项次	多遇地震（小震）	设防地震（中震）	罕遇地震（大震）
水平地震影响系数最大值（*g*）	0.08	0.23	0.45
加速度时程曲线最大值（gal）	35	100	200
场地土类别	Ⅳ类		
设计地震分组	第一组		
特征周期（s）	0.9	0.9	1.1
阻尼比	0.04	0.04	0.05
周期折减系数	0.90	0.95	1.00

2.3.4 荷载组合

上海中心大厦整体结构分析时采用的主要荷载组合如表 2.8 所示。根据恒载有利和不利分为 2 类。考虑到结构超高，分析时亦考虑了竖向地震作用作为主控荷载的组合。

表 2.8 强度验算组合

荷载组合	不利				有利			
	恒载 DEAD	水平地震 EH	竖向地震 EV	风荷载 WIND	恒载 DEAD	水平地震 EH	竖向地震 EV	风荷载 WIND
C1	1.35			0.84	1.0			0.84
C2	1.2			1.4	1.0			1.4
C3	1.2	1.3			1.0	1.3		
C4	1.2	1.3		0.28	1.0	1.3		0.28
C5	1.2		1.3	0.28	1.0		1.3	0.28
C6	1.2	1.3	0.5		1.0	1.3	0.5	
C7	1.2	1.3	0.5	0.28	1.0	1.3	0.5	0.28

2.4 整体分析主要结果

考虑到上海中心主体结构超高，体系构成特殊，传力复杂，采用 ETABS 软件对塔楼进行了详细的静动力弹性分析。主要包括：结构动力特性分析，竖向荷载分配特性分析，风荷载以及地震作用下结构的内力和变形分析。

此外，为对结构大震下抗震性能进行评估，还采用 ABAQUS 软件对结构在大震下的变形、受力以及主要抗侧力构件的塑性发展和损伤情况进行了详细分析。

2.4.1 弹性分析主要结果

1．计算模型及主要计算参数

考虑到巨型柱截面巨大，且钢骨形状独特，采用了壳单元与梁单元组合的方式模拟巨形柱，其中，壳单元用于模拟混凝土及钢骨的双腹板部分，梁单元用于模拟剩余的三个工字形钢骨（图 2.15）；核心筒采用壳单元模拟；其他单元均采用梁单元模拟。为提高计算效率，对结构标准层楼板布置进行了简化，忽略标准层楼面梁布置，标准层楼面荷载按面积分摊等效为线荷载分别施加在楼面边梁及核心筒外圈墙肢上，着重关注加强层楼面的布置。

结构分析时考虑重力二阶效应（P–Δ 效应），尽管结构侧向刚度分析表明，结构地下室与首层侧向刚度比大于 1.5，结构的嵌固端可取为首层，但实际分析时仍将嵌固端取为地下一层。模型其他主要计算参数如表 2.9 所示。

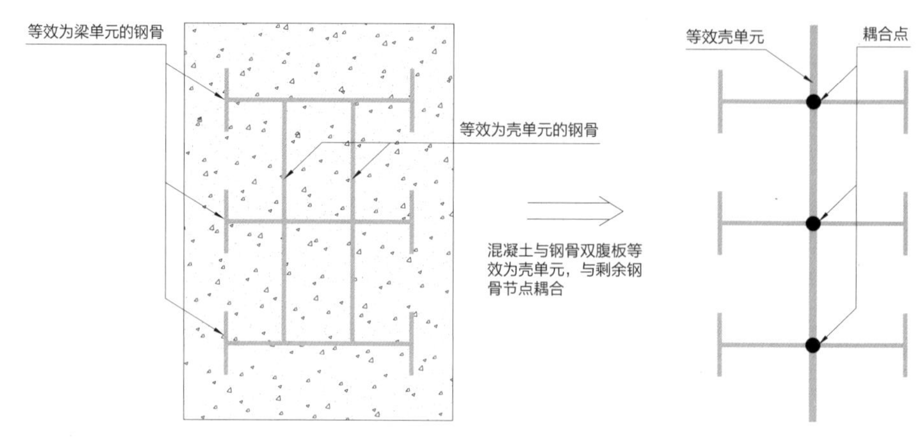

图 2.15 巨柱建模方法示意

表 2.9 主要计算参数

楼层层数	125 层 —— 结构层顶层
地震作用	单向 / 偶然偏心（±5%）/ 双向，并考虑竖向地震
地震作用计算	振型分解反应谱法 / 时程分析补充计算
地震作用方向角	0°，15°，30°，45°，60°，75°，90°
地震效应计算方法	考虑扭转耦联，CQC 法
活荷载折减	构件设计按规范折减
连梁刚度折减系数	地震作用下 0.5（风荷载下不折减）

2. 周期与振型

表 2.10 给出了结构前 9 阶自振周期。从结构自振特性看出，结构两个方向的平动振动周期接近，说明两个方向刚度接近，扭转振型的周期与平动振型的周期之比约为 0.6，小于 0.85，表明结构整体抗扭刚度较大。

3. 竖向荷载分配

上海中心大厦地下 5 层及地上部分的总恒荷载达到了 68.4 万 t[11]，折算每平方米重量达到 1.6t，若考虑活荷载约 0.3t/m^2，则结构单位重量约 1.9t。恒载中结构自重约占 87%，约 1.4t/m^2，其中核心筒、巨柱、楼板自重分别为 0.52t/m^2、0.41t/m^2、0.33t/m^2。恒荷载具体的分配情况见表 2.11。

图 2.16 给出了恒荷载在巨柱与核心筒之间各层的分配情况，各层巨柱与核心筒承担的荷载大致相当，基底处核心筒承担约为 30.8t，占 45%，巨柱约为 37.7t，占 55%。底部各层巨柱承担荷载略大于核心筒，6 区以上核心筒承担荷载大于巨柱。在各区结构标准层，巨柱与核心筒中的竖向反力均匀增加，该部分反力增量主要为巨柱与核心筒自重以及部分楼面荷载。

表 2.10　结构主要振动周期

周期	ETABS	MIDAS	PMSAP	振型说明
T1	9.05	9.02	9.12	X 向平动
T2	8.91	8.89	8.75	Y 向平动
T3	5.60	5.49	6.39	Z 向扭转
T4	3.29	3.35	3.60	X 向二阶平动
T5	3.14	3.22	3.37	Y 二阶向平动
T6	2.63	2.60	2.95	Z 二阶向扭转
T7	1.67	1.65	1.85	
T8	1.62	1.60	1.79	
T9	1.59	1.58	1.62	
T3/T1	0.62	0.61	0.70	

表 2.11　恒荷载统计（t/m^2）

类别	结构自重					附加恒载	其他恒载	总计
	核心筒（含翼墙）	巨柱	楼板	外幕墙	其他钢结构			
荷载	0.52	0.41	0.33	0.05	0.08	0.20	0.01	1.6
占比	32.2%	25.6%	20.7%	3.4%	4.9%	12.5%	0.7%	100.00%

注：其他钢结构包括伸臂、径向、环带桁架、次框架梁、柱及塔冠内外八角框架等。其他恒载包括塔冠、冷却设备、天窗、游泳池、TMD、风力发电机等恒载。

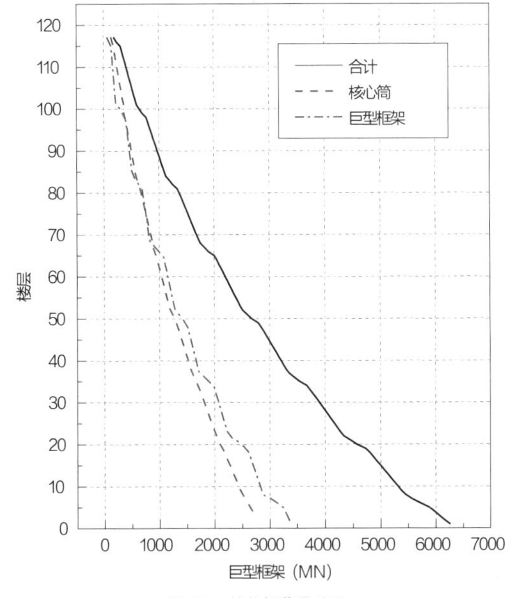

图 2.16 结构恒荷载分配

但在加强层处，巨柱的轴力突变，这主要是由于上部一个区 12~15 层次框架楼面重量通过环带桁架集中传至巨柱所致。另外，从图中可以发现，核心筒在伸臂桁架所在加强层处的竖向反力有所减小，主要是因为在一步加载分析中，由于伸臂桁架的协调作用，部分竖向荷载通过伸臂桁架由核心筒传向巨柱所致。

由于伸臂桁架的滞后连接，恒载在巨柱与核心筒之间的实际分配比例与一步加载分析结果略有差异。考虑施工过程后，由于伸臂桁架滞后连接，伸臂桁架在巨柱与核心筒之间的荷载传递作用减弱，各区核心筒承担的恒荷载普遍增加，且总体上呈现随楼层上升荷载增加越多的趋势，7 区核心筒承担荷载较一次加载分析增加的最多，约为 10%，核心筒基底承担的总荷载增加了约 5%，由 30.8 万 t 增加到 32.4 万 t，巨柱由 37.7t 减少到 36.0t。考虑施工过程影响后核心筒和巨柱承担的荷载比例分别为 47.3% 和 52.7%。

4. 水平荷载效应分析

表 2.12 分别为风荷载和地震作用下结构总的基底剪力和倾覆力矩比较。

从基底反力的情况可以看出，结构两个方向受力相当。小震作用下结构总的基底剪力为 88 395kN，与风荷载作用下 82 346kN 的基底剪力相当，反映出小震和风荷载的总水平作用相当，但风荷载作用下结构的倾覆弯矩为 31 378 061 kN・m，约为小震作用下结构总倾覆力矩的 1.65 倍，这表明风荷载的竖向分布形式导致其水平合力作用点比地震作用高，因而倾覆力矩更大。结构在设防地震作用下的基底剪力达到了 222 921kN，倾覆力矩达到了 51 167 867 kN・m，分别约为风荷载作用下的 2.7 倍及 1.63 倍，抗侧力体系设计主要由中震控制。

表 2.12　主体结构基底反力

方向			X 向	Y 向
地震作用	多遇地震	基底剪力 (kN)	88 395	88 822
		基底剪力	1.29%	1.29%
		规范限值	1.20%	1.20%
		倾覆力矩 (kN · m)	19 005 901	18 841 789
	设防地震	基底剪力 (kN)	222 921	223 973
		倾覆力矩 (kN · m)	51 167 867	50 630 187
	罕遇地震	基底剪力 (kN)	461 635	463 466
		倾覆力矩 (kN · m)	103 688 492	102 591 201
风荷载 (100YR 2% 阻尼比)		基底剪力 (kN)	82 346	79 877
		倾覆力矩 (kN · m)	31 378 061	32 148 909

图 2.17 和图 2.18 为楼层剪力及倾覆弯矩在巨型框架与核心筒间的分配情况，由图中可以看出，标准楼层的剪力主要由核心筒承担，而倾覆力矩主要由巨型柱承担。且核心筒承担的楼层剪力百分比随高度的增加总体上呈增大趋势，巨框承担的倾覆力矩百分比也随高度增加呈增大的趋势。由于加强层的协调作用，巨型框架与核心筒承担的楼层剪力与倾覆力矩在加强层发生突变，巨型框架在加强层承担的楼层剪力超过核心筒，倾覆弯矩仍为巨框承担较多。从结构基底反力的情况来看，巨型框架承担了结构约 45% 的基底剪力以及 78% 的倾覆力矩，而核心筒承担了约 55% 的基底剪力与 22% 的倾覆力矩。巨型框架在结构抗侧体系中居于决定性作用。结构各层地震作用下的剪重比均大于《高层建筑混凝土结构技术规程》JGJ 3 第 4.3.12 条要求的 1.2%，不需进行调整。

图 2.19 为水平荷载作用下结构层间位移角分布。风荷载和多遇地震作用下层间位移角均满足 1/500 的层间位移角限值。结构在风荷载和多遇地震作用下首层层间位移角分别为 1/10638、1/2688，满足 1/2000 ~ 1/2500 的首层层间位移角限值。结构的整体侧向刚度满足规范要求。通过风荷载与多遇地震作用下结构层间位移角比较可以发现，结构的侧向变形由风荷载控制，合成风荷载作用下结构最大层间位移角为 1/505，出现在塔楼顶部。

另外，由于结构超高弯曲变形引起的结构层间变形在结构总的层间位移中所占比重较大，该变形对结构无害，若扣除该部分变形则结构实际的有害层间位移很小，仅有 1/8749（69 层）。

由于结构设置多道加强层，且核心筒在加强层变截面，按《高层建筑混凝土结构技术规程》JGJ 3 第 3.5.2 条对结构的侧向刚度比进行了验算，分析结果表明，结构的各层侧向刚度比均满足规范楼层侧向刚度“不宜小于相邻上部楼层刚度 90%，以及不宜小于上部三层刚度平均值 80%”的规定，结构侧向刚度分布均匀，无明显突变。薄弱层分析也表明结构层抗剪承载力比值均大于 0.94，满足规范要求的“B 级高度高层建筑的楼层抗侧力结构的层间受剪承载力不应小于其相邻上一层受剪承载力的 75%”的规定。

整个抗震分析，除反应谱分析外，还对塔楼采用了弹性动力时程分析补充验算，时程分析结果总体上小于规范反应谱分析结果。但由于高阶振型的影响，上部楼层时程分析得到的层剪力和弯矩略大于规范反

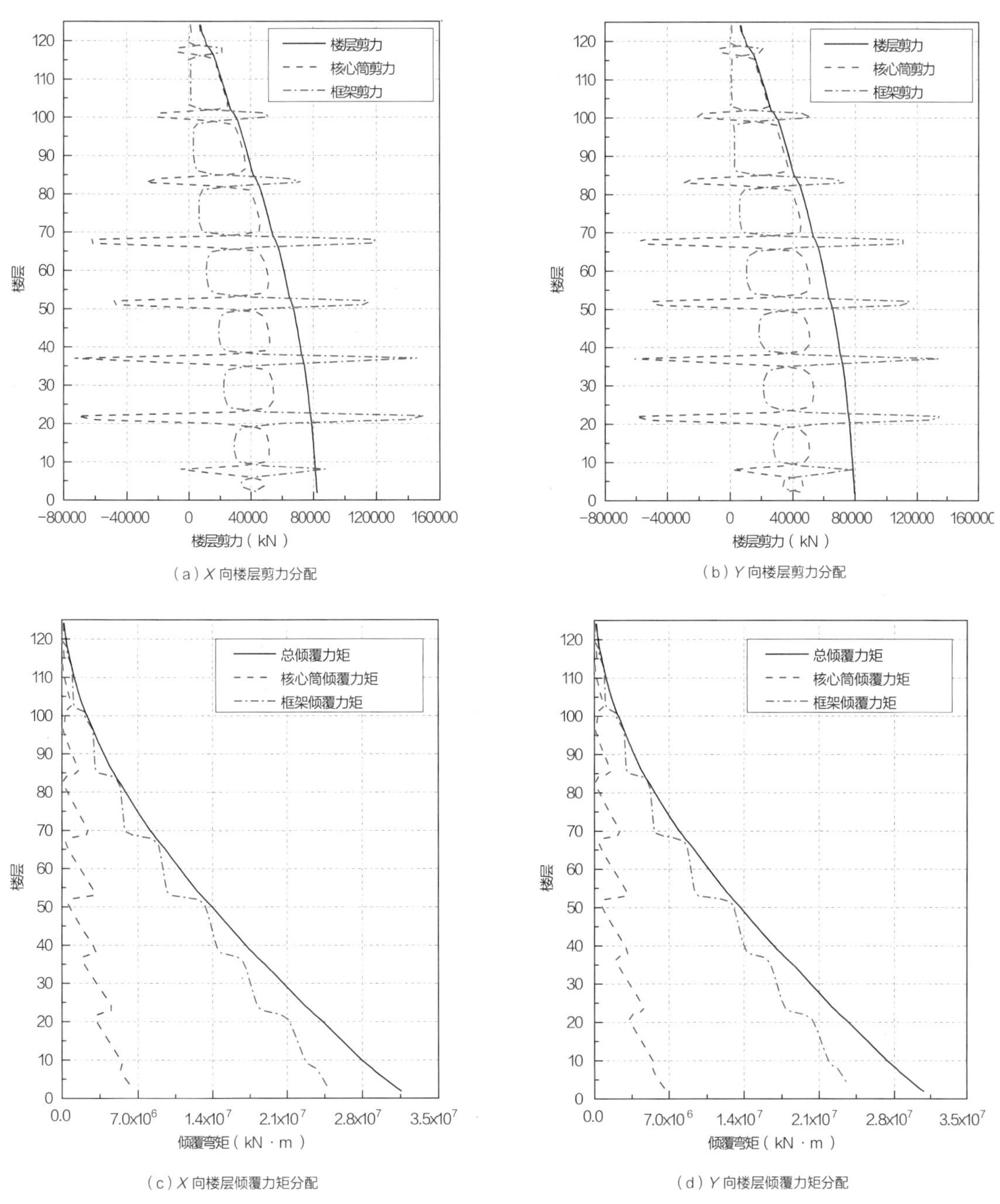

图 2.17 风荷载作用下楼层剪力、倾覆力矩分布

应谱结果，因此将取反应谱和时程结果的包络进行结构设计。

总体而言，结构在风及多遇地震作用下，具有良好的抗侧性能，主要指标均满足极限状态设计和抗震设计第一阶段的结构性能目标要求。

2.4.2 弹塑性分析主要结果

采用通用有限元程序 ABAQUS 进行罕遇地震动力弹塑性时程分析，对结构在罕遇地震下的变形及内力进行评估，并根据分析结果采取相应的抗震构造措施以及对薄弱环节进行加强等措施，以实现第二阶段"大震不倒"的设防目标[12]。

在罕遇地震时程分析中，阻尼采用 Rayleigh 阻尼，阻尼比 0.05。根据地震动的频谱特性、有效峰值和持时要求，罕遇地震分析采用 5 组天然波、2 组人工波共七组地震波。天然波分别为 US256~258，US334~336，US724~726，US1213~1215，

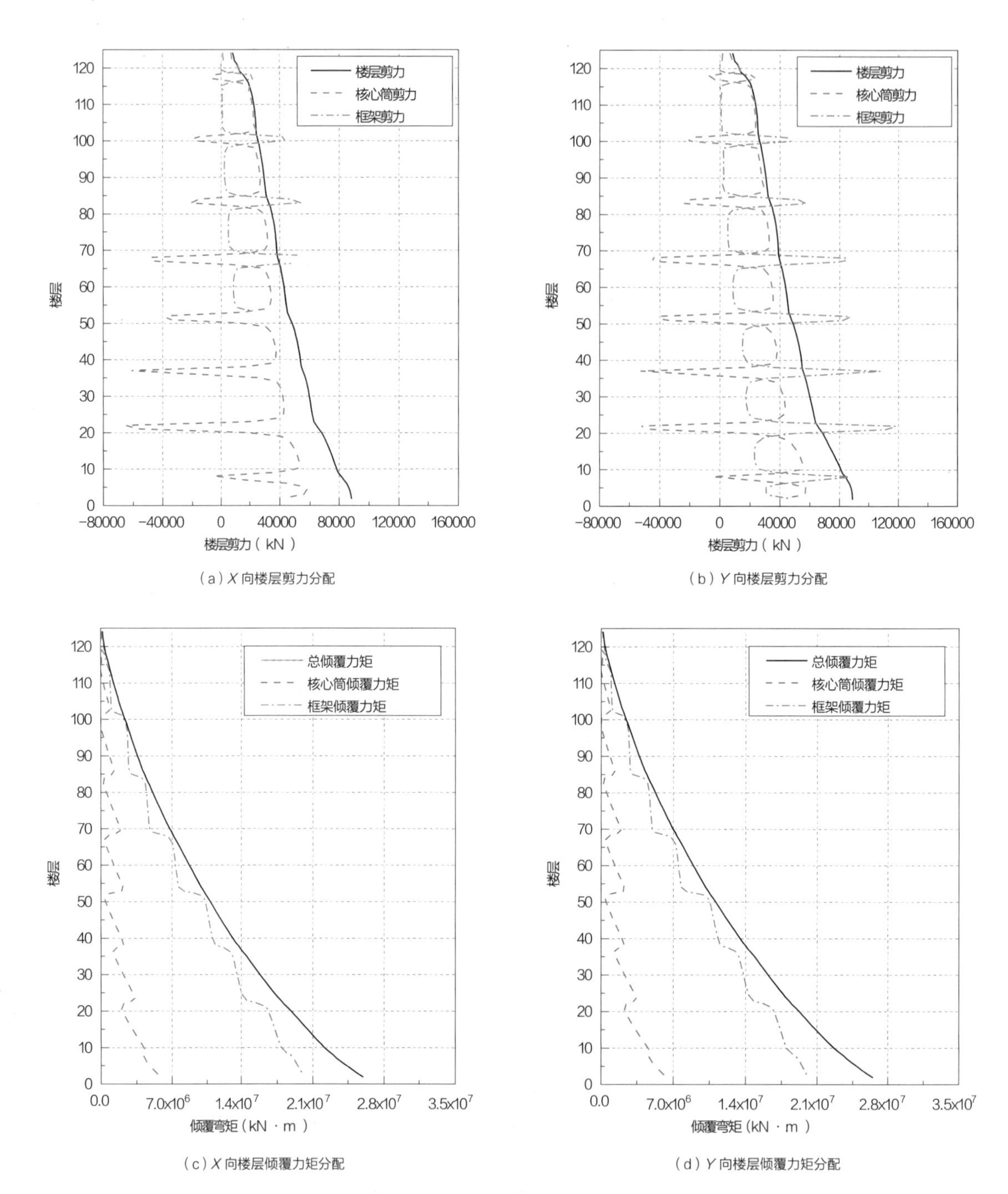

（a）*X* 向楼层剪力分配　（b）*Y* 向楼层剪力分配

（c）*X* 向楼层倾覆力矩分配　（d）*Y* 向楼层倾覆力矩分配

图 2.18 地震作用下楼层剪力、倾覆力矩分布

MEX006~008，人工波分别为 S79010~79012，L7111~7113。按 1：0.85：0.65（主方向：次方向：竖向）三向同时输入地震波，主方向地震动加速度峰值为 200gal。分别以 *X* 向和 *Y* 向作为主方向进行弹塑性时程分析。

1. 结构变形情况

弹塑性动力时程分析层间位移结果如图 2.20 所示，各条波计算得出的最大层间位移角均满足大震不超过 1/100 的要求。*X* 向最大层间位移角为 1/116（MEX006），*Y* 向最大层间位移角为 1/150（MEX006）。最大层间位移角出现在 92~94 层（第七区的中间层）且突变明显，这主要是因为核心筒腹墙在这些楼层 *X* 向开洞较多，将整体墙肢分割成墙肢截面高度较小的三肢联肢墙，侧向刚度削弱较多所致（图 2.21）。设计时，在这些楼层 *X* 向墙肢中设置钢板对墙体抗剪承载力进行加强，以防止该处产生集中破坏。

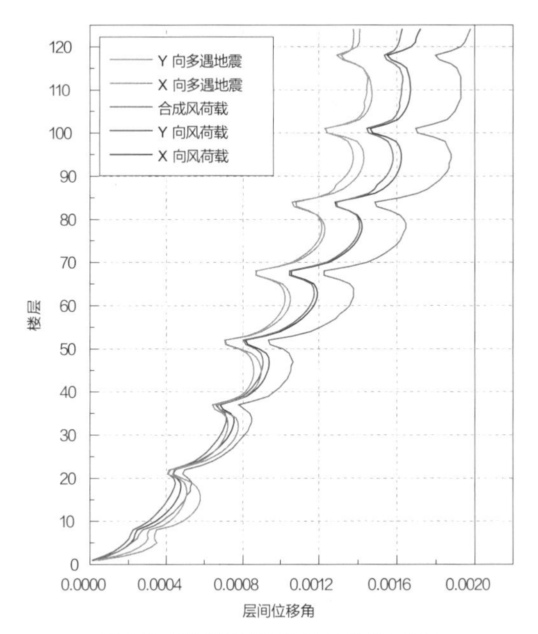

图 2.19 水平荷载作用下结构层间位移角分布

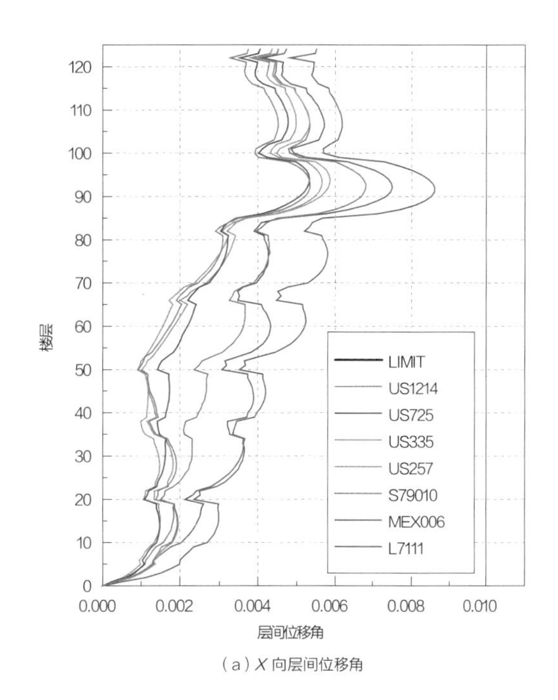

（a）*X* 向层间位移角

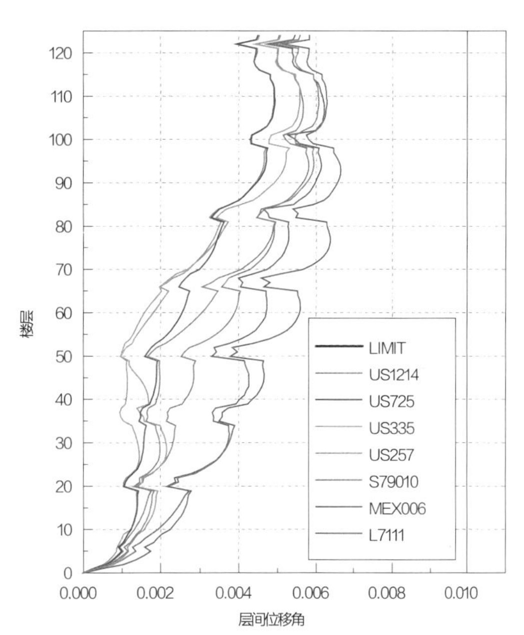

（b）*Y* 向层间位移角

图 2.20 弹塑性时程分析层间位移曲线

2. 主要构件塑性发展情况

巨柱混凝土出现塑性应变的部位集中在各区加强层附近（图 2.22）。其中以 4 区、5 区交接处的巨柱中混凝土的等效塑性压应变（0.04‰）和等效塑性拉应变（0.8‰）为最大，但数值均非常小，同时巨柱中的钢骨部分也没有出现塑性变形，因此可认为巨柱在大震作用下基本保持弹性。设计时，针对加强区附近巨柱受力较大的特点，对加强层及其上 2 层及其下 1 层的钢骨进行了加强，增加了钢骨含钢率及配筋率，并将节点区钢板的强度等级提高为 Q390GJ。

核心筒墙肢发生塑性损伤的位置主要位于各区加强层上下 1~2 层，有较强水平约束的楼层（图 2.23）。其中 4~5 区及 6~7 区由于核心筒截面切角引起核心筒截面突变，相应位置墙体出现应力集中，导致其塑性损伤也最为严重，最大受压损伤达到 0.96，最大受拉损伤达到 0.92。设计时，对加强层及其上下 1 层范围的核心筒墙体的抗震性能标准适当提高，按中震弹性进行设计，并提高该范围墙体的配筋率、加大钢骨暗柱截面。

核心筒连梁各区均有不同程度的塑性损伤。整体上呈现层间位移角越大的楼层，连梁损伤越严重的特点，其中以 7、8 区最为严重（图 2.24）。7、8 区的核心筒大部分连梁最大受压损伤和受拉损伤均在 0.8 以上。最大受压损伤达到 0.97，最大受拉损伤达到 0.91。连梁破坏数量以 4、7 区最多，这两区的受压破坏连梁总数占结构全部受压破坏连梁总数的 32.2%，受拉破坏连梁总数量占结构全部受拉破坏连梁总数的 47.6%，说明 4、7 区为结构的主要塑性耗能区段。设计时，对受力较大的连梁采用配置钢板的方式进行加强。

环带桁架仅 7 区的局部受力较大部位进入塑性，最大等效塑性应变仅为 0.18‰。塑性应变很小，可以认为环带桁架大部分主要杆件在大震作用下保持弹性。

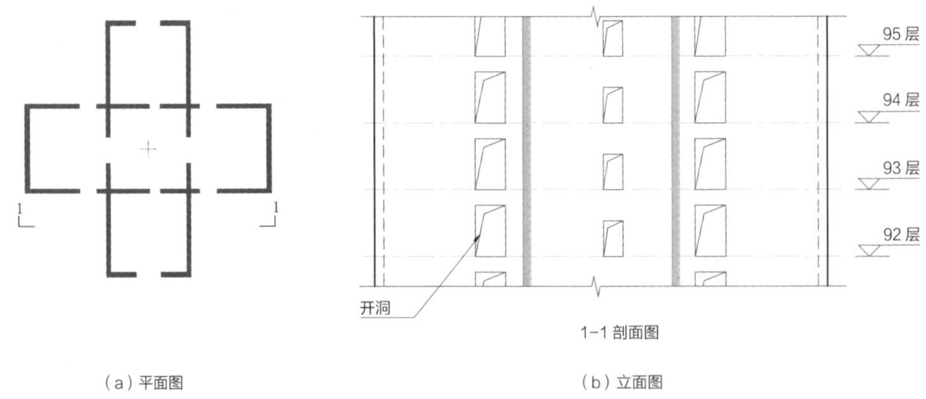

图 2.21 核心筒 7 区开洞

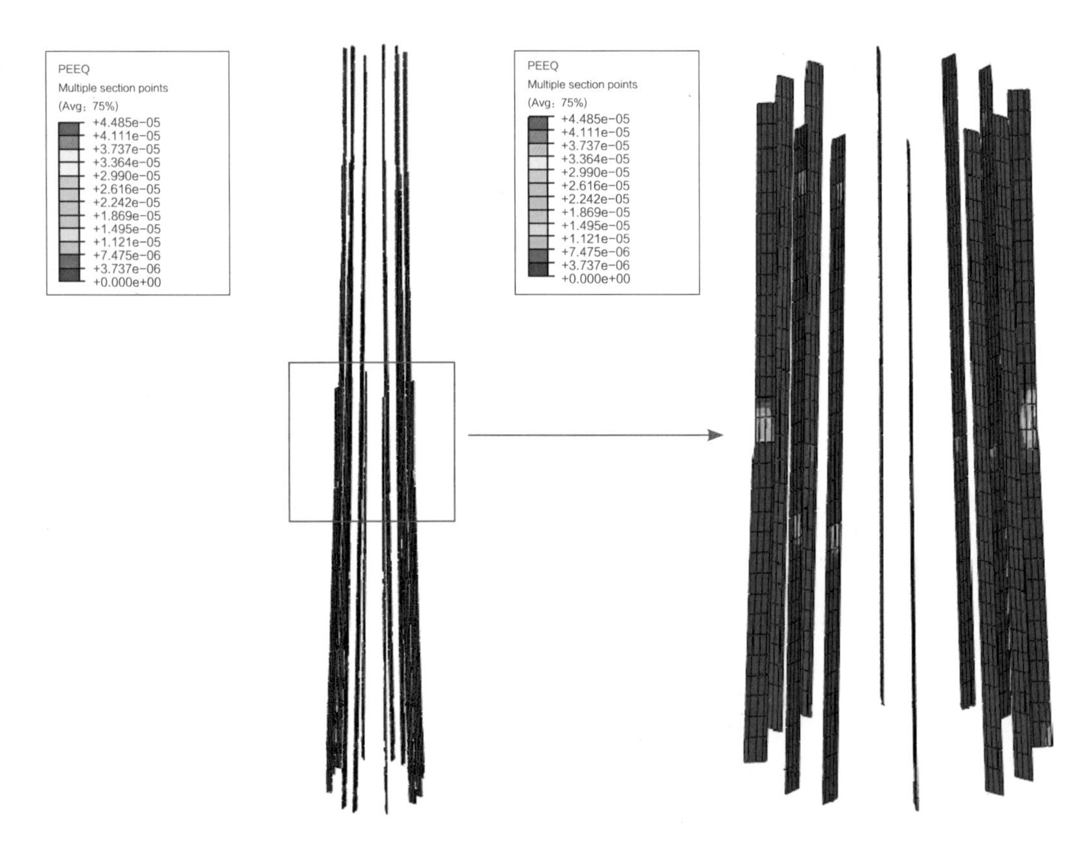

图 2.22 巨柱损伤情况

外伸臂桁架仅与地震输入主方向平行的桁架斜腹杆进入塑性，其他杆件保持弹性，与其大震下允许进入塑性的性能目标吻合。等效塑性应变最大部位出现在 4 区外伸臂桁架斜腹杆处，最大等效塑性应变为 1.3‰，塑性应变很小。

综上，塔楼主抗侧结构中，主要构件满足中震弹性（不屈服），关键构件满足大震不屈服的性能目标。

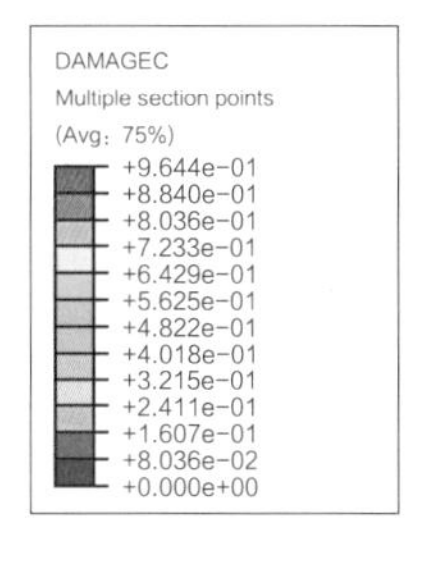

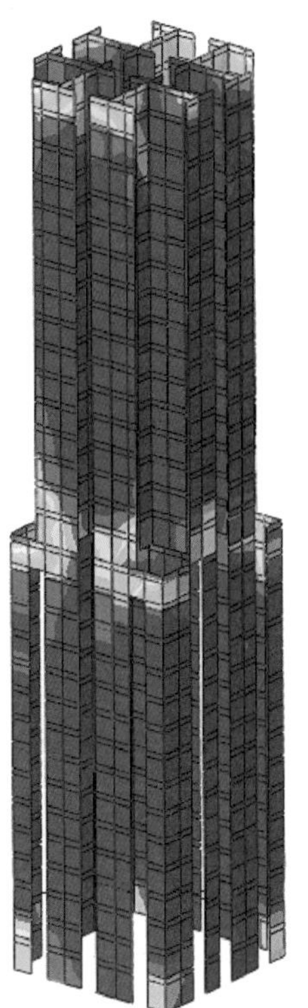

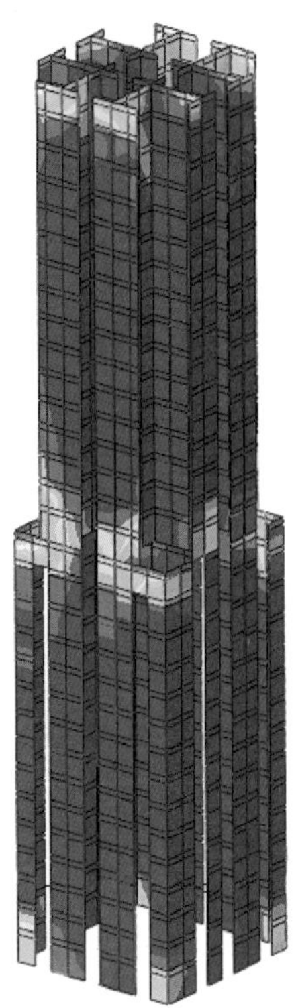

（a）4~5 区受压损伤

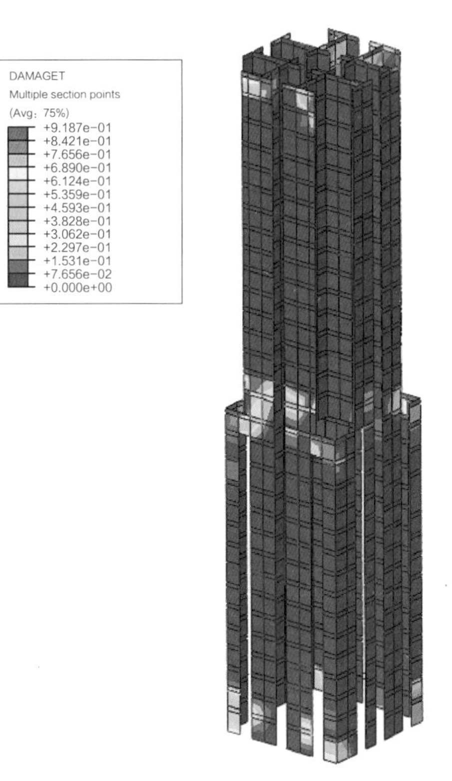

（b）4~5 区受拉损伤

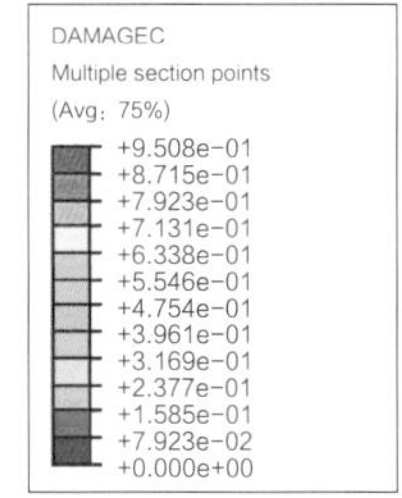

（c）6~7 区受压损伤

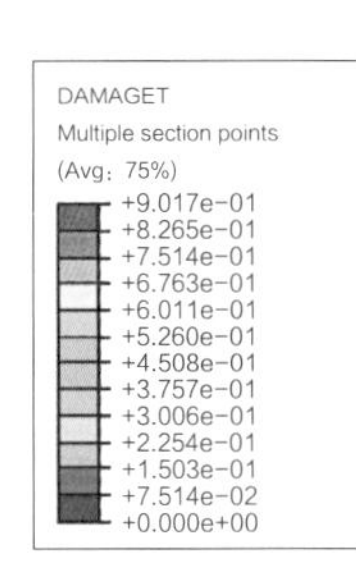

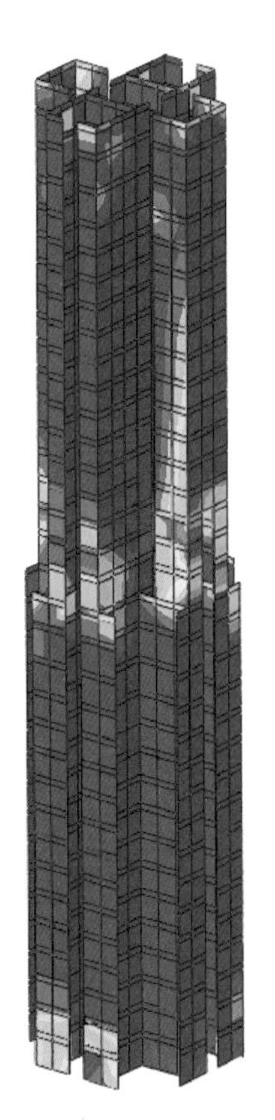

（d）6~7 区受拉损伤

图 2.23 核心筒损伤情况

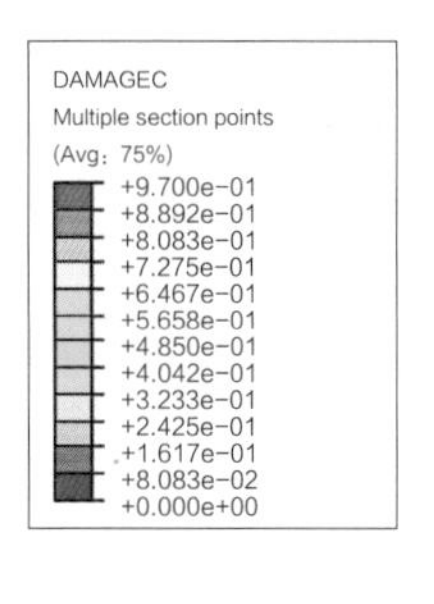

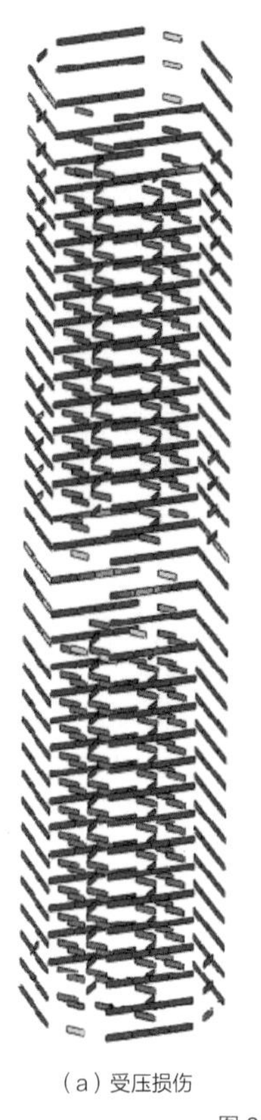

（a）受压损伤

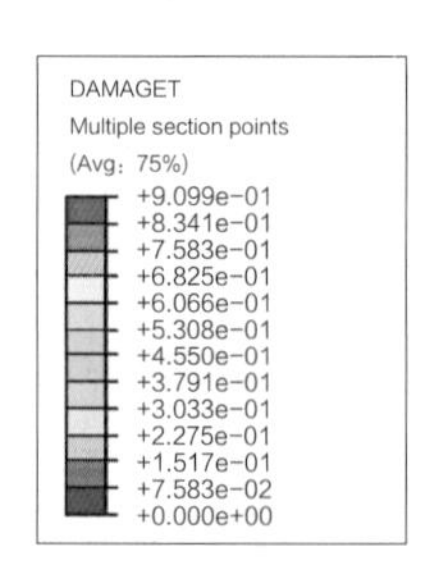

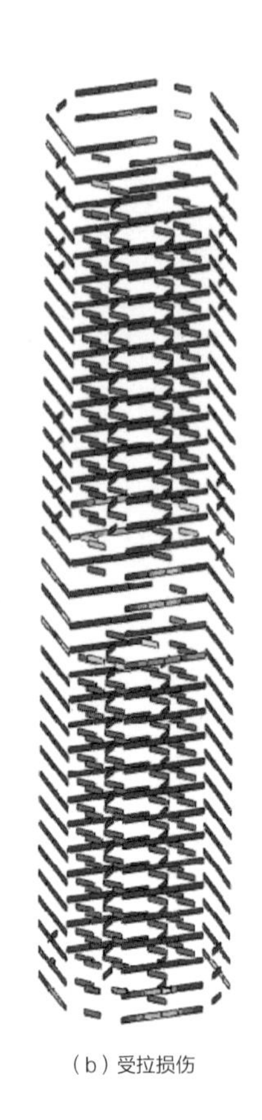

（b）受拉损伤

图 2.24 连梁损伤情况（7~8 区）

2.5 主要构件及节点设计

2.5.1 巨型柱设计

1. 截面设计

巨型钢骨混凝土柱配合分区楼面收缩，在竖向内倾布置，倾角约 2°（图 2.25），钢骨则分两种情况：在普通层倾斜布置，在加强层竖直布置以便于环带桁架连接。

巨型柱混凝土强度等级在底部 1~3 区为 C70，4~6 区为 C60，7~8 区为 C50。钢骨材质为 Q345GJC。巨柱截面尺寸从 1 区 3.7m×5.3m 渐变至 8 区 1.9m×2.4m（表 2.13）。为适应巨柱轮廓的变化，并综合考虑与周边构件的连接，钢骨相应有 3 种形式（图 2.26）：6 区以下为“亚”字形，7、8 区分别为“日”字形和“口”字形。角柱截面尺寸从 1 区 2.4m×5.5m 渐变至 5 区 1.2m×4.5m，其钢骨形式均为“王”字形（图 2.27）。

每区巨柱和角柱在竖向可分为加强段和标准段，加强段有 5 层，包括加强层及加强层下一层和上两层，其余部分为标准段。

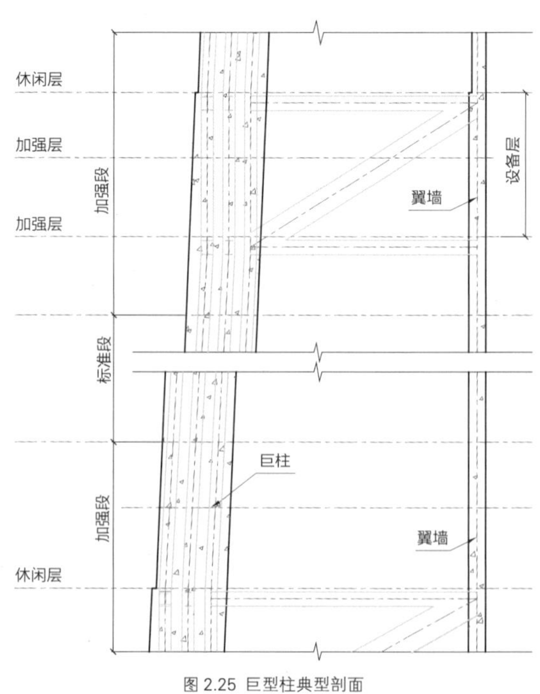

图 2.25 巨型柱典型剖面

表 2.13　巨型柱截面信息

区	巨柱			角柱		
	截面 (m)	标准段含钢率	配筋率	截面 (m)	标准段含钢率	配筋率
1	3.7×5.3	–	1.30%	2.4×5.5	–	1.20%
2	3.4×5.0	4.00%	1.20%	2.2×5.0	4.10%	1.20%
3	3.0×4.8	4.00%	1.30%	1.8×4.8	4.00%	1.50%
4	2.8×4.6	4.00%	1.30%	1.5×4.8	4.00%	1.80%
5	2.6×4.4	4.00%	1.30%	1.2×4.5	3.90%	1.80%
6	2.5×4.0	4.00%	1.30%	–	–	–
7	2.3×3.3	4.30%	1.50%	–	–	–
8	1.9×2.4	4.00%	2.20%	–	–	–

巨柱和角柱在标准段的含钢率约为 4%，在加强段，由于设置伸臂桁架及环带桁架的连接使巨柱内力突变，巨柱含钢率增加至 5%，角柱含钢率增加至 4.5%~5%。钢骨周边均设置直径 19mm 的栓钉以增强钢骨与混凝土整体工作性能。

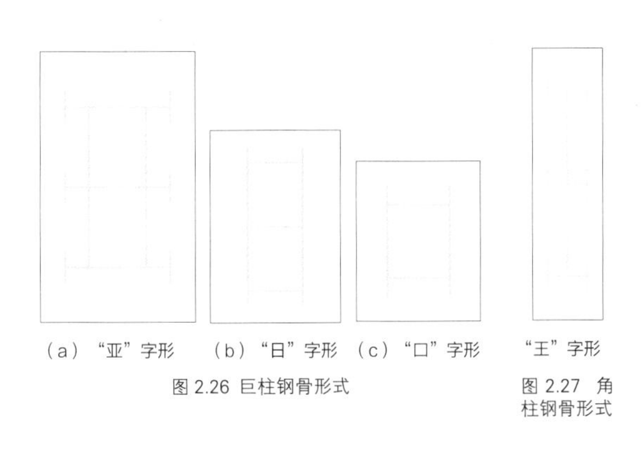

（a）"亚"字形　（b）"日"字形　（c）"口"字形　　"王"字形

图 2.26 巨柱钢骨形式　　图 2.27 角柱钢骨形式

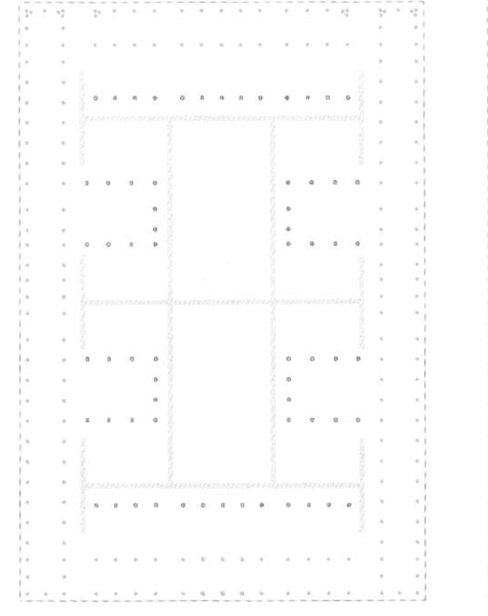

图 2.28 巨柱配筋形式

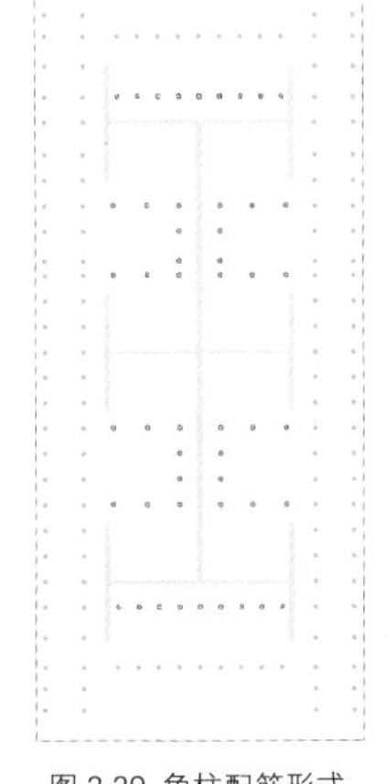

图 2.29 角柱配筋形式

巨柱纵筋通高配筋率不小于 1.2%。箍筋通高配箍率不小于 1.2%，采用复合多肢箍，通高加密。巨柱和角柱配筋形式见图 2.28 及图 2.29。

2. 稳定性分析

巨型柱的截面尺寸远大于一般框架柱，刚度较大，且分区高度近 60m，普通楼层楼面梁刚度较小无法对其形成有效约束，仅各区设备层的伸臂、径向、环带桁架可对其形成较强约束，因此，巨柱稳定验算时不能直接按规范以楼层层高为单位确定其计算长度。

为此，设计时采用线弹性屈曲分析方法确定巨型柱的计算长度。首先对 1~8 区建立巨型框架模型，对模型进行屈曲分析，得出各区巨柱的 1 阶屈曲临界荷载 N_{cr}，然后根据欧拉公式反推计算各区巨型柱的计算长度 μl：

$$\mu l=\pi\sqrt{\frac{EI}{N_{cr}}} \tag{2.1}$$

式中，μ 为计算长度系数；EI 为巨型柱沿屈曲方向的截面弹性抗弯刚度；N_{cr} 为巨型柱的屈曲临界荷载；l 为巨型柱的分区几何长度。

分析表明，各区巨型柱的 1 阶屈曲模态均表现为绕截面弱轴弯曲失稳，计算长度系数介于 0.4~0.6 之间。低区段巨型柱的计算长度系数相对较大，高区段相对较小。这是由于低区段巨型柱相对线刚度较大，环带对其约束相对较弱；而高区段巨型柱更加纤细，相对线刚度较小，环带对其约束较强[13]。

3. 截面校核

结构的内力分析表明，巨型柱在非地震组合以及小震组合下通高受压，除8区部分巨柱为大偏心受压外，其余区域基本为小偏心受压。在中震组合下，当地震与重力叠加时，巨型柱均处于小偏压状态；当地震与重力抵消时，自3区中部，开始出现拉力，1~2区及3区下部为大偏压，3区中部至4区为大偏拉，5~8区为小偏拉。在大震组合下，当地震与重力叠加时，巨型柱处于小偏心受压状态；当二者抵消时，巨型柱处于小偏心受拉状态。

巨型柱通高按中震弹性进行设计。采用纤维单元法按纤维模型对压弯和拉弯承载力进行分析，并按《钢骨混凝土结构技术规程》YB 9082-2006及《混凝土结构设计规范》GB 50010-2002完成压弯、拉弯及抗剪承载力的逐层复核。此外，控制其小震下的轴压比小于0.65，中震组合下的拉应力小于混凝土的抗压强度标准值 f_{tk}；非地震组合、大震组合下的剪压比分别小于0.45及0.36。

2.5.2 核心筒设计

1. 截面设计

根据建筑平面沿高度轮廓变化及结构刚度需求，核心筒平面沿高度渐变（图2.30），底部4区以下（51层以下）平面为30m×30m的九宫格布置，中部5~6区（52~83层）为切角方形布置，顶部7区以上（84~125层）为十字形布置，125层以上混凝土核心筒变为由内外八角钢框架组成钢结构支撑筒。

核心筒混凝土强度等级通高为C60。墙体厚度随高度增加逐渐缩小，翼墙、腹墙厚度分别由底部1.2m、0.9m减小到顶部0.5m（表2.14）。核心筒墙体开洞规则对称，形成明确的连梁和墙肢。墙肢截面高度均控制在5~8倍墙厚范围内，以使墙肢具有良好的抗震性能。

整个核心筒严格按照规范要求设置边缘构件，在所有楼层的核心筒角部、底部加强区（地下2层~2区）及其上一层、加强层及其上下各一层范围内墙体相交处设置约束边缘构件，其余部位设置构造边缘构件。所有连梁高度为1m，跨高比 > 2.5的连梁按钢筋混凝土连梁进行设计配筋，对跨高比小于2.5的连梁和受剪承载力不足的连梁除配置普通钢筋外，为了提高连梁的抗剪和抗震能力，在连梁中布置型钢或斜向钢筋以增加其抗剪承载力。

为提高核心筒的抗震性能，在核心筒墙体相交处，沿核心筒通高设置钢骨（图2.30），钢骨材质为Q345GJC。钢骨截面分为工字形、组合钢板、十字形三种（图2.31）。标准段钢骨主要为工字形截面，截面尺寸沿高度逐渐缩小。设备层及其上下各一层加强

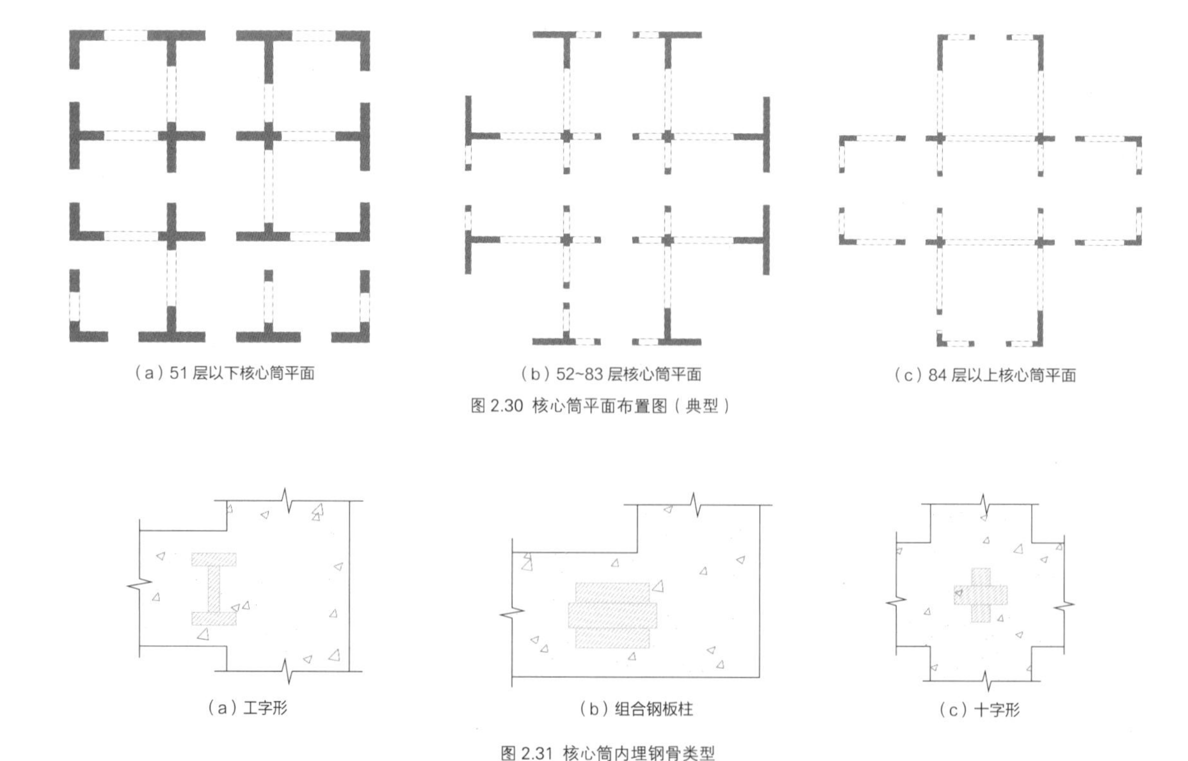
（a）51层以下核心筒平面　（b）52~83层核心筒平面　（c）84层以上核心筒平面

图2.30 核心筒平面布置图（典型）

（a）工字形　（b）组合钢板柱　（c）十字形

图2.31 核心筒内埋钢骨类型

段范围内钢骨，在5区以下主要为工字形，在6区及以上随着核心筒墙体变薄，为便于与外伸臂桁架连接，翼墙内埋钢骨变为组合钢板柱形式，为便于与双向内埋伸臂连接，腹墙交汇处钢骨采用十字形截面，钢板厚度亦随高度减薄。

在塔楼底部2个区，为减小核心筒墙体厚度及控制轴压比，增加底部加强区延性及承载力，在核心筒内埋设钢板（Q345GJC），形成钢板混凝土组合剪力墙，钢板含钢率约为1.5%~6.5%。对于地下室翼墙，还需发挥嵌固及扩散荷载的作用，为增强其延性，采用双钢板剪力墙，另外，在3~4区、7~8区对部分抗剪承载力较弱的墙体也局部配置钢板予以加强，核心筒墙体具体情况如表2.14所示。

2. 截面校核

核心筒沿高度分为底部加强区、加强段和普通段，底部加强区为地下2层~2区，加强段为加强层及加强层上下一层，底部加强区及加强段以外的楼层的核心筒为普通段。底部加强区及加强段按中震弹性进行设计，普通段核心筒按中震不屈服进行设计。同时底部加强区和加强段还应满足大震下剪压比的控制要求。

为控制核心筒墙肢的受力安全，对墙肢和连梁进行了全面的结构复核。核心筒墙肢复核时，控制重力荷载代表值下核心筒墙肢轴压比小于0.5，并同时控制核心筒墙体在风荷载及中震作用下拉应力小于混凝土的抗拉强度标准值f_{tk}。对底部加强区、加强段墙肢，普通段墙肢分别按中震弹性和中震不屈服组合，采用基于平截面假定的纤维模型进行压弯承载力验算。

连梁校核时，当跨高比大于2.5时，控制剪压比不大于0.2，当跨高比小于2.5时，控制不大于0.15。并按中震不屈服组合对连梁抗剪及抗弯配筋计算。

表2.14 核心筒墙截面

位置	楼层分布	翼墙厚度（mm）	腹墙厚度（mm）	翼墙钢板含钢率	腹墙钢板含钢率
8区	101 ~ 117F	500	500	—	—
7区	84 ~ 100F	600	500 ~ 600	—	—
6区	68 ~ 83F	600 ~ 700	600 ~ 900	—	—
5区	52 ~ 67F	700	650 ~ 900	—	—
4区	37 ~ 51F	800	800 ~ 900	局部墙段	—
3区	22 ~ 36F	1000	800 ~ 900	—	局部墙段
2区	8 ~ 21F	1200	900	1.67%	1.67%
1区	1 ~ 7F	1200	900	1.67% ~ 6.25%	1.67% ~ 2.78%
地下室	B5 ~ B1	1200	900	1.67% ~ 6.25%	1.67% ~ 2.22%
地下筒外翼墙	B5 ~ B1	2000		1.50% ~ 10.5%	

2.5.3 伸臂、环带、径向桁架设计

伸臂、环带、径向桁架均采用焊接H形钢截面。由于构件内力较大，截面板厚较厚，均采用Q345GJC高性能钢材，以减缓厚板效应对强度的折减。同时在构件强度验算时，不考虑设备层及休闲层混凝土楼板的组合作用。相关构件稳定验算时，计入楼板对弦杆的平面外支撑作用。

1. 伸臂桁架

塔楼2、4~8区的设备层巨柱与核心筒间共设置6道2层高的伸臂桁架（图2.5）。伸臂桁架采用焊接H形钢截面。为便于与巨柱钢骨及核心筒钢骨连接，5区以下伸臂桁架杆件侧放（翼缘垂直）。6区以上由于核心筒厚度减薄，与核心筒连接节点采用单节点板，相应的桁架杆件调整为正放形式以便于连接。

伸臂桁架的设置将引起塔楼局部抗侧刚度突变和应力集中，形成软弱层和薄弱层。尽管电算结果显示伸臂区域刚度突变不明显，但强震作用下，该区域的受力机理将相当复杂，难以精确分析，因此对与伸臂

桁架相关的巨柱、核心筒、设备层楼层设计时均予以加强。

伸臂桁架按中震不屈服进行设计。杆件的内力分析表明，伸臂斜腹杆主要为轴力控制设计，且轴力主要由风和地震作用产生，约占斜腹杆轴力的80%以上。伸臂弦杆轴力较小，主要为两端的端弯矩控制设计。桁架构件强度验算时，偏于安全不考虑设备层及休闲层混凝土楼板参与楼层剪力传递。

另外，塔楼施工过程中，外伸臂斜腹杆滞后连接以减小巨柱、核心筒差异变形在外伸臂桁架中引起的附加内力。

2. 环带桁架

塔楼2~8区的设备层巨柱、角柱之间8道2层高的双层环带桁架（图2.5、图2.32），内外环带间距由1区的1625mm减小到8区的1100mm。环带桁架采用焊接H形钢截面，截面轮廓为H500~1000×400~800×40~100×40~100。环带桁架杆件为正放形式，以便与巨柱钢骨连接。由于环带桁架平面为圆弧形布置，重力荷载下存在扭转，为增强其整体抗扭能力，在内外两道桁架之间上下弦杆以及竖杆之间采用钢板相连（图2.33），形成整体。

环带桁架按中震弹性，大震不屈服设计，且设计时计及竖向地震作用的影响。八道环带桁架均须承受各区12~15层的结构重力荷载，为重要转换构件，为确保环带桁架的承载力，按规范要求对环带桁架的多遇地震内力放大1.5倍进行设计。

内力分析表明，桁架杆件主要承受轴力，弦杆主要为拉力，腹杆主要为压力。且重力荷载产生的轴力在组合内力中占较大比例，多数构件占比超过50%，重力荷载为控制荷载。竖向地震反应对环带桁架设计也有一定影响，且影响程度随高度增加，4区以上竖向中震引起的斜腹杆轴力均达到重力荷载的10%，8

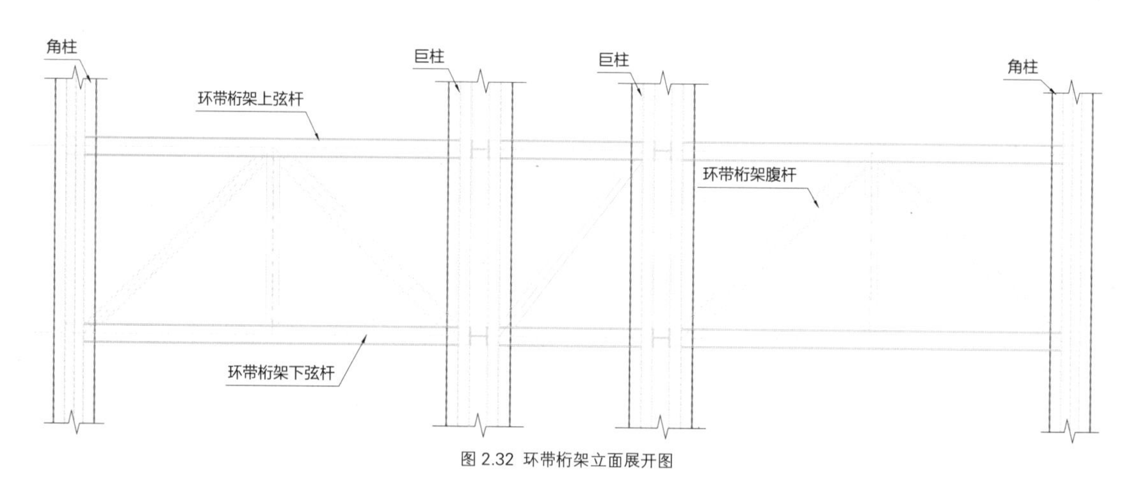

图2.32 环带桁架立面展开图

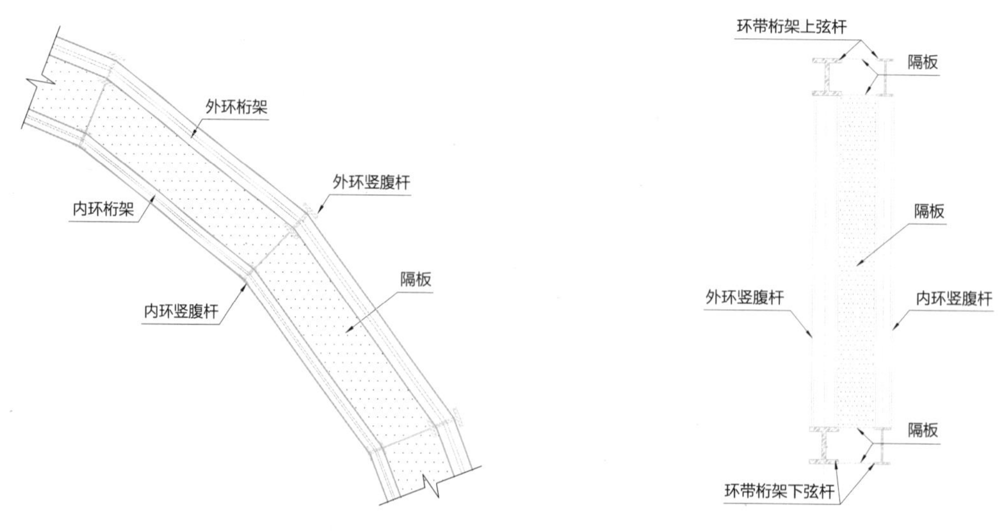

图2.33 环带桁架设置隔板

区最大达 35%。构件强度验算时，为保证环带桁架杆件承载力有足够的冗余，控制桁架构件的应力比小于 0.85。

3. 径向桁架

在塔楼各区的设备层放射状布置 20~28 榀 1 层高的径向桁架（图 29），用于支承设备层悬挑楼面及外幕墙吊挂荷载。径向桁架也采用焊接 H 形钢截面，截面轮廓多为 H400~500×400~500×60~100×60~100。径向桁架杆件采用正放与侧放两种方式，与巨柱连接的径向桁架为侧放，以方便与巨柱钢骨的连接；其余径向桁架采用正放形式，以方便与环带桁架及角柱钢骨的连接。

径向桁架按中震弹性进行设计，且设计时亦计及了竖向地震作用的影响。径向桁架的内力分析表明，径向桁架主要以承受重力荷载为主，但在水平荷载作用下，也会产生一定的内力，且随着高度增加径向桁架跨度减小，桁架线刚度增大，水平荷载引起的内力有增加趋势。由于连接角柱与核心筒间径向桁架跨度最小，因此其水平荷载下内力最大，并超过重力荷载，成为设计主要控制荷载。

2.5.4 楼面结构设计

为减轻结构重量，并加快施工进度，楼面梁采用 Q345 热轧型钢，除塔冠区外，均按组合梁设计，楼板采用压型钢板组合楼板。

普通楼面采用 155mm 厚的组合楼板（75mm 高压型钢板 +80mm 厚混凝土层），楼面主要受力性态为竖向荷载下的弯曲受力。应力分析表明，在风和地震作用下，大部分区域楼板应力较小，仅在核心筒周边及巨柱、角柱局部区域有应力集中现象（图 2.34），设计中于楼板中部附加一层抗拉钢筋（图 2.35、图 2.36）。

加强层楼面由于外伸臂及环带桁架的存在，在水平荷载作用下，楼板与伸臂、环带协同工作，参与楼层剪力传递，为保证传力可靠性，楼板加厚至 200mm（75mm 高压型钢板 +125mm 厚混凝土层），并对楼板沿径向、环向双层双向通长配筋予以加强。此外，在外幕墙悬挂荷载作用下，径向桁架上弦受拉，并将拉力传递给休闲层楼板，使得角部区域楼板应力较大，局部楼板应力超出混凝土的受拉极限强度（图 2.37）[14]，为保证幕墙结构竖向支承刚度，在休闲层楼板应力较大处采用钢板组合楼板予以加强（图 2.38）。

塔冠楼面体系受力复杂，所有楼面梁系统均按非组合梁设计。其中 118~121 层外倾 V 形柱转换体系的设置使得该范围内楼面系统成为塔冠受力最为复杂的区域（参见图 2.12），其中，位于转换层底部的 118 层与顶部的 121 层，楼板受力的复杂性更加突出。

118 层位于 8 区顶，采用 200mm 楼板，在 8 区幕墙吊挂及 V 柱压力作用下，楼板承受较大环向应力，其机理与其他区休闲层类似，但拉应力范围更大。设

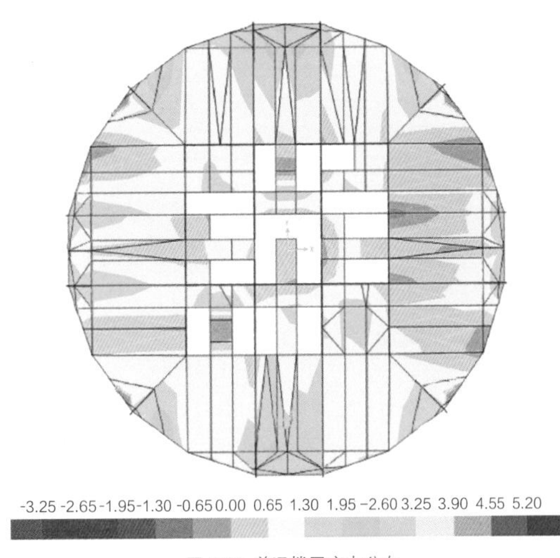

图 2.34 普通楼层应力分布

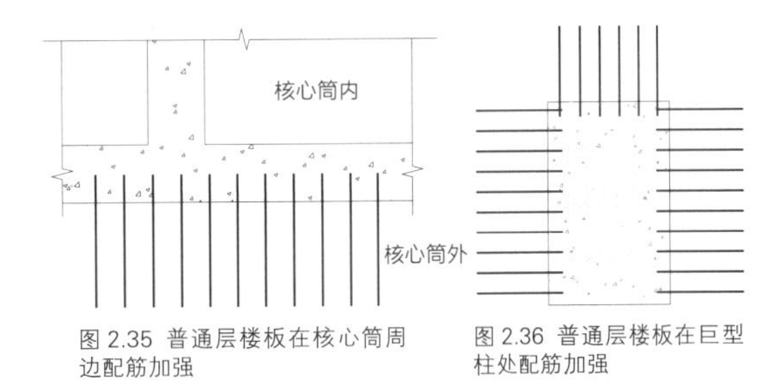

图 2.35 普通层楼板在核心筒周边配筋加强

图 2.36 普通层楼板在巨型柱处配筋加强

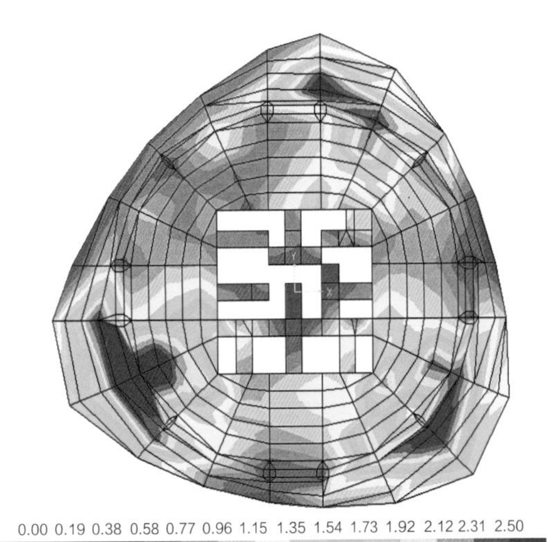

图 2.37 休闲层应力分布

计时对整个筒外楼板采用双层双向加强配筋，同时环带两侧采用钢板组合楼板予以加强（图 2.39），钢板以外区域仍采用压型钢板组合楼板。为进一步降低楼板应力水平，钢板区域楼板后浇，待 8 区幕墙吊挂完成、119~121 层楼板浇筑完毕后，再予以浇筑。

由于 118~121 层为空间外倾的 V 柱钢框架体系，在鳍状桁架竖向荷载及 119~121 层楼面竖向荷载作用下，整个体系存在绕塔楼中心的扭转变形及向外倾覆的趋势，无论是倾覆效应还是对扭转效应的传递都有赖于楼板体系的正常工作，顶部 121 层楼板更是发挥了至关重要的作用。鉴于楼板的整体性是 V 柱框架体系成立的关键，设计时对 119~121 层采用双层双向配筋，楼板厚度均为 155mm，并于 119 层局部增设楼面支撑，同时于 121 层加强配筋。此外，由于鳍状桁架竖向荷载在 121 层楼面产生较大的环向面内拉应力，故沿楼板周边一圈采用钢板组合楼板予以加强（图 2.40），其余范围仍采用压型钢板组合楼板。

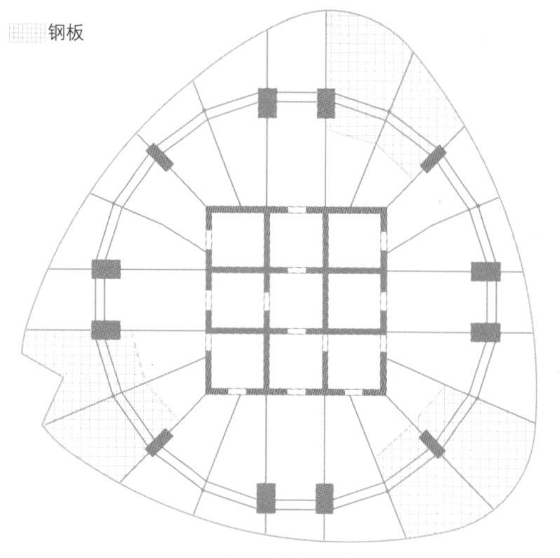

图 2.38 休闲层楼板的钢板配置

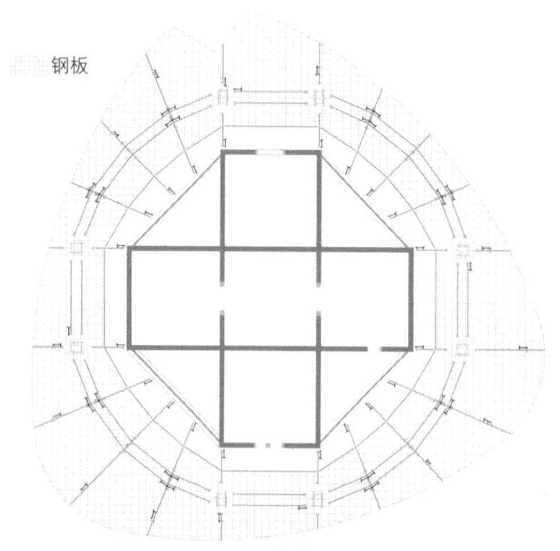

图 2.39 118 层钢板组合楼板布置

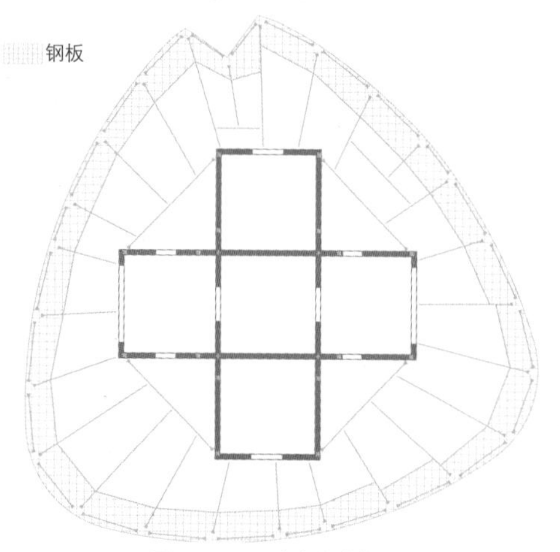

图 2.40 121 层钢板组合楼板布置

2.5.5 节点设计

节点设计作为整个结构设计中的关键环节，无论是杆件汇交节点还是构件拼接节点，对于保证结构体系的成立、整体结构的安全具有举足轻重的作用。尤其是巨框系统的构件尺度大、数量少、节点处杆件密集，节点受力巨大，这些节点的设计既要确保受力安全，又要确保具有良好的可建造性和经济性 [15]。节点强度设计遵循以下原则：（1）保证在正常使用状态下和风荷载作用下节点处于弹性状态；（2）在多遇地震下节点承载力设计值不小于构件承载力设计值，且节点的极限承载力大于相邻构件的屈服承载力；（3）在设防烈度地震作用下，节点保持弹性；（4）在罕遇地震作用下，允许个别节点进入屈服工作阶段，但节点不破坏。

1. 构件汇交节点设计

构件汇交节点主要有三类：伸臂桁架、环带桁架与巨柱连接节点，伸臂桁架与核心筒连接节点，径向桁架与环带桁架及巨柱或角柱连接节点。

（1）伸臂桁架、环带桁架与巨柱连接节点设计

由于伸臂桁架截面高度与巨柱双腹板间距相同，故从巨柱双腹板伸出双节点板，与伸臂桁架的斜腹杆、弦杆翼缘对接。并将伸臂桁架斜腹杆、弦杆的腹板插入节点板（图 2.41）。腹板插入节点板一方面保证腹板内力有足够的传递长度，另一方面可对节点板加劲，保证其稳定性。腹板在巨柱外边截断以免影响巨柱纵筋穿越。

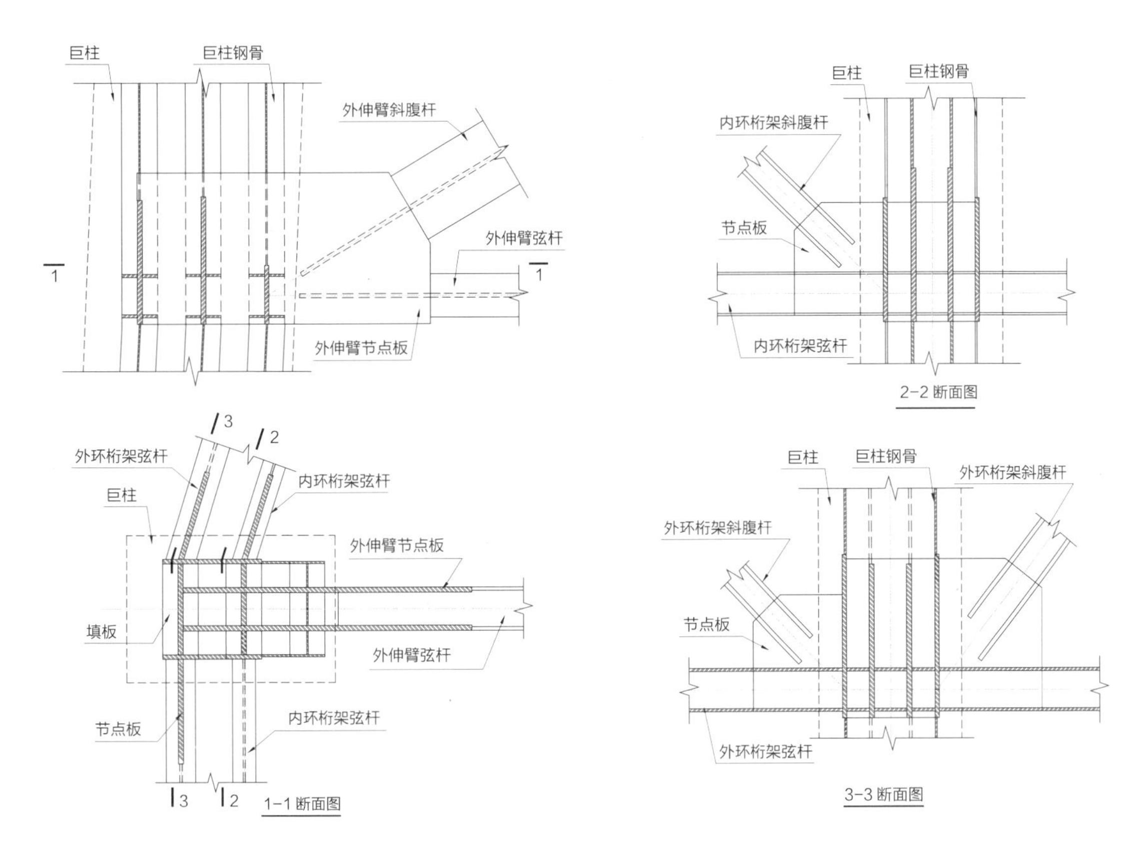

图 2.41 伸臂、环带与巨柱连接节点

环带桁架弦杆直接与巨柱一肢钢骨焊接，并在弦杆翼缘对应位置的巨柱钢骨上设置水平填板保证弦杆内力向巨柱有效传递（图 2.41）。由于环带桁架为环向布置，环带桁架与巨柱在水平面存在微小夹角，若环带斜腹杆直接与巨柱钢骨焊接，则翼缘与钢骨的连接界面为倾斜直线，相关传力构造复杂。因此环带斜腹杆与巨柱连接采用单节点板形式，连接构造简单，且传力明确。

（2）伸臂桁架与核心筒连接节点

对于伸臂桁架与核心筒连接节点，低区采用与巨柱一侧类似的构造方式（图 2.42），从内置于核心筒墙体的钢柱上伸出两块节点板与伸臂桁架杆件对接。但由于核心筒内墙体厚度的限制，因此外伸臂桁架杆件在连到节点板前先进行了尺寸变化，压缩杆件高度，以使外伸臂桁架杆件尺寸与墙体厚度相适应。

在高区由于核心筒腹墙厚度较小，仅 500~600mm，无法设置 H 型钢截面钢骨，采用三块钢板叠合钢骨柱，相应的节点板采用单板，相匹配的伸臂桁架改为正放，翼缘插入节点板传力，并保证节点板的稳定性（图 2.43）。

（3）径向桁架与巨柱及环带桁架连接节点设计

径向桁架与巨柱的连接节点与伸臂桁架与巨柱连接节点类似，径向桁架侧放以方便与双腹板对接。而与角柱的连接节点，根据角柱的钢骨的截面形式，径向桁架改为正放，以便于与角柱钢骨对接。在径向桁架弦杆连接位置，角柱钢骨内布置连续的填板将角柱两侧桁架弦杆连接起来，以保证桁架弦杆内力的连续传递。径向桁架斜腹杆采用单节点板形式以便与单腹板角柱对接（图 2.44）。

由于环带桁架采用双层，径向桁架与其连接节点杆件汇交较多，一个节点构件数常达 10 个以上，且杆件间几何关系复杂，为简化连接构造且保证传力可靠，对该节点同样也采用了节点板的连接方式（图 2.45）。

（4）汇交节点强度及稳定复核

构件汇交节点强度复核需首先保证每个连接到节点板的构件都有足够的连接强度，单个构件在节点板的连接强度按有效截面或撕裂线方法验算。其次，节点板还应满足在所有构件最不利内力合成作用下，节点板不发生破坏。

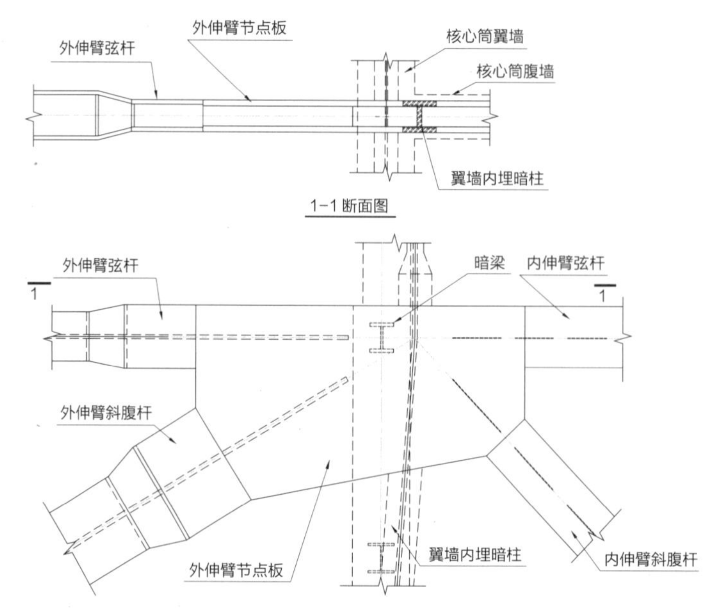

图 2.42 外伸臂与核心筒连接节点（5 区及以下）

除强度外，节点板的设计还应满足稳定性的要求，设计时通过构造措施和改变节点板的形状使节点板的稳定性得以保证，以充分发挥材料强度，避免繁琐的稳定计算。当节点板稳定不满足要求时，则按《钢结构设计规范》GB 50017 附录 F 进行节点板稳定计算。

由于节点区应力较大且复杂，设计时将节点板钢材强度较构件强度提高一个等级，采用 Q390GJC。

2. 构件拼接设计

上海中心桁架构件现场拼接采用焊接拼接及螺栓拼接两种方式。除环带桁架以外的一般构件主要采用全熔透焊接拼接，焊缝质量等级一级。而对于环带桁架，由于其承担了其上一个区 12~15 层楼面的重量，且很多环带桁架构件以承受拉力为主，相关节点设计对于结构整体安全意义重大。因此，为保证构件现场拼接质量，对于环带桁架构件现场拼接主要采用螺栓连接。由于环带桁架构件内力大、截面大、板件厚，螺栓群拼接长度均较长，部分螺栓拼接接头长度超过了 4m，单个接头螺栓数量超过 600 颗，拼接板厚度达到了 100mm，节点板与构件本体拼接最大厚度达到 300mm。

螺栓拼接设计时按《建筑结构抗震规范》GB 50011 第 8.2.8 条进行两阶段的抗震承载力复核。由于螺栓的拼接长度较长，各个螺栓受力很不均匀，中间螺栓的强度难以发挥，因此设计时对超长螺栓群的整体连接强度按规范进行折减。同时进行了超长螺栓拼接的有限元分析，分析结果与规范基本一致 [16]。

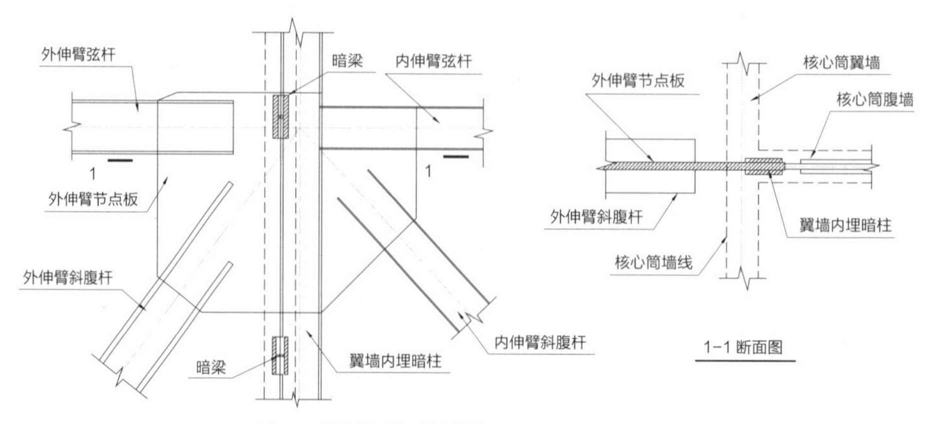

图 2.43 外伸臂与核心筒连接节点（6 区及以上）

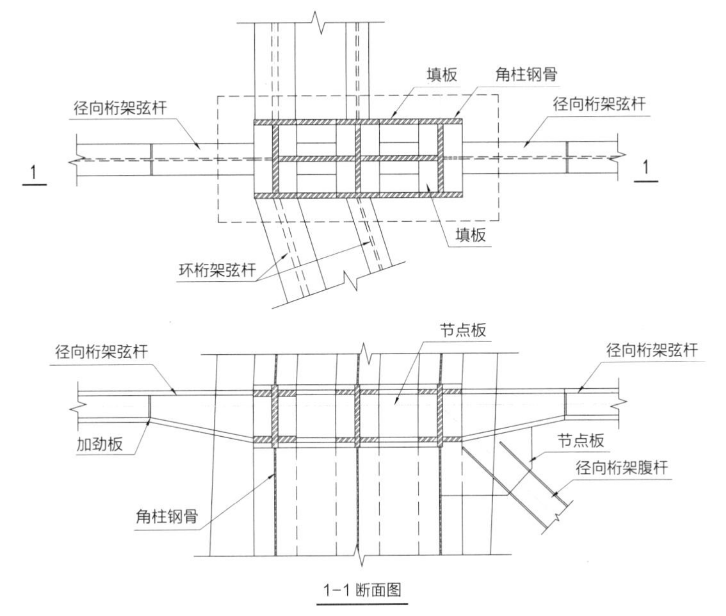

1-1 断面图

图 2.44 环带桁架与径向桁架节点

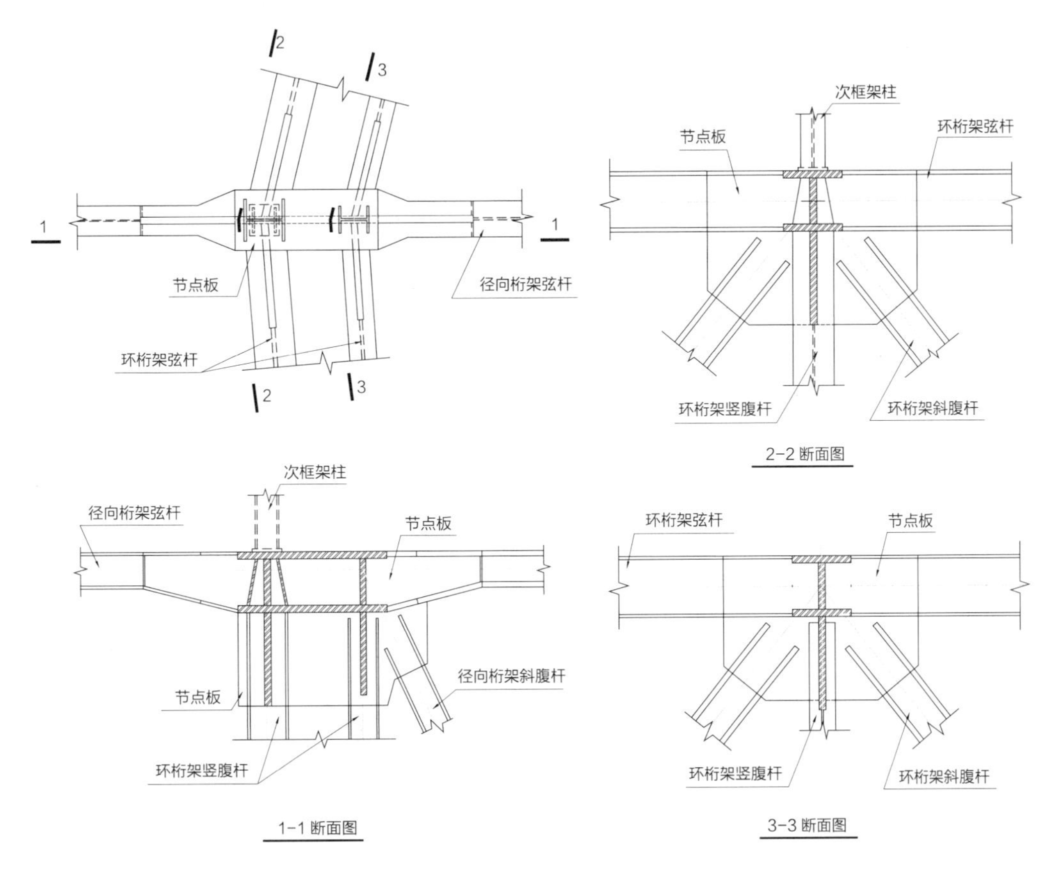

图 2.45 径向桁架与环带桁架连接节点

3 CHAPTER 第3章

幕墙支撑结构体系
Curtain wall support structure (CWSS) system

2~8 区的塔楼典型区段采用了“分区悬挂的柔性幕墙支撑结构系统”，该系统具有轻盈通透、视觉阻碍小、结构传力简洁、结构造型与外幕墙高度匹配、结构用钢量小及可建造好等优点。另外，结合主楼的结构布置特点及考虑施工吊装的可行性，对于塔冠区（9 区）以及大堂区（1 区）的外幕墙分别采用了“由桁架支撑的刚性幕墙支撑结构系统”及由“内外两道环梁组成的悬挂式幕墙支撑系统”（图 3.1）。下面分别进行介绍。

3.1 2~8 区典型幕墙结构体系

最终选定的由环梁 + 径向支撑 + 吊杆组成的悬挂式幕墙支撑结构体系，体系构成如图 3.2 所示。环梁的几何与外幕墙造型高度匹配，随着楼层升高，环梁绕着圆主体楼面逐层旋转、收缩。考虑成型能力和建筑造型效果，环梁采用直径 356mm 钢管，沿竖向每层（4.3~4.5m）布置以承受幕墙板块的重量和水平风荷载。沿环梁每 8~10m 设置一道水平径向钢管支撑（$\Phi219\times13$、$\Phi273\times13$）将其与主体楼面结构连接（图 3.3），径向支撑与环梁刚接连接（图 3.4、图 3.5），以承担板块产生的扭矩。与楼板边梁的连接采用铰接（图 3.6）以允许外幕墙相对于楼板之上下运动。长度较短的径向支撑（<2m）因其刚度较大，对幕墙的约束作用较强，采用铰接构造会引起幕墙结构的局部应力集中，对该类支撑与楼面连接的连接节点采用了图 3.7 所示特殊的滑动构造以降低支撑应力水平。在每个环梁和径向水平钢管支撑相交的位置设置两根屈服强度 460MPa 的高强度钢吊杆（$\Phi60$~80mm），将每区的所有水平环梁吊至上部设备层吊挂梁，吊挂梁通过两道环向梁将吊挂重力转换至径向梁，并通过径向梁上的吊柱将幕墙重量传递

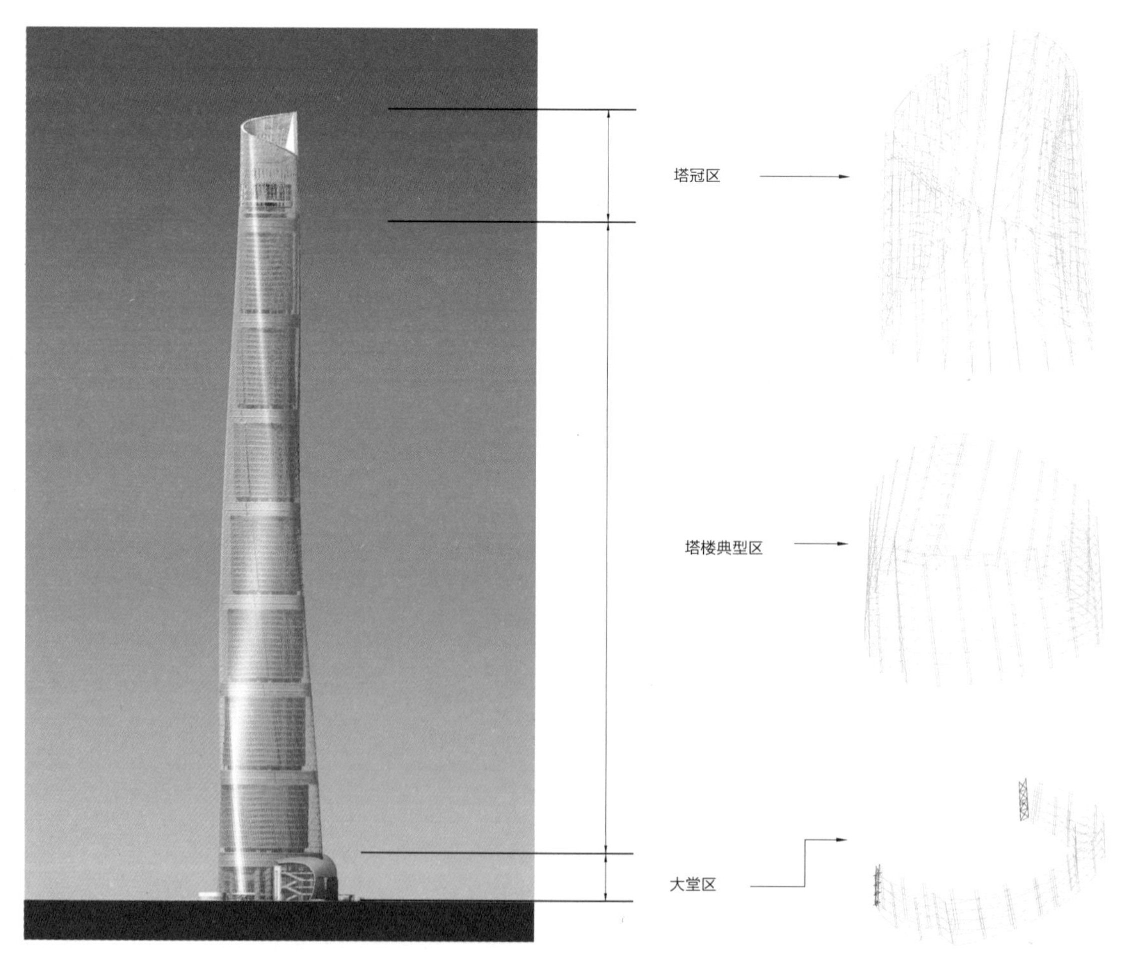

图 3.1 幕墙支撑结构分区示意

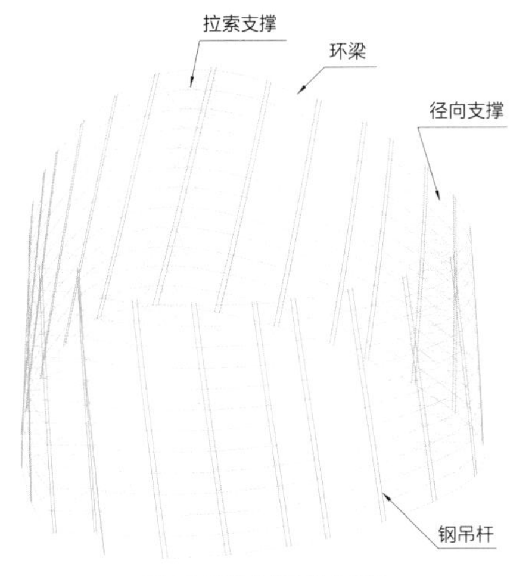

图 3.2 幕墙支撑体系轴侧图

图 3.4 径向支撑与环梁连接构造

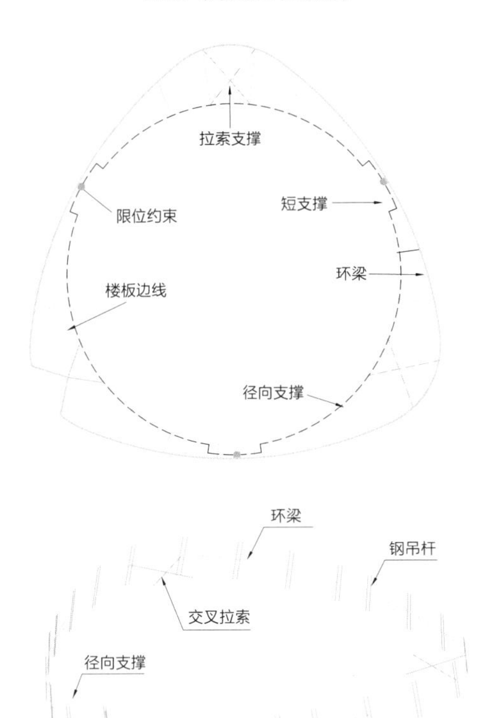

图 3.3 典型幕墙支撑结构平面布置

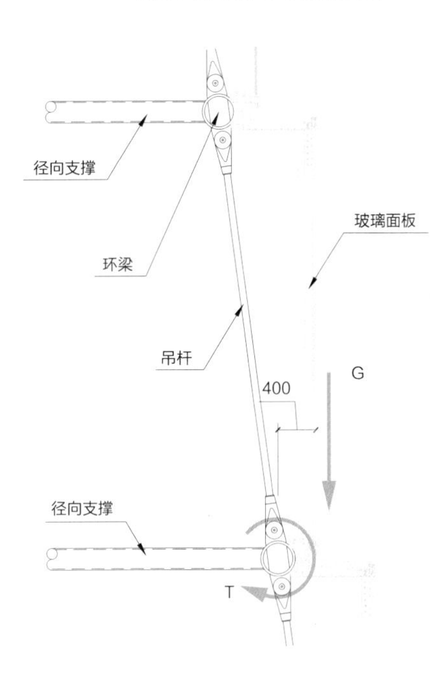

图 3.5 幕墙板块对环梁扭转作用示意

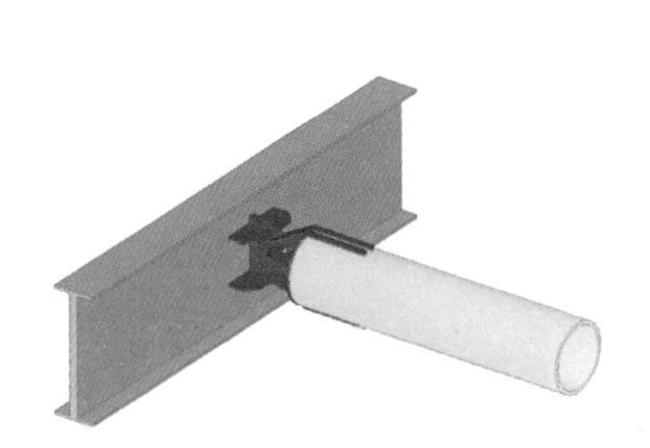
图 3.6 径向支撑内端节点

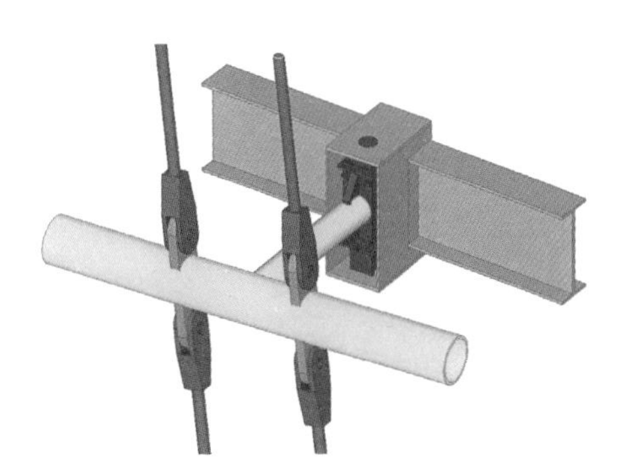
图 3.7 短支撑节点

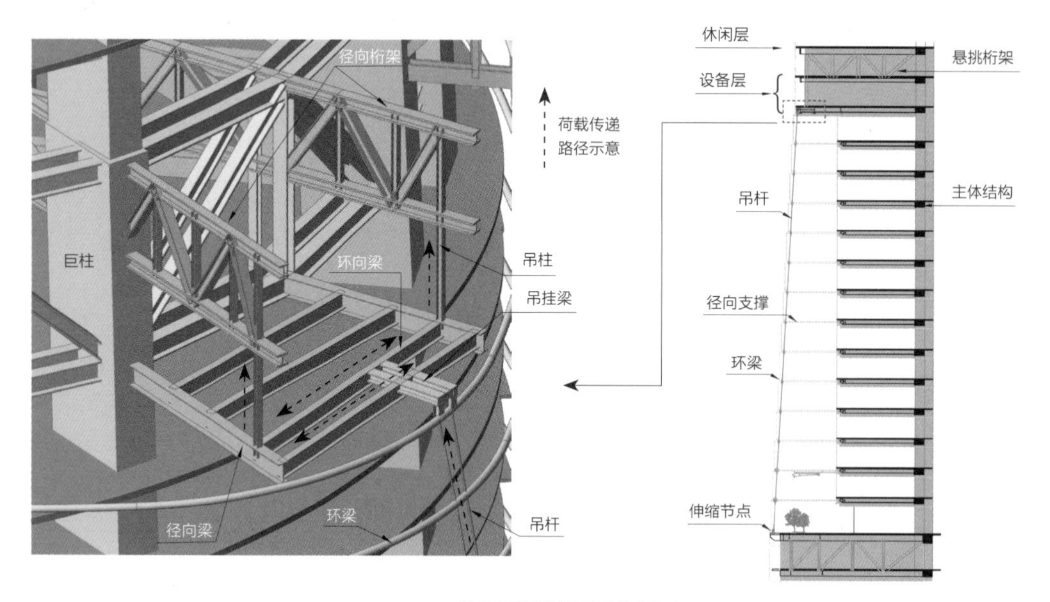

图 3.8 幕墙结构顶部传力体系

至径向桁架的悬挑端，并最终传至主体结构巨柱、核心筒（图 3.8~ 图 3.9）。

支撑结构最下方的环梁位于休闲层楼板上方且距楼板约 360mm，无法在这一层设置径向支撑。因此在每区下方的休闲层楼面梁上设置连接立柱，并插入底环梁连接（图 3.10、图 3.11）。这样的连接方式既为底环梁提供了侧向支撑，同时又能够吸收其一定范围内的竖向变形，使得幕墙系统与塔楼主体结构可以相对独立地自由变形，分析表明，该连接构造最大张开变形可达 90mm，闭合变形可达 160mm。

为了防止环梁因温度作用膨胀或压缩阻碍竖向伸缩节点滑动，在底环梁中设置了水平伸缩缝以释放环梁的温度应力（图 3.11）。同时在底环梁内配重，以保证其有足够的重量使节点滑动，避免吊杆失稳。

为约束幕墙相对主体的扭转，在每层水平曲梁与圆柱体楼面相切的位置布置了三个限位约束，在角部设置了交叉拉杆支撑（Φ60），如图 3.12、图 3.13 所示。

从几何构成上看，该体系有效地协调了外幕墙不规则的几何形态与主楼规则的几何形态，且结构造型与幕墙几何高度匹配。从传力的角度上看，该体系最大特点是幕墙荷载向主体结构的传递路径在水平向与竖向分离，竖向通过吊杆每区集中传至设备层悬挑桁架，水平向通过径向支撑逐层向主体楼面传递。

另外，由于幕墙环梁为封闭环形且周长较长，温度效应显著，结构选型时曾考虑在环梁中设置伸缩节点释放温度应力，但带来了伸缩节点开合位移较大，易使幕墙漏水、漏气；轴向刚度不连续、抗扭刚度差；施工安装定位困难等问题，因此最终结构方案取消了伸缩节点设计，采用连续布置的环梁。

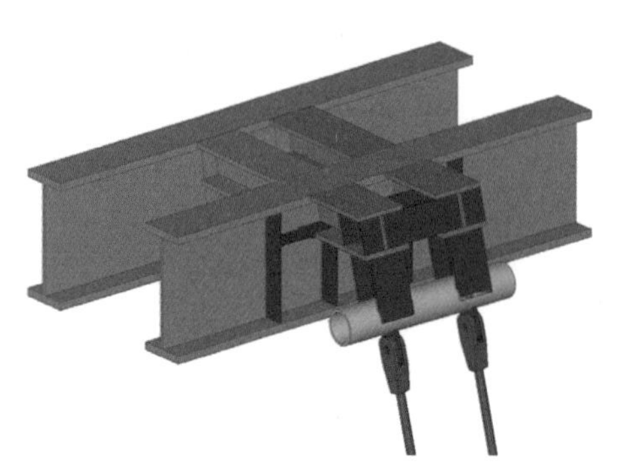

图 3.9 幕墙结构顶部吊挂节点构造

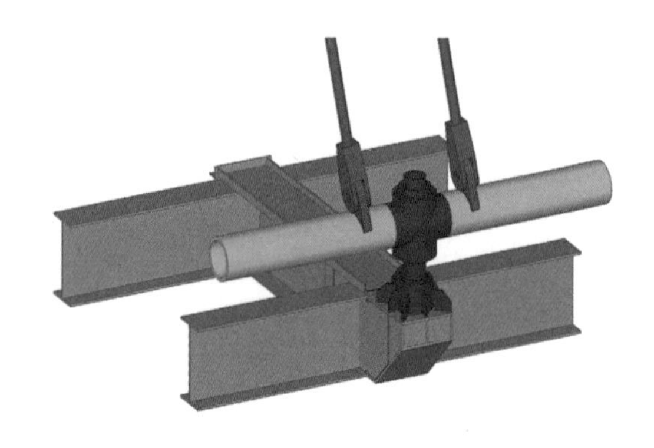

图 3.10 竖向伸缩节点

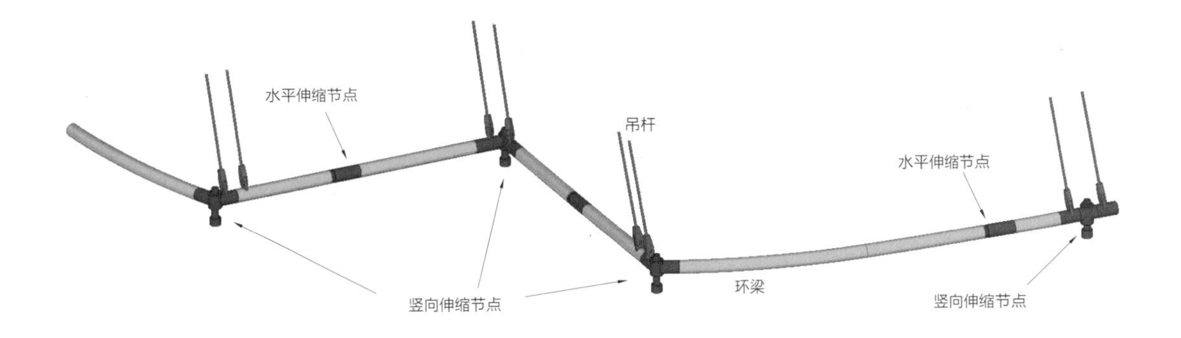

图 3.11 底环梁结构构成

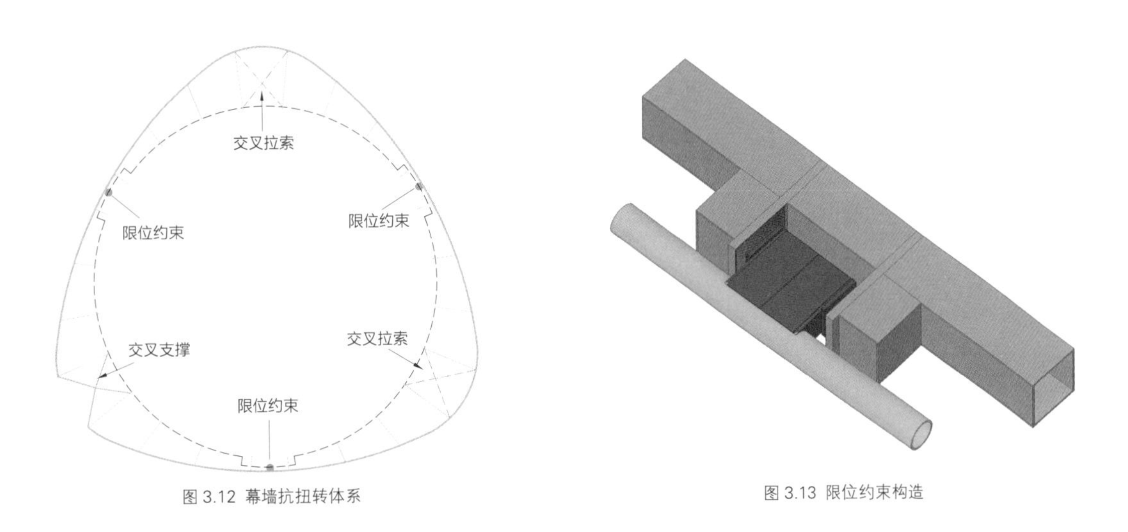

图 3.12 幕墙抗扭转体系

图 3.13 限位约束构造

3.2 大堂区幕墙结构体系

大堂区幕墙位于塔楼一区，总高 20.75m，共 5 层玻璃板块，层高 4.15m。因塔楼北侧与主体裙房相连，故该区幕墙为仅覆盖东、南、西三侧的围护系统，其所夹圆心角为 204° 。

大堂区幕墙采用与 2~8 区类似的悬挂式幕墙支撑系统（图 3.14），通过直径 60mm 的吊杆悬挂于 1 区设备层（6 层，标高 27.7m），由于板块竖向分隔高度与塔楼结构层高错位，幕墙环梁无法通过径向支撑直接支撑于楼面结构，故增设 4 层吊挂式内环梁，作为幕墙外环梁的水平支撑结构。内环梁水平支承于巨柱（图 3.15），采用 $\Phi 660\times30$ 钢管。径向支撑将内外环梁连接，形成水平风荷载抵抗体系，其外端与外环梁刚接以抵抗幕墙偏心吊挂带来的扭矩，内端与内环梁铰接以允许内外环梁在竖向的相对位移。为了限制内外环梁在环向的相互错动，在内外环梁相切处设置环向限位约束构造（图 3.18），同时在角部和 V 口分别设置了交叉支撑和 V 形撑进一步增加外环梁的抗扭刚度（图 3.15）。在东西两侧端部设置悬挂式桁架为内外环梁提供端部支承（图 3.14、图 3.15）。西桁架水平向通过三角架连接于巨柱（图 3.16），三角架为西桁架提供双水平约束；东桁架水平向通过立杆连接于东裙房楼面梁（图 3.17），该立杆仅为东桁架提供 X 向约束。

由于东桁架面外刚度弱，于外环梁近东桁架处设置一个水平伸缩节点（图 3.15）以释放其在温度作用下对东桁架的不利推力。内环梁受巨柱约束作用强，为此沿环向设置 4 个水平伸缩节点（图 3.15）以释放其温度应力。内环梁与巨型柱的连接也相应分为两种：一种为双向约束，同时限制内环梁径向、环向位移；另一种为径向约束，仅限制内环梁径向约束（图 3.15, 图 3.18~ 图 3.20）。

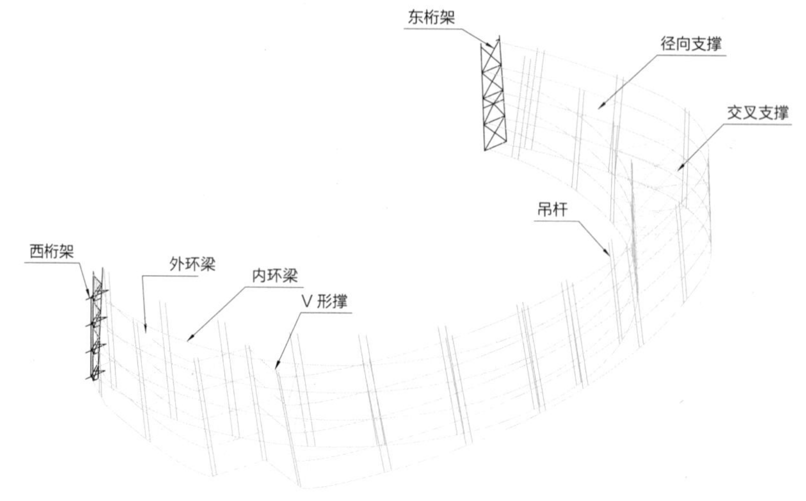

图 3.14 大堂区幕墙支撑体系

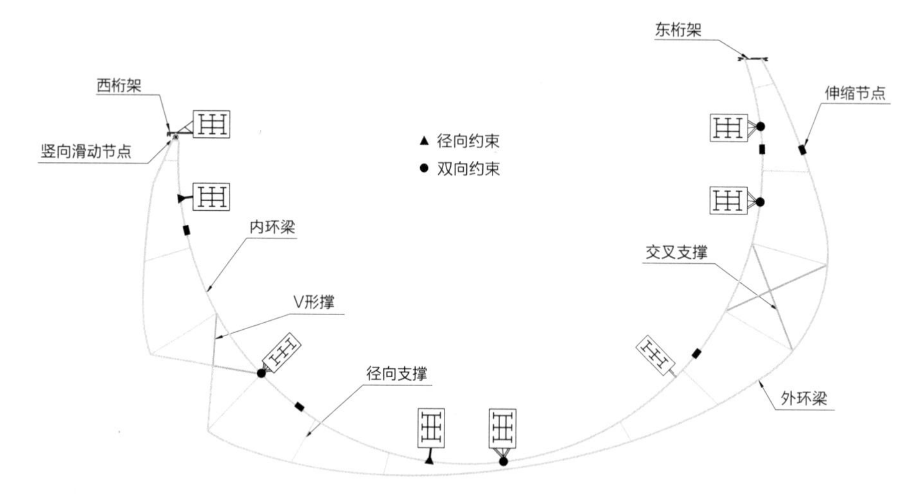

图 3.15 大堂区幕墙支撑平面布置图

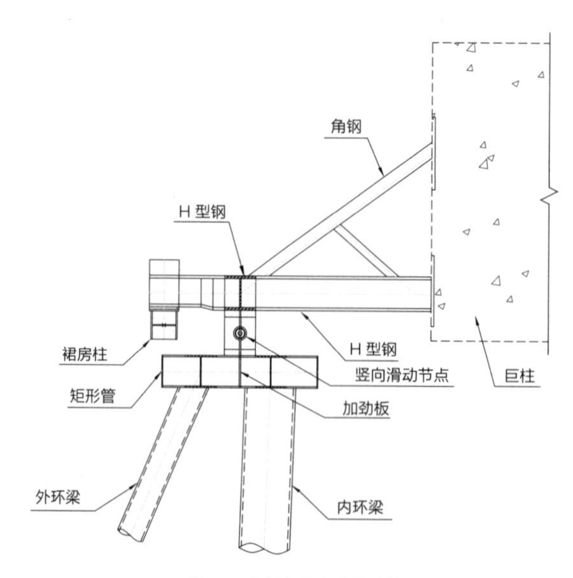

图 3.16 西桁架与巨柱的连接

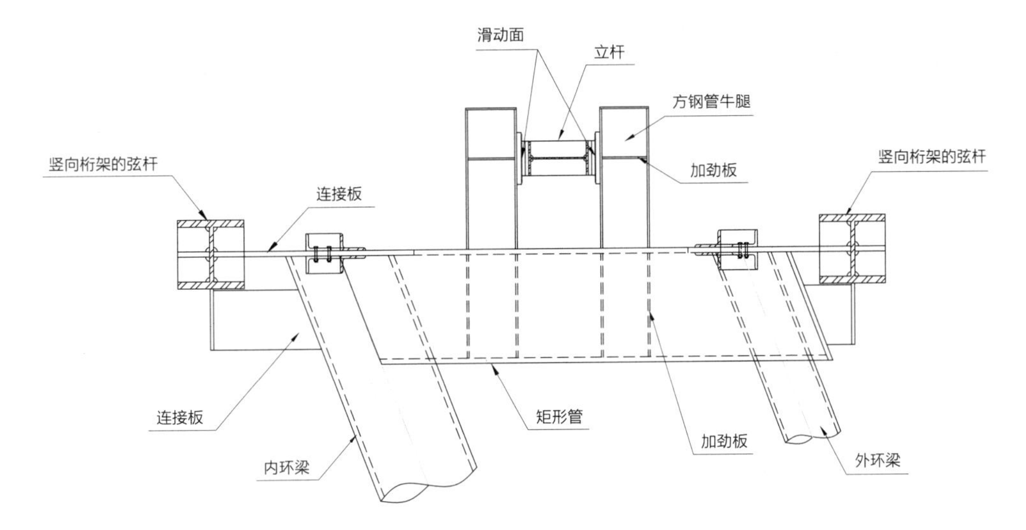

图 3.17 东桁架与楼面的连接

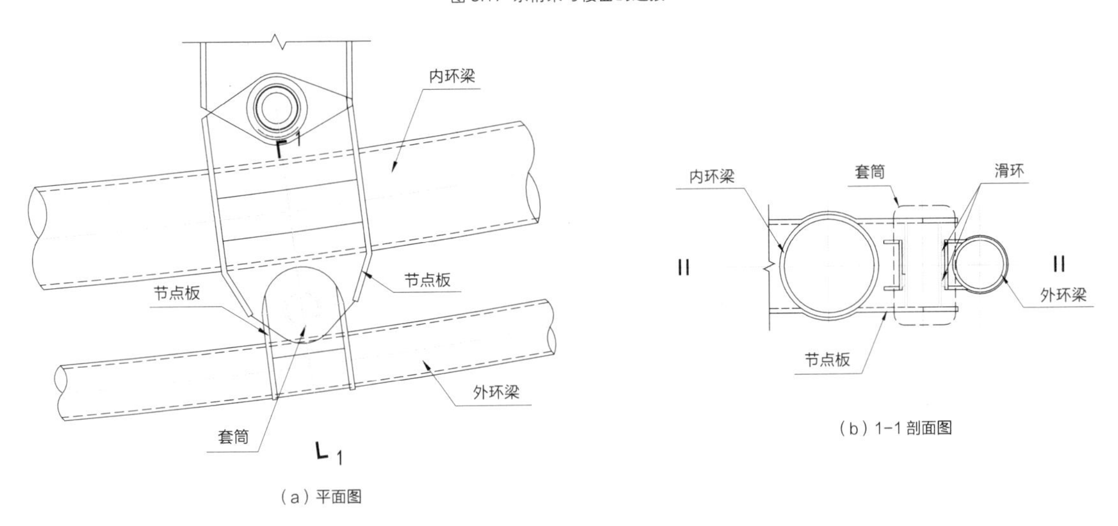

图 3.18 内外环梁限位约束节点

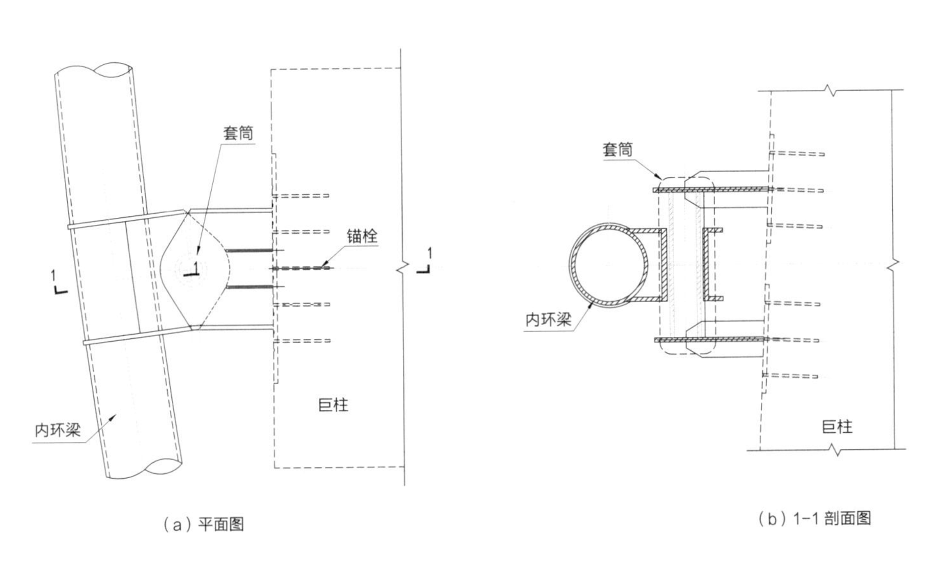

图 3.19 内环梁与巨型柱的双向约束节点

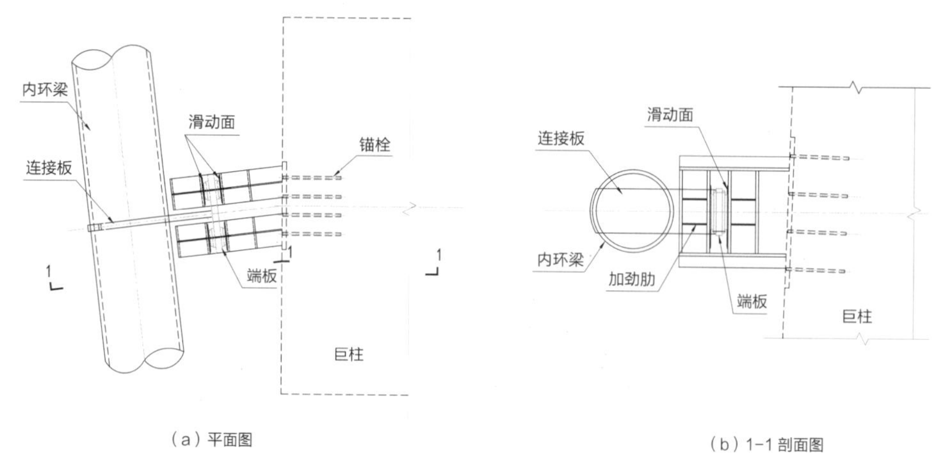

（a）平面图

（b）1-1 剖面图

图 3.20 内环梁与巨型柱的径向约束节点

3.3 塔冠区幕墙结构体系

塔冠区幕墙总高 70m（图 3.21），位于 121 层 (562m) 至冠顶（632m），整体形态为 8 区向上自然延伸，冠顶收头为螺旋上升的抛物线形，标高从 600.6~632m。塔冠区幕墙除首层层高为 3.3m，其余均为 4.4m。在 130 层（600.6m）以下共有 9 层幕墙板块，为环向封闭系统，130 层以上则为环向非封闭系统。

塔冠区幕墙结构体系，由水平环梁、鳍状桁架及支撑系统组成。水平环梁选用 ϕ356×14 钢管，通过长约 800mm 径向支撑支承于桁架外侧弦杆上。25 榀鳍状桁架是塔冠区幕墙的主传力结构（图 3.22），桁架下端支承于 121 层 V 柱柱顶（图 3.22、图 3.23），其承担的竖向荷载可通过 V 柱传递至 8 区巨柱及环带桁架。在 130 层，鳍状桁架直接连接于外八角框架（图

图 3.21 塔冠区幕墙支撑结构

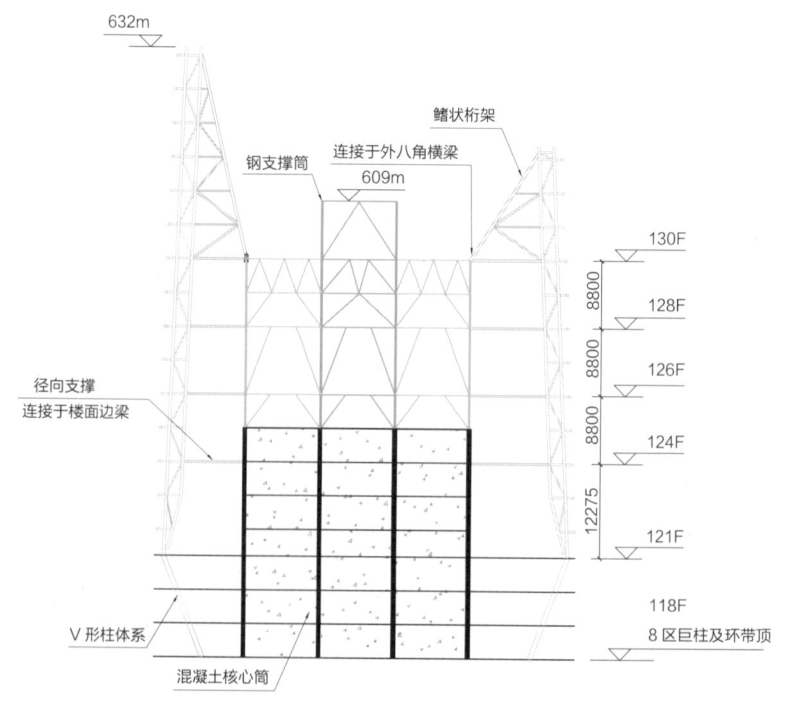

图 3.22 塔冠区幕墙支撑结构立面图

3.22、图 3.24），在 130 层以下，鳍状桁架通过隔层设置的径向支撑，支承于塔冠楼面结构，以实现水平荷载向楼面的传递。为加强结构的整体性，于塔冠幕墙钢结构设置了水平支撑、交叉支撑、竖向支撑及隅撑支撑共 4 类支撑系统（图 3.25）。

鳍状桁架竖向高度最小 41m，最大 70m，其竖向划分节间与幕墙板块层高匹配。在 130 层以下，桁架为 2m 高的平行弦桁架，130 层以上，桁架为变高度悬臂桁架，桁架内侧弦杆由冠顶至八角框架顶倾斜布置，形成空间漏斗状造型。鳍状桁架的弦杆采用直径 356mm 圆钢管，腹杆采用直径 180~245mm 圆钢管。

为限制鳍状桁架平面外扭转，于鳍状桁架间在 130 层以上逐层、130 以下隔层设置环向水平支撑，将其连成整体（图 3.25）。在设置径向支撑的楼层，在环向结构与主体楼面相切处，设置 3 组交叉支撑，将其与楼面结构相连，以限制幕墙鳍状桁架的整体扭转。在角部及 V 口离主体结构较远处，通高设置 4 榀竖向支撑，进一步加强鳍状桁架的抗扭性能。此外，于塔冠钢结构漏斗状的内表面设置了 6 榀隅撑支撑，以加强鳍状桁架内表面的整体性。

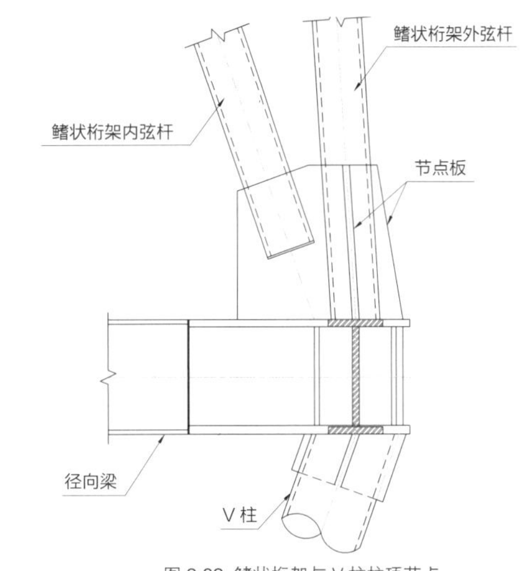

图 3.23 鳍状桁架与 V 柱柱顶节点

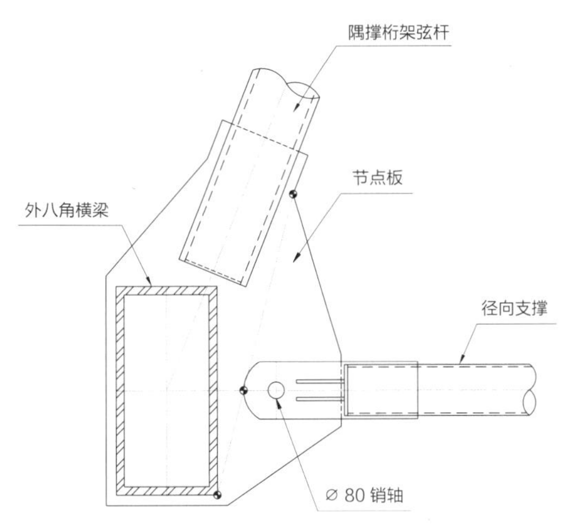

图 3.24 鳍状桁架与 130 层外八角框架节点

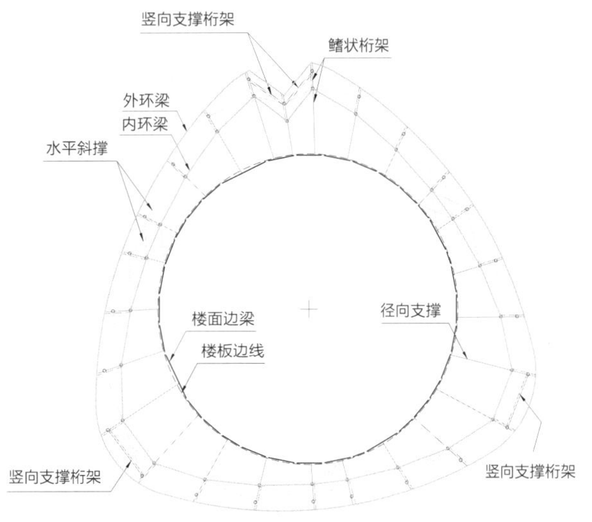

图 3.25 典型水平支撑布置图

3.4 典型幕墙结构体系优选

3.4.1 环梁优化设计

幕墙支撑结构为封闭的环形结构，环向总周长最长接近 300m，放射状布置的径向支撑限制了环梁的自由伸缩变形，在结构内部产生较大温度应力。设计中，曾考虑在幕墙环梁中设置伸缩缝（图 3.26），释放环梁的温度应力，结构分析也表明，设置伸缩节点后，环梁、径向支撑的温度应力均大幅下降至可忽略不计。

但设置伸缩缝也同时带来一些无法克服的问题：（1）温度作用下，伸缩缝位移达到 30mm，幕墙板块插接构造难以吸收该位移；同时，板块安装过程中，由于环境温度变化，伸缩缝变形使幕墙连接件发生位移，导致幕墙板块安装定位困难（图 3.27）；（2）环梁轴向刚度不连续、整体性削弱，抗扭性能变差；（3）伸缩缝构造复杂，加工难度大、深化、采购，对结构正常的施工过程与进度影响很大。

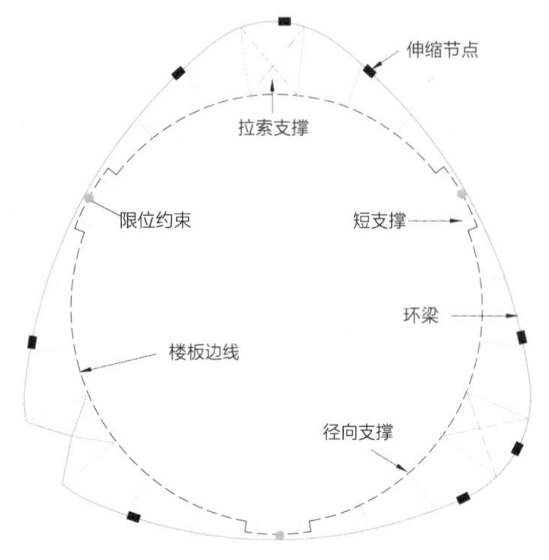

图 3.26 有伸缩节点幕墙支撑结构平面布置

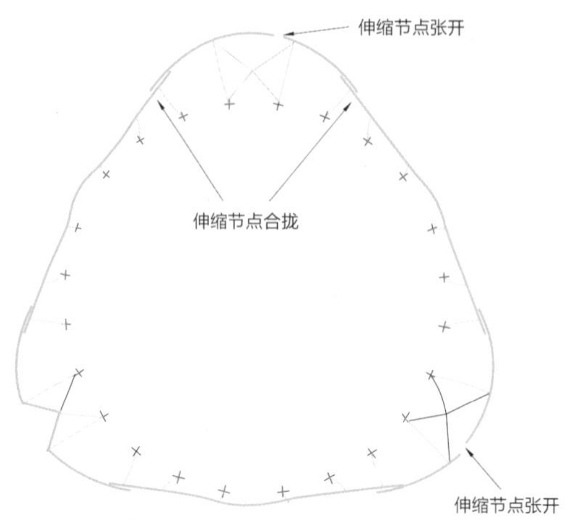

图 3.27 有伸缩节点幕墙支撑结构变形示意

基于上述原因最终除底环梁外均取消了水平伸缩节点，采用连续布置的环梁系统，并通过精细的温度效应分析保证结构受力安全。底环梁保留水平伸缩节点，以防止环梁膨胀、收缩阻碍节点滑动。

3.4.2 抗扭体系选型

幕墙板块脱离主体结构且几何造型扭转，在重力、风荷载、水平地震作用下，环梁系统存在绕主楼扭转趋势。为控制环梁扭转变形，防止环梁水平变形过大引起玻璃板块破坏。结构选型时考虑了仅限位约束、仅交叉支撑、限位约束 + 交叉支撑 3 种抗扭转结构方案（图 3.28），并通过对环梁在最不利的风荷载工况下 [1] 各点的切向变形（图 3.29）进行分析，以确定最优的抗扭方案。

分析表明：仅限位约束与限位约束 + 交叉支撑方案环梁扭转变形接近且明显小于仅交叉支撑方案，说明限位约束为结构提供的抗扭刚度明显优于拉杆支撑，当同时布置限位约束与交叉拉杆时，交叉支撑对于改善环梁抗扭刚度作用并不显著。

尽管分析表明仅设置限位约束已可以为环梁提供足够的抗扭约束，最终的抗扭构造方案仍然选择了限位约束 + 拉索支撑的“双重抗扭”方案，以提高幕墙支撑结构抗扭转的冗余度 [1]。

3.4.3 底环梁竖向伸缩节点优化设计

幕墙支撑结构的底环梁位于休闲层上方 360mm 处，无法通过设置径向支撑为底环梁提供侧向支撑并限制环梁扭转，为此在楼面设置圆柱形立柱并插入底环梁为其提供侧向约束（图 3.30）。

由于幕墙板块的偏心吊挂作用，以及环梁的曲线几何，自重下环梁存在扭转效应。同时，由于水平伸缩节点的设置使环梁抗扭刚度不连续，无法通过自己的连续抗扭抵抗环梁扭转作用，立柱与环梁的竖向伸缩连接构造需为环梁提供抗扭转约束，并允许环梁与楼面竖向相对滑动。整个节点的传力和构造均较复杂，不同的构造直接影响节点受力及滑动性能，需对其构造方案进行优选。

方案设计时，采用全部伸缩节点与环梁刚接的连

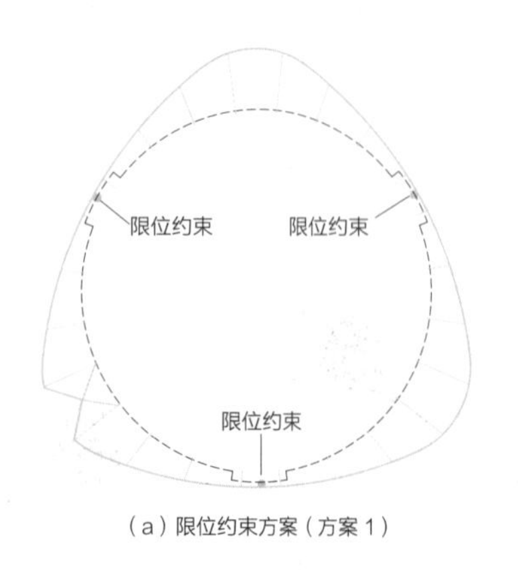

（a）限位约束方案（方案 1）

（b）交叉支撑方案（方案 2）

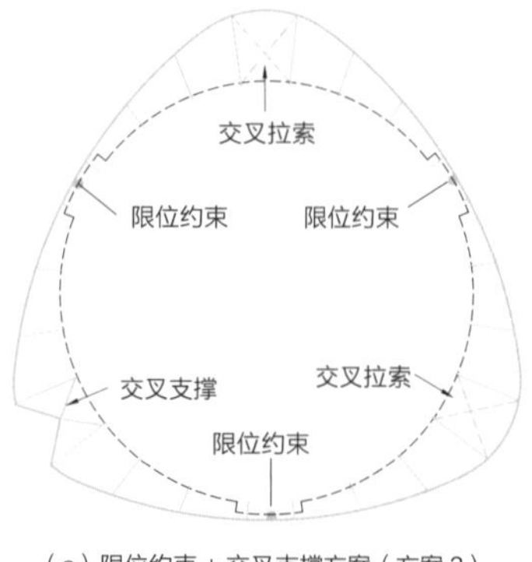

（c）限位约束 + 交叉支撑方案（方案 3）

图 3.28 幕墙支撑结构抗扭转结构方案

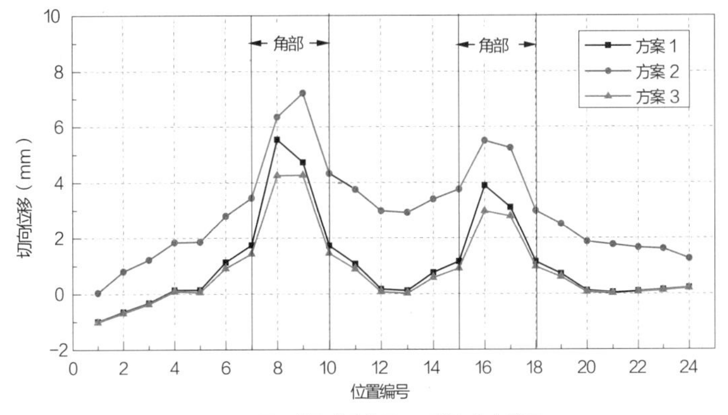

图 3.29 最不利风荷载作用下环梁扭转变形图

接方案（方案 1），该方案的优点是，节点构造简单，易于加工实现。

但进一步深入的分析表明，该节点承受了较大的附加弯矩，过大的附加弯矩引起节点立柱与套筒间产生过大的挤压力，进而产生阻碍节点滑动的摩擦阻力，由于摩擦阻力过大，超过结构所能提供的节点滑动驱动力（主要为底层环梁及幕墙板块重量）节点将无法滑动，发生“自锁”，从而引起底部吊杆及底层幕墙板块受压。

为此，考虑优化伸缩节点构造。通过对附加弯矩的构成成分分析表明，节点的附加弯矩主要为环向弯矩，其中由休闲层楼面变形所引起的环向弯矩占到了80%。而对底环梁的结构构造分析亦表明，释放立柱对环梁的环向约束并不会对环梁的强度和刚度带来不利影响。因此将立柱对环梁的环向抗弯约束释放，释放节点附加弯矩。V 口环梁利用其自身折线构型形成对自身扭转的约束，因此，V 口处伸缩节点可采用双向铰接构造，从而形成 V 口双向铰接 +V 口以外单向铰接的竖向伸缩节点与底环梁的连接方案（方案 2）。对比分析表明，该构造可有效降低节点附加弯矩（图 3.31），改善滑动性能。最后选定方案 2 的节点构造作为最终的节点构造，详细设计见第 9 章。

此外，底层吊杆由于仅承受一层幕墙及环梁重量，拉力较小，极易受到扰动而发生松弛。特对底环梁进行配重设计，防止吊杆松弛，并增加滑动驱动力。

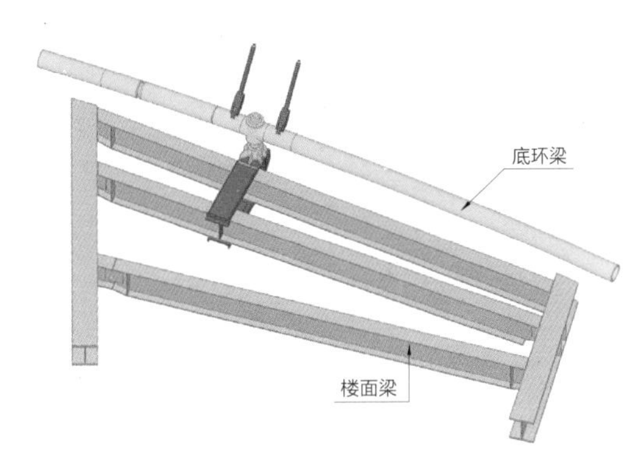

图 3.30 底环梁与楼面连接示意

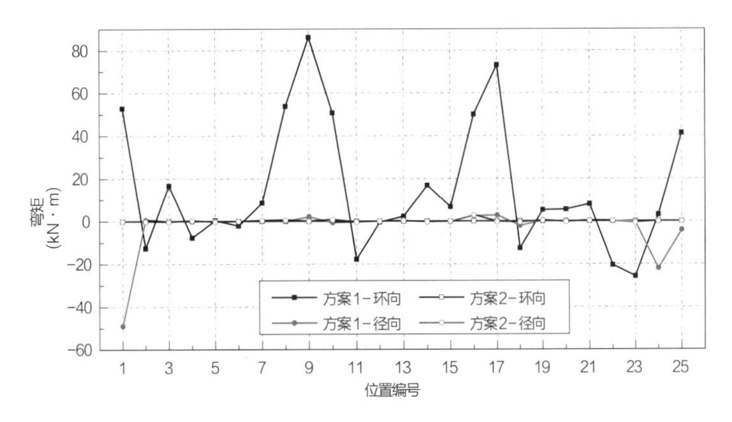

图 3.31 竖向伸缩节点弯矩

3.5 幕墙支撑结构主要设计标准

（1）设计基准及使用年限：承载力及正常使用情况下为 50 年。重要结构构件耐久性为 100 年。

（2）建筑安全等级：安全等级为一级，重要性系数 1.1。

（3）抗震设计标准：考虑到本工程幕墙支撑结构体系总高度和分区悬挂高度都很大的特点以及幕墙支撑结构的重要性，为保证幕墙支撑结构设计安全可靠，幕墙支撑结构的抗震性能目标取为"考虑竖向振动响应条件下满足中震弹性要求"。

（4）位移限值：

楼层位移角：主体结构层间位移角及环梁水平层间变形之和小于主体结构层间侧移限值 1/500 的 3 倍。

竖向变形差：竖向荷载下，相邻吊点间竖向变形差小于 30mm。

环梁挠度：100 年风荷载作用下，环梁在支撑之间的水平变形限值为其跨度的 1/360。

（5）耐火等级：底部 3 层环梁及吊杆耐火时间 1.5h，顶部吊点耐火时间 1.5h。

4

CHAPTER

第 4 章

荷载与作用
Loads

4.1 引言

上海中心大厦外幕墙系统独特的系统构成及其所处位置环境的特殊性导致其荷载作用比较复杂。

上海中心大厦结构体系超高、几何造型扭曲，同时陆家嘴地区周围高层建筑林立（图 4.1），建筑物间风荷载干扰大，这些因素都导致外幕墙承受的风荷载大且复杂，需利用风洞试验才能确定风荷载。同时，风荷载较大也导致相应的幕墙玻璃板片厚度较厚、重量重，加之幕墙板块采用层层退台的阶梯式构造，也使环梁承受了较大的扭转。

外幕墙采用超白玻璃，透光率高、辐射强；同时中庭空间大、高度高、热环境复杂，夏季在日照辐射下使中庭温度升高形成“温室效应”。上述两方面的综合作用导致幕墙结构的温度作用强，无法直接套用《建筑结构荷载规范》GB 50009 确定其荷载作用，需借助 CFD 技术对中庭温度场进行模拟分析，以确定支撑结构温度作用的取值。

由于外幕墙悬挂高度高，在竖向形成弹性串联悬挂系统，其竖向地震反应大，为此需选取能同时适用于水平及竖向地震反应分析的地震波，对幕墙支撑结构与塔楼进行整体地震作用分析。

图 4.1 风雨中的上海中心大厦

4.2 重力荷载

4.2.1 幕墙自重

幕墙支撑结构承受的重力荷载由幕墙支撑结构的结构自重以及悬挂其上的玻璃板块重量组成。幕墙玻璃板片及附属配件重量较重。典型的幕墙单元，包括 12mm 半钢化超白玻璃 +1.52mmSGP 夹胶层 +12mm 半钢化超白玻璃以及各种配件及龙骨的自重，折算重量约为 1.2 kN/m^2,其中配件及龙骨的重量与玻璃相当。支撑钢结构折算重量约为 0.55~0.6kN/m^2。

此外，幕墙板块通过转接件悬挂于距离环梁中心线 400mm 处（图 3.5），将对幕墙环梁产生扭转作用。分析时，在各层幕墙环梁上施加 1.2kN/m^2× 层高 ×0.4m 大小的扭矩线荷载，以考虑该扭转作用影响。

4.2.2 设备层荷载

除幕墙支撑自重外，主体结构设备层及休闲层的附加恒载、活载同样会引起设备层吊点的变形，从而使幕墙支撑结构产生随动变形并引起支撑结构的附加内力。设备层附加恒载及活载的取值见表 4.1。

表 4.1 荷载取值表

荷载类型	取值	备注
附加恒载	2.5kN/m^2	设备层环带以外附加恒载
	6.9kN/m^2	休闲层环带以外附加恒载
活荷载	7kN/m^2	设备层不可折减活载
	5kN/m^2	休闲层不可折减活载

4.3 风荷载

由于建筑造型的特殊性以及风环境的复杂性，《建筑结构荷载规范》[17] 中规定的风荷载已不适用于上海中心大厦。为此，进行了一系列的研究及试验以确定上海中心大厦的风荷载 [18]。

风荷载按其作用尺度从宏观到微观，可分为三个层次，分别是主体结构风荷载、幕墙支撑结构风荷载

1 2
3 4

图 4.2 高频测力天平试验（1:500）
图 4.3 高频压力积分模型试验（1:500）
图 4.4 气动弹性模型试验（1:500）
图 4.5 高雷诺数模型试验（1:85）

以及玻璃板块风荷载。为了保证主结构和幕墙抗风设计的可靠性及准确性，针对不同的荷载作用层次，分别进行风洞试验以确定设计的风荷载取值。其中塔楼风荷载采用高频测力天平试验、高频压力积分试验、高雷诺数试验、气弹模型试验结果的综合分析确定。幕墙板块风荷载由幕墙设计风压力试验确定。幕墙支撑结构风荷载根据幕墙风压力试验结果取某一最不利时刻的结构风压分布进行积分确定。

4.3.1 塔楼风荷载

最新风气候研究表明，在强台风时，300m 以上的风速剖面与《建筑结构荷载规范》建议的常态大气层边界层风速剖面存在很大差异，当风速达到规范规定的 300~450m 梯度风高度后仍将继续增大至 2000~3000m 高度。如直接采用规范将 10m 高度的风速外延到 500m 高度的风速剖面，将导致建筑风荷载计算产生较大偏差。

因此上海中心风洞试验采用反映最新研究成果的台风风速剖面，根据该风速剖面确定的 100 年回归期的 10m 高处 10min 平均风速为 31m/s 左右，这与《建筑结构荷载规范》及金茂大厦、环球金融中心基本一致。但由于上海中心、《建筑结构荷载规范》、金茂大厦及环球金融中心采用的风剖面各不相同，根据风速剖面确定的对高层建筑抗风设计非常重要的 500m 高度处的风速也各不相同。根据上海中心采用的最新台风风速剖面，500m 高度处的时均风速为 50.0m/s，换算成 10min 平均风速约为 53.2m/s，该值小于规范的 54.7m/s，但大于早期金茂大厦和环球金融中心 43.7m/s 的梯度风速。

采用修正后的风剖面首先进行了高频测力天平试验（图 4.2），对塔楼的整体风荷载进行初步测试，考虑到上海中心大厦结构超高、体型圆滑的特点，结构的高阶模态、雷诺数以及气动弹性可能会对最终风荷载的确定存在较大影响，因此又进行了一系列的对比试验以消除以上因素的影响（图 4.3~ 图 4.5）。为考虑浦江边高楼的空气动力学影响，上海中心风洞试验更加详细地模拟了近场地貌，模拟范围相对通常的400~600m扩大至周边1200m范围。

高频压力积分模型试验结果表明，高阶模态的影响主要是提高了塔楼上部（约楼顶以下1/4高度内）的累积荷载以及楼顶的加速度值（约提高7%），对塔楼下部的影响基本上可以忽略。1∶85模型的高雷诺数试验测得的结构响应与1∶500高频测力天平试验基本一致，表明雷诺数对塔楼风荷载影响较小。最后，为去除以上试验中刚体假定带来的影响又进行了气动弹性模型试验。结果表明，气弹试验测得的风荷载略低于由高频测力天平、高频压力积分试验结果；而风致加速度略高于由高频测力天平、高频压力积分试验所得结果。

由于气动弹性模型试验较真实地模拟了塔楼在风场中的振动情况，其结果较为精确地反映了实际结构的风致响应，因此将其测试结果作为最终的结构设计的风荷载。

最终确定的塔楼风荷载共有24个工况，分别代表了24个风向，最不利风向下结构基底剪力达到1.03×10^5kN，基底倾覆弯矩达3.80×10^4kN·m。为方便荷载施加，各工况风荷载均以楼层风荷载的形式给出，每层风荷载均包含2个水平、1个扭转共三个荷载分量。塔楼各层风荷载具体数值详见附录1。

4.3.2 幕墙风荷载

幕墙系统设计的风荷载分为两类：一类为用于幕墙玻璃板块设计的风压，一类为用于幕墙支撑结构设计的风压。

1. 玻璃板块风荷载

玻璃板块为外围护构件，设计时需要考虑阵风效应，保证幕墙板块及连接件在瞬时最大风压作用下不受损坏，因此玻璃板块风荷载是根据500m标高回归期为100年的风速（v_g = 50m/s）的幕墙设计风压力试验测得的瞬时风压确定的。经测试幕墙的瞬时最大风压分布如图4.6所示[19]，绝大部分的负风压在−2.0~−3.0kN/m^{2}范围内，最大的外幕墙负风压为−6.5kN/m^2，位于7~8区幕墙的角部区域。绝大部分的正风压在+1.5~+2.5kN/m^{2}范围内，最大的正风压为+2.75kN/m^2，位于顶部塔冠区曲率较为平缓的区域。绝大部分板块为负压控制设计。

2. 环梁风荷载

对于幕墙的支撑环梁，低区周长近300m，高区也有170m，由于其承载面积较大，无论何种风向下其所支撑的板块不可能同时达到最大风压，因此需要对在某一时刻结构上作用的风压进行积分以确定支撑结构的总体风荷载。某时刻最大瞬时压力可由各测压点的瞬时压力与其对应的面积乘积求和确定。由于各点风压之间的相关性，在确定最大压力时须对各点风压在时间序列上求和。

但由于作用在幕墙上的风荷载随时间和风向不断变化，将所有可能的风压分布用于幕墙结构分析和设计是不切实际的。因此根据环梁的构成和受力特点，将环梁分成3段相近的圆弧，并通过对所有的风压分布特性进行分析，最终确定了均布压力、均布吸力以及半跨吸+半跨压两种不平衡风工况共4个起主导作用的风压分布形式作为上海中心幕墙支撑结构设计的风荷载，如图4.7所示。为便于荷载施加，根据上述荷载特性对环梁进行分段，如图4.8所示。最终确定的支撑结构设计风压位于−5.3~2.8kN/m^{2}之间，最大正风压与负风压均位于7~8区。支撑结构的风荷载具体数值见附录1。

4.4 温度作用

上海中心大厦采用分离式双层幕墙表皮系统，在内外幕墙之间形成了一个巨大的中庭空间，由于外幕墙采用超白玻璃，透光率高，使中庭空间承受辐射作用较强，升温效应显著。另外，由于中庭空间大、高度高，将同时受到“烟囱效应”和“温室效应”的双重作用，在夏季时，因受太阳辐射和热气流上升的影响中庭上部温度较高，冬季时因寒冷天气和热空气上升影响，幕墙中庭下部温度又偏低。此外，由于上海中心超高，施工周期较长，在施工期间空调系统处于非工作状态，各个季节幕墙中庭温度也与使用阶段有所不同。

鉴于幕墙施工作业及工作环境的特殊性，无法套用现行《建筑结构荷载规范》GB 50009定量中庭基本气温以及环梁的温度作用。因此，设计中采用了CFD方法对中庭空间及环梁的温度进行了模拟分析，以确定幕墙支撑结构设计的合理温度作用取值。

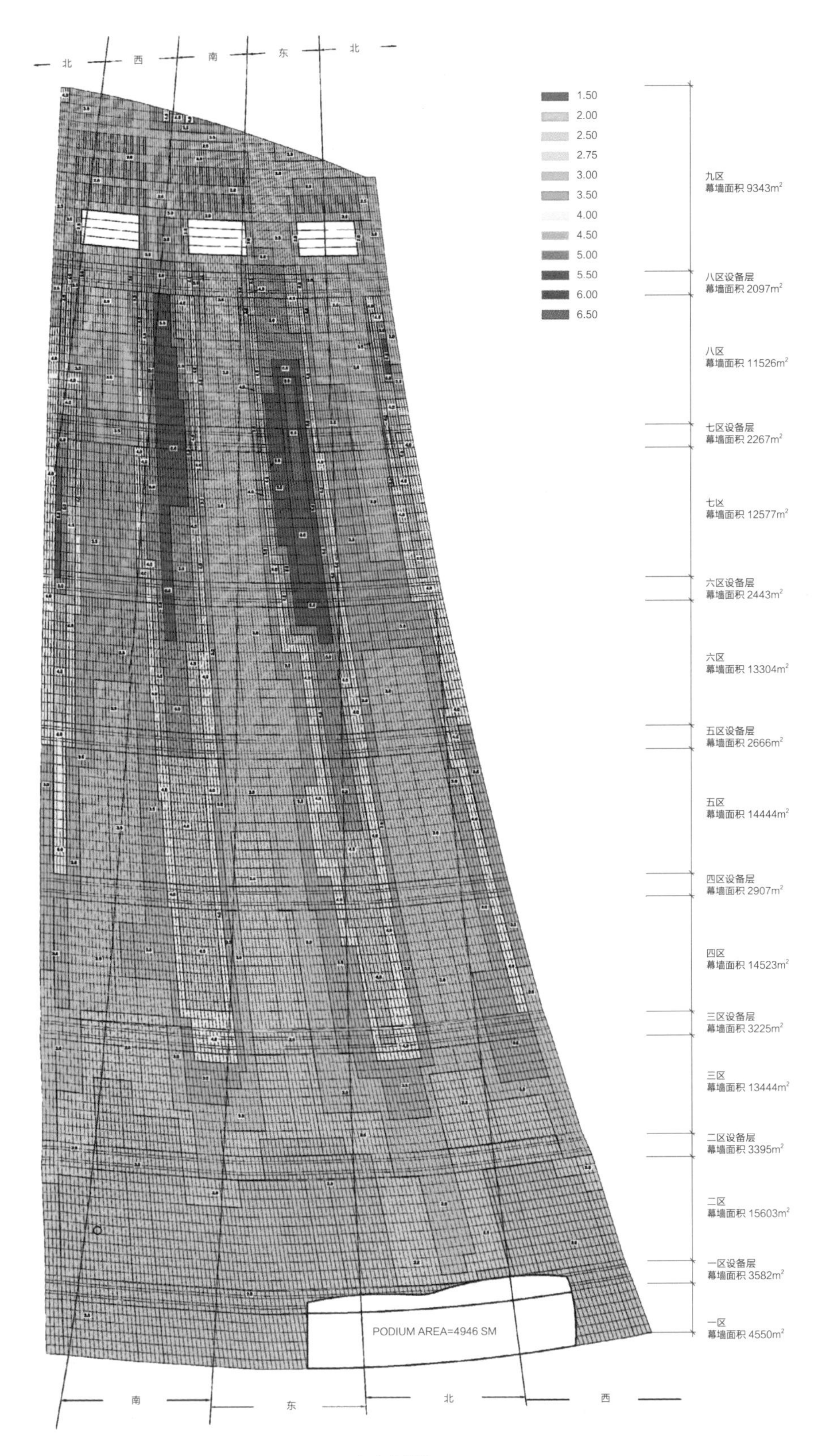
北
西
南
东
北
1.50
2.00
2.50
2.75
3.00
3.50
4.00
4.50
5.00
5.50
6.00
6.50
九区
幕墙面积 9343m²
八区设备层
幕墙面积 2097m²
八区
幕墙面积 11526m²
七区设备层
幕墙面积 2267m²
七区
幕墙面积 12577m²
六区设备层
幕墙面积 2443m²
六区
幕墙面积 13304m²
五区设备层
幕墙面积 2666m²
五区
幕墙面积 14444m²
四区设备层
幕墙面积 2907m²
四区
幕墙面积 14523m²
三区设备层
幕墙面积 3225m²
三区
幕墙面积 13444m²
二区设备层
幕墙面积 3395m²
二区
幕墙面积 15603m²
一区设备层
幕墙面积 3582m²
一区
幕墙面积 4550m²
PODIUM AREA=4946 SM
南
东
北
西

（a）负风压

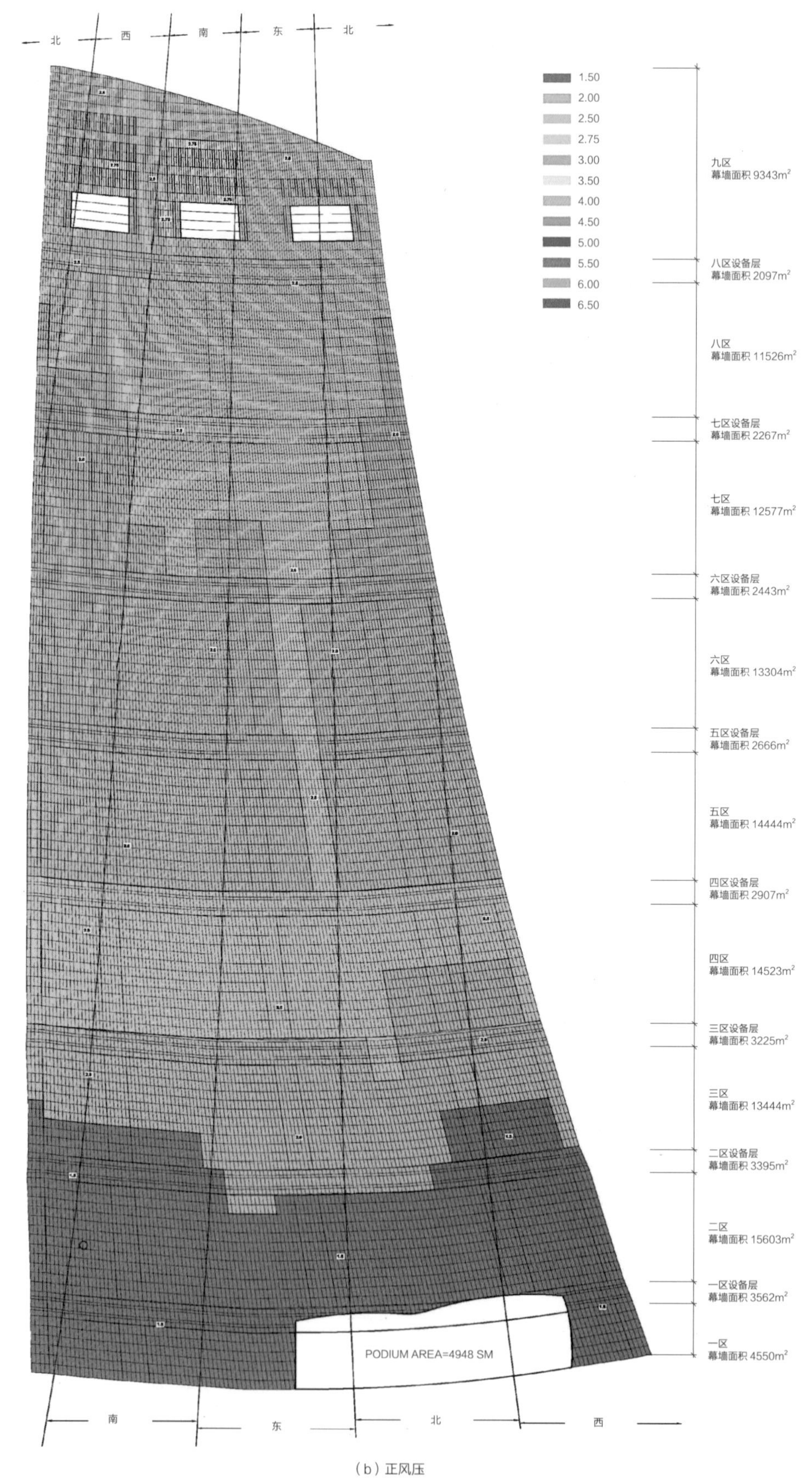

（b）正风压

图 4.6 上海中心幕墙风压分布

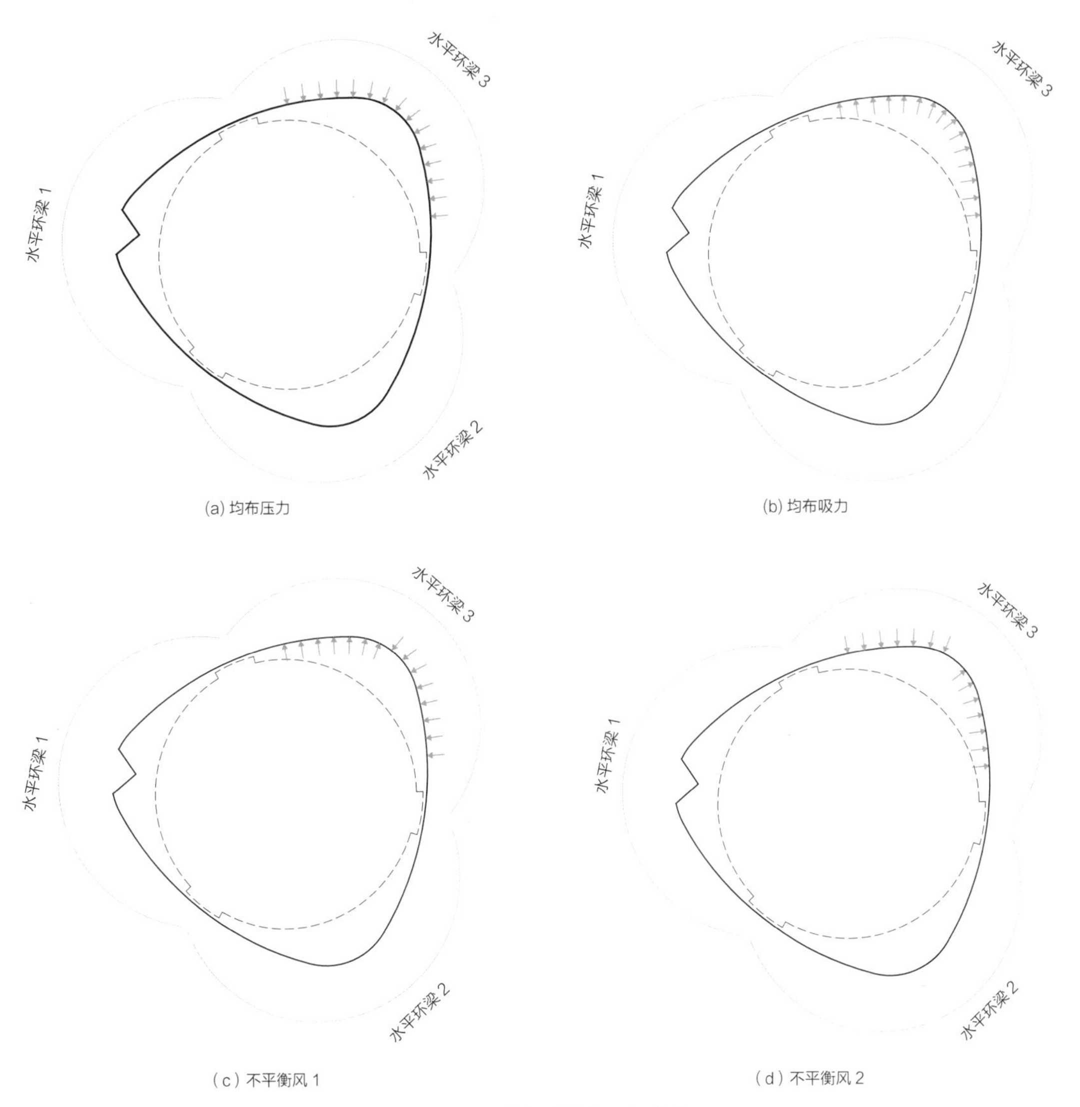

(a) 均布压力

(b) 均布吸力

(c) 不平衡风 1

(d) 不平衡风 2

图 4.7 幕墙支撑结构设计风荷载

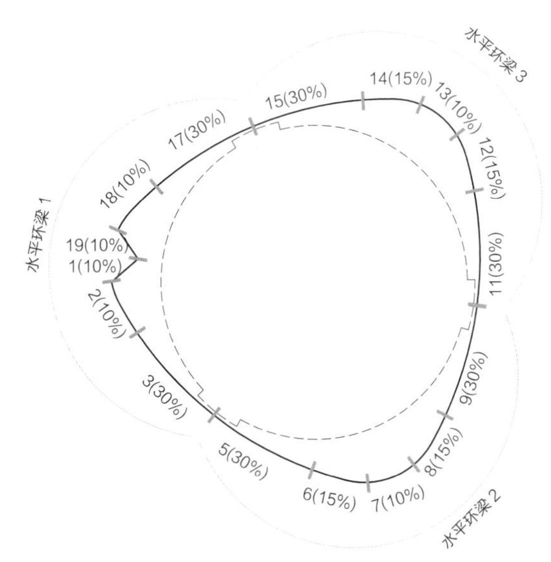

图 4.8 幕墙支撑结构风荷载分段

4.4.1 中庭温度场模拟

幕墙支撑结构跨年度跨季节施工，环梁合拢可能发生在一年内的任何月份，为包络幕墙设计的最大可能温差，对冬夏两季合拢情况均应进行考虑。但由于幕墙支撑钢结构连接于主体楼面结构，在计算引起幕墙钢结构应力的有效温差时，应计及内部楼面结构的温变影响，因此最终可引起幕墙支撑结构的应力的温差应为支撑结构相对于主体结构的温度变化，而与实际的合拢气温无关。

同时这也说明，尽管施工阶段与使用阶段中庭温度场不同，但由于施工阶段无空调，塔楼楼面与幕墙结构处于同一温度场，因此，施工阶段温度变化不会在幕墙钢结构内产生较大的温度应力。仅需考虑使用阶段幕墙与主体结构的相对温差即可。

为包络最不利的温度情况，模拟共分为冬季和夏季 2 个工况（表 4.2），其中，夏季工况是在夏季气温最高日中午考虑太阳辐射下进行模拟计算，以考虑极端高温；冬季工况是在冬季气温最低日早晨不考虑太阳辐射作用的阴冷天气下进行模拟计算，以考虑极端低温。模拟均假定空调正常运行。各区温度作用场相似，以下以 8 区分析结果为例进行分析。

表 4.2 上海中心大厦中庭 CFD 模拟工况

夏季工况	7 月 21 日中午 12：30（空调运行）
冬季工况	1 月 21 日早晨 8：30（空调运行）

CFD 模拟分析结果表明：

在夏季，中庭底部人员的活动区域内，温度基本控制在 26℃左右，在太阳辐射和“温室效应”的影响下，中庭顶部空气最高温度可达 42℃，中间区域的中庭空气温度在 26~40℃之间。由于钢材导热系数大，太阳辐射下，支撑钢结构的温度要比空气温度高约 13~14℃。底部环梁温度为 39℃，顶部环梁的温度高达 55℃，其他位置钢构件温度在 39~53℃之间。

在冬季，整个幕墙中庭的温度都处于较低状态，下部人员活动区域的温度约为 20℃左右，由于空调仅设置在中庭下部，影响不到中庭顶部，因此顶部能量耗散较快，空气温度略低，为 18℃，中间区域的中庭空气温度在 18~20℃之间。支撑钢结构底部环梁温度为 20℃，顶部环梁温度约为 13℃，其他位置钢构件温度在 13~20℃之间。

综合以上 CFD 模拟计算结果可得，幕墙支撑结构在使用阶段的温度包络值如表 4.3 所示。由于中庭顶部空调影响不到，因此中庭顶部支撑结构钢构件与主体结构的温差较有空调调节的中庭底部更大，所以选取顶部构件进行温度应力计算，以考虑最大温差效应。

表 4.3 幕墙钢结构和主体结构温度包络值（℃）

	底部构件	中部构件	顶部构件	主体结构
夏季	39	39 ~ 55	55	26
冬季	20	13 ~ 20	13	20

4.4.2 幕墙支撑结构设计温差的确定

尽管引起幕墙支撑结构温度应力的有效温差与合拢气温无关，但仍应计及太阳辐射的影响，因此引起钢结构温度应力的有效温差，根据合拢时是否考虑太阳辐射可分为两种情况：

当无太阳辐射时合拢，合拢时幕墙钢结构与主体结构处于同一温度场，这种情况下，最终引起钢结构温度应力的有效温差应为使用阶段钢结构的极端温度与主体结构的温度差。计算时，主体结构温度取有空调调节的室内温度，夏季为 26℃，冬季为 20℃；钢构件的极端温度值取表 4.3 中顶部构件的温度，夏季为 55℃，冬季为 13℃，则：夏季最大温差为 55-26=29℃（升温）；冬季最大温差为 13-20=-7℃（降温）；

当有太阳辐射时合拢，由于辐射影响，合拢时幕墙钢结构将比环境温度及主体结构高 14℃左右，这一温度并不引起幕墙支撑结构产生温度应力。因此，最终的有效温差应在上述不考虑辐射的温差计算结果基础上，扣除该辐射升温的影响，则：夏季最大温差为 55-26-14=15℃（升温）；冬季最大温差为 13-20-14=-21℃（降温）；

对以上温差值进行包络，则幕墙钢结构最不利温差为：+29℃（升温），-21℃（降温）。实际分析时取 ±30℃。

另外，限位约束等构件对不均匀温度作用比较敏感，因此支撑结构设计时亦考虑了由于日照引起的幕墙向阳面与背阴面的不均匀温度作用的影响。不均匀温度作用的施加方式如图 4.9 所示，仅图中阴影部分施加 30℃的温差。

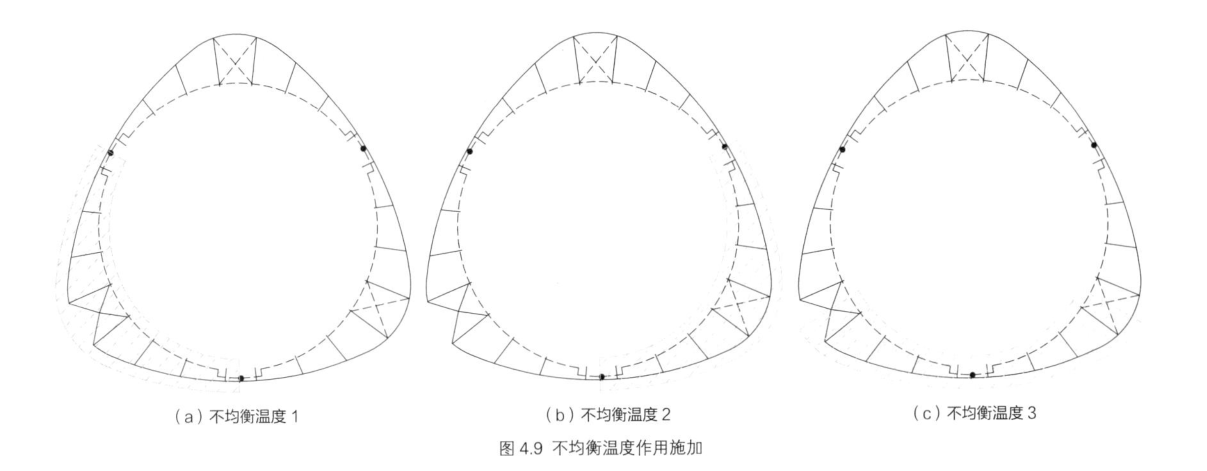

（a）不均衡温度 1　　（b）不均衡温度 2　　（c）不均衡温度 3

图 4.9 不均衡温度作用施加

4.5 地震作用

幕墙支撑结构在水平与竖向不同的荷载传递路径使其水平和竖向地震反应的机理差异较大。在水平向，幕墙通过径向支撑与楼面相连，以随楼面刚体运动为主，在竖向，悬挂于各区设备层与主楼形成弹性串联系统，其竖向地震反应相对主体存在明显的放大效应。

考虑到幕墙支撑结构的结构体系传力复杂、竖向地震反应高阶振型影响比较显著等特点，幕墙支撑结构按中震进行分析和设计，结构分析采用了反应谱分析和时程分析两种分析方法，取各条地震波时程分析结果最大值的平均值与反应谱分析结果互相校验。并将反应谱与时程分析结果的包络值作为结构反应的评价指标。

反应谱分析时，反应谱曲线按上海市《建筑抗震设计规程》DGJ08—9—2013[20] 输入，水平地震影响系数最大值取 0.23，特征周期 0.9s，竖向地震影响系数取水平地震影响系数的 65%。结构阻尼比均取 4%。

时程分析时，考虑到幕墙支撑结构的竖向地震反应显著，在规范规定的基础上增加了对结构基底总轴力的要求，即要求在竖向和水平地震分量激励下，“单条时程曲线计算所得结构底部剪力及轴力应同时满足不小于振型分解反应谱法计算结果的 65%，多条时程曲线计算所得结构底部剪力及轴力的平均值不小于振型分解反应谱法的 80%”。

经上述标准选波，最终选取了 3 条代表性的地震波：MEX006~MEX008 波、PRC001~PRC003 波、US1213~US1215 波（表 4.4），每条地震波有 2 个

表 4.4　上海中心大厦时程分析地震动信息

地震记录编号		分量	地震名	地震时间	记录台站
1–1	US1213	UP	BORREGO MOUNTAIN EARTHQUAKE	APR.8，1968	HOLLYWOOD STORAGE，PENTHOUSE，LOS ANGELES，CAL.
1–2	US1214	North			
1–3	US1215	East			
2–1	MEX006	N00E	MEXICO CITY EARTHQUAKE	SEPT.19，1985	GUERRERO ARRAY，VILE，MEXICO
2–2	MEX007	N90E			
2–3	MEX008	UP			
3–1	PRC001	EW	TANGSHAN EARTHQUAKE	JULY 28，1976	BASEMENT，BEIJING HOTEL
3–2	PRC002	NS			
3–3	PRC003	UP			

水平及 1 个竖向共三个方向的分量。三条波均兼顾了结构水平和竖向地震反应分析的需求，计算表明：三条波计算得到的结构底部剪力最小值为反应谱的 75%，平均值为反应谱的 94%。结构底部轴力最小值为反应谱法的 102%，平均值为反应谱法的 116%。

时程分析时，对三条波按水平 100gal 及竖向 65gal 进行加速度峰值调整。波形及其频谱特性分析如图 4.10~ 图 4.12 所示。这三组地震波的记录持时依次为 128s、120s、54s，均超过结构基本自振周期的 5 倍。

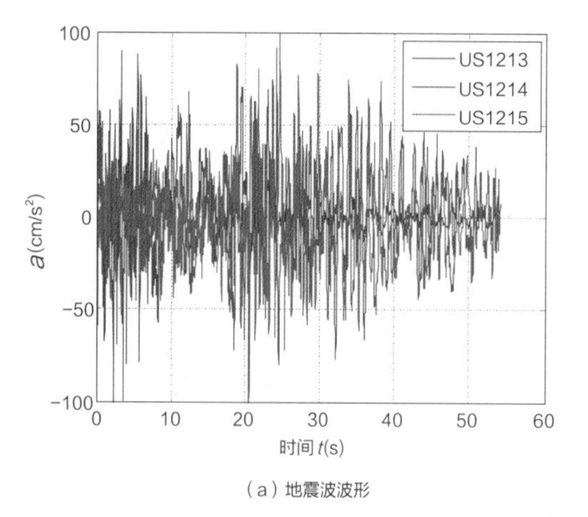

（a）地震波波形

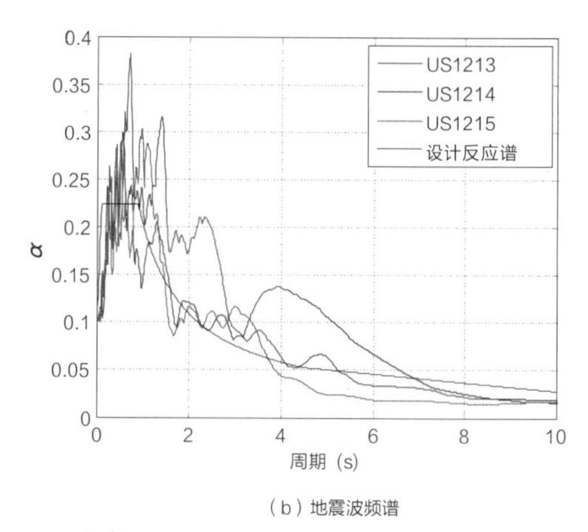

（b）地震波频谱

图 4.10 US1213 ~ US1215 地震波

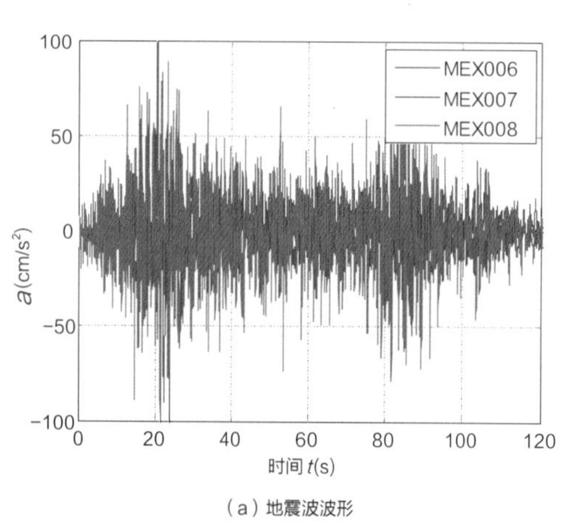

（a）地震波波形

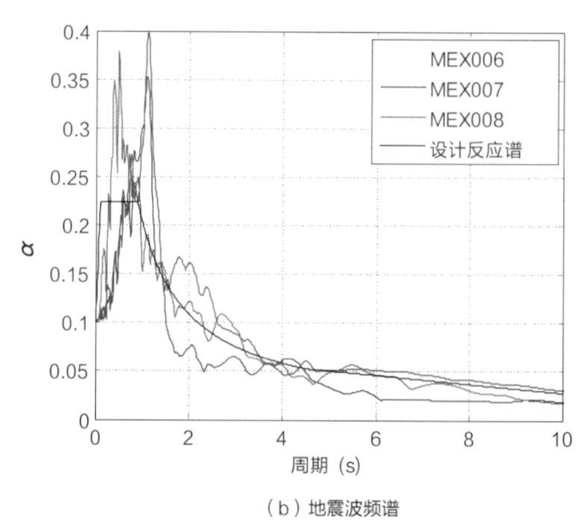

（b）地震波频谱

图 4.11 MEX006 ~ MEX008 地震波

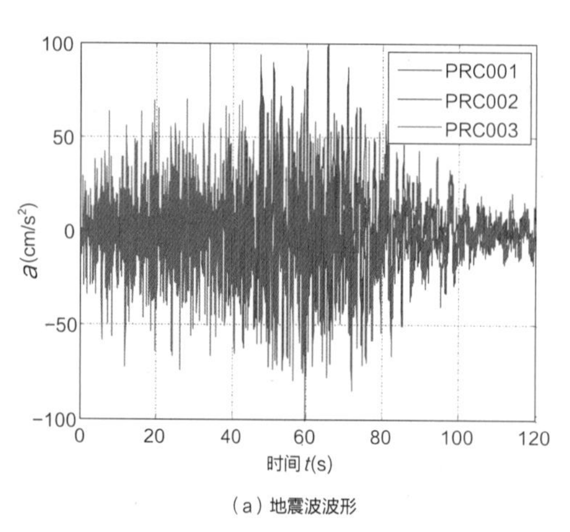

（a）地震波波形

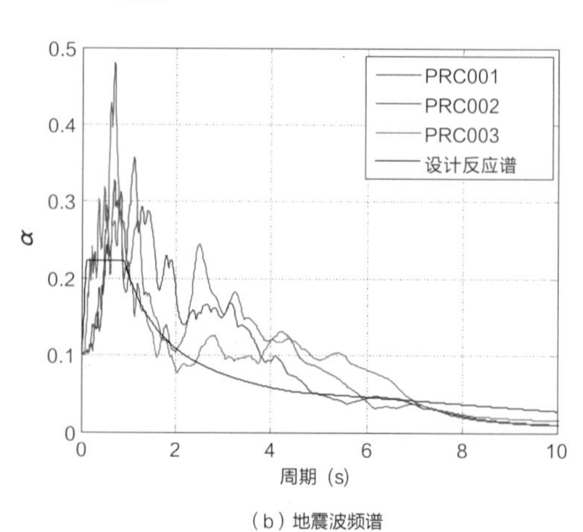

（b）地震波频谱

图 4.12 PRC001 ~ PRC003 地震波

4.6 幕墙支撑结构设计荷载组合

幕墙支撑结构设计的荷载组合按现行国家标准《建筑结构荷载规范》GB 50009 和《建筑抗震设计规范》GB 50011[21] 的相关规定并考虑结构体系构成及受力特点，考虑的荷载组合如表 4.5 所示。

由于风荷载、温度作用及竖向地震作用是结构设计的控制荷载，因此以上三种荷载作用均作为第一可变荷载进行了组合。考虑到幕墙支撑结构竖向地震反应显著，荷载组合分为恒载有利、不利两种情况。

需要指出的是，在现行国家标准《建筑抗震设计规范》GB 50011 中规定，当地震作用与风荷载同时考虑时，风的组合值系数取为 0.2。但对于幕墙结构而言，受风荷载影响较为显著，风荷载作用效应比地震作用效应大，应作为第一可变作用，其组合值系数取 1.0。地震作用作为第二个可变荷载时，现行国家标准《建筑结构荷载规范》GB50009 和《建筑抗震设计规范》GB 50011 都没有给出其组合值系数；参照《幕墙工程技术规范》JGJ102—2003[22] 的相关规定对其组合值系数取 0.5。

表 4.5　强度验算组合

荷载组合	恒载不利					恒载有利				
	DEAD	WIND	T	EH	EV	DEAD	WIND	T	EH	EV
C1	1.35	0.84				1.0	0.84			
C2	1.35	0.84	0.84			1.0	0.84	0.84		
C3	1.2	1.4				1.0	1.4			
C4	1.2	1.4	0.84			1.0	1.4	0.84		
C5	1.2	0.84	1.4			1.0	0.84	1.4		
C6	1.2			1.3		1.0			1.3	
C7	1.2	0.28		1.3		1.0	0.28		1.3	
C8	1.2	0.28			1.3	1.0	0.28			1.3
C9	1.2			1.3	0.5	1.0			1.3	0.5
C10	1.2	0.28		1.3	0.5	1.0	0.28		1.3	0.5
C11	1.2	1.3		0.65		1.0	0.28		1.3	

注：DEAD 为恒荷载；WIND 为风荷载；EH 为水平地震作用；EV 为竖向地震作用；T 为温度作用，取均衡与不均衡温度作用的包络值。

CHAPTER
第 5 章

幕墙支撑结构的基本分析与设计
Basic analysis and design of the CWSS

5.1 引言

常规的幕墙结构为附属于主体结构的静定的结构系统，主体结构变形不会引起幕墙次结构的附加内力，因此将其作为刚性边界条件独立的结构体系进行分析设计即可。

上海中心大厦外幕墙系统采用了分区悬挂的柔性幕墙支撑体系（图 5.1），由于该体系分区悬挂重量大、分区高度高、竖向支承刚度柔且不均匀，同时主体结构超高、超重等原因将导致：（1）重力荷载（幕墙重力、设备层附加恒活载）、风荷载、巨柱压缩等荷载作用下，幕墙环梁与主体结构间将产生较大的竖向位移差，这将引起幕墙支撑结构短径向支撑附加内力，对伸缩节点设计带来不利影响；（2）重力荷载下，吊点不均匀沉降使幕墙板块承受较大的竖向剪切变形；（3）在竖向地震作用下幕墙支撑结构将产生竖向振动的“鞭梢效应”，从而导致支撑结构的竖向地震反应显著增大，使吊杆产生较大的附加轴力以及使各吊点产生较大的不均匀竖向位移。因此，对于部分径向支撑、吊杆、伸缩节点等的设计以及玻璃板块竖向剪切变形的评估，需采用幕墙支撑结构与主体结构整体建模进行分析，以考虑主体结构弹性边界条件及位移的尺度效应对幕墙系统的不利影响，从而保证幕墙系统的使用安全。

尽管幕墙支撑结构系统受力复杂，但对于大部分构件（环梁、大部分径向支撑）及常规节点而言，受主体结构影响较小，主体结构变形并不会引起这类构件及节点显著的附加内力，这类构件及节点的设计可不考虑主体与幕墙的协同工作，因此本章首先基于刚性边界单独模型对幕墙支撑结构进行基本的分析与设计。

主体结构对幕墙结构系统的影响以及两者的整体协同工作分析与设计情况将在后续章节进行专项研究。

图 5.1 上海中心柔性幕墙支撑体系

5.2 分析模型

采用美国 CSI 公司的 SAP2000[23] 软件建立幕墙支撑结构的独立分析模型（图 5.2）。环梁、径向支撑采用三维梁单元，吊杆采用只拉杆单元，分析中采用自由度释放的方法考虑底环梁水平及竖向伸缩节点、短支撑内端节点等各类复杂节点。将幕墙支撑结构与主体结构连接的顶部吊挂边界、径向支撑内端、底环梁下部边界设为刚性边界，即不考虑主体结构弹性变形的影响。

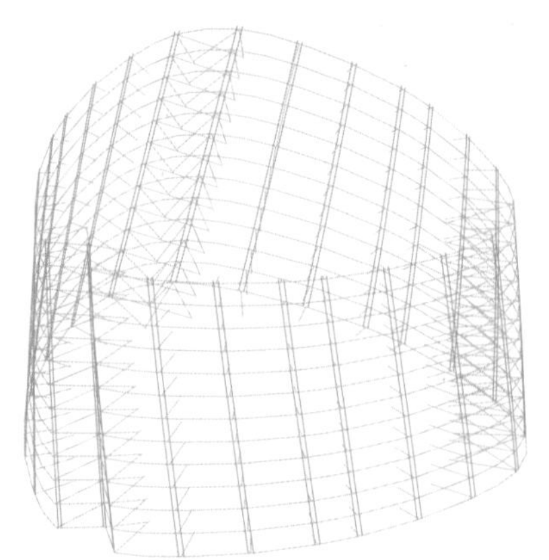
图 5.2 幕墙支撑结构分析模型（2 区）

5.3 结构基本受力特性分析

幕墙支撑结构体系构成特殊，与主体结构连接传力关系复杂，本节仅分析幕墙支撑结构的基本受力特性，其与主体结构的协同受力性能将在后续章节进行专项分析。典型的幕墙支撑结构在重力荷载、风荷载、温度等荷载作用下的主要内力分布如图 5.3~ 图 5.5 所示。

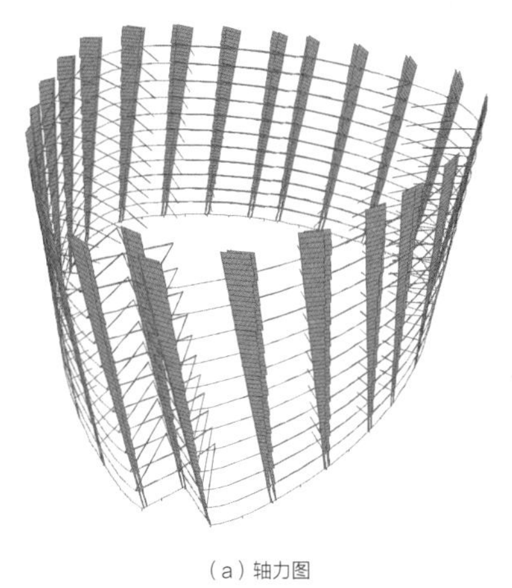

（a）轴力图

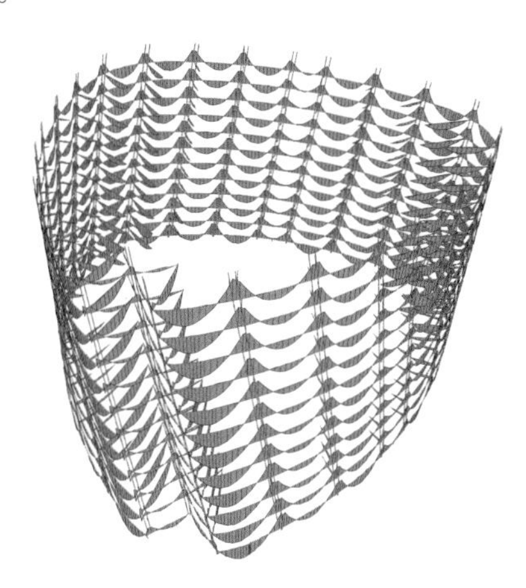

（b）M3 弯矩图

图 5.3 重力荷载作用下幕墙支撑结构内力图

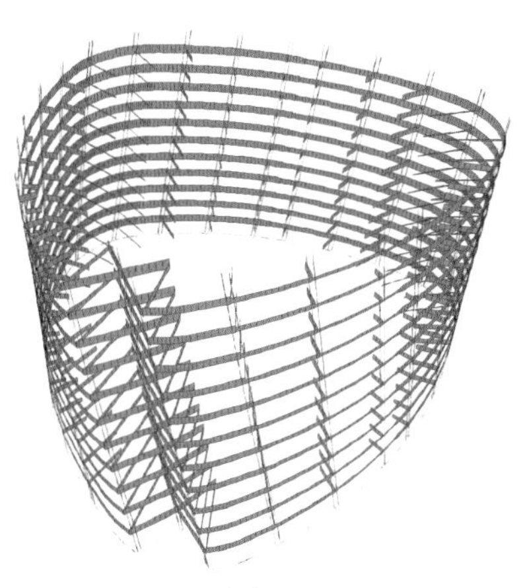

（a）轴力图

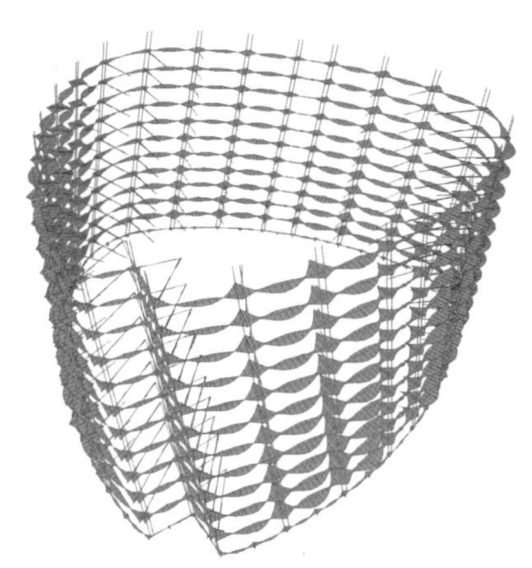

（b）弯矩图

图 5.4 风荷载作用下幕墙支撑结构内力包络图

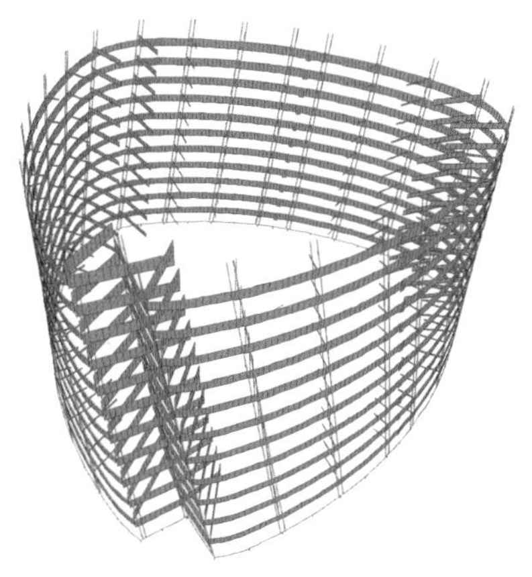

（a）轴力图

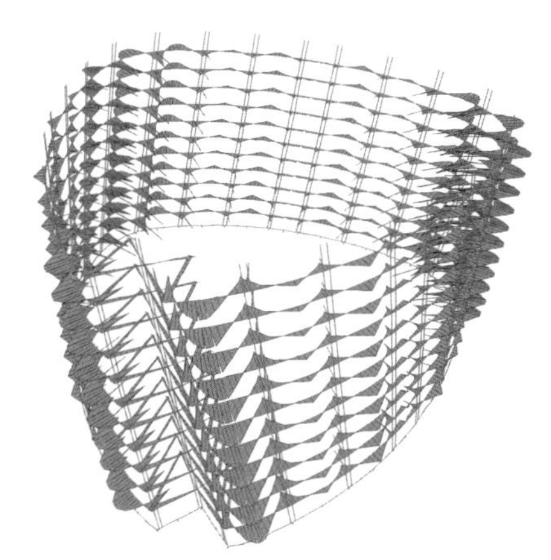

（b）弯矩图

图 5.5 温度作用下幕墙支撑结构内力图

（1）幕墙系统重力荷载通过水平环梁传给吊杆，再由吊杆将幕墙体系重力荷载传递给主体结构设备层径向桁架。在重力荷载作用下，水平环梁主要受弯扭作用，竖向吊杆受拉（图 5.3）。

（2）幕墙承受的风荷载通过环梁传递至径向支撑，由径向支撑将荷载传递至主体楼面结构。在风荷载作用下，主要是环梁拉、压弯，径向支撑拉压，其他杆件内力水平较低，图 5.4 所示为不同风向风荷载作用下内力包络图。

（3）幕墙支撑结构在温度作用下，由于环梁的伸缩受到径向支撑约束，使环梁处于压（拉）弯、径向支撑处于轴向拉压受力状态（图 5.5）。

5.3.1 环梁受力分析

整个环梁为一个封闭的环形结构，温度作用下，径向支撑限制了环梁自由膨胀和收缩，将在环梁内部产生较大的轴力和弯矩，温度效应引起的环梁轴力约为 850~1500kN，出现在环梁平直段（图 5.6），从低区到高区随环梁周长缩小而逐渐增大。

同时，环梁在角部的曲率大，温度作用下的弯矩效应显著，2~8 区环梁角部的弯矩均在 260kN·m 左右。而由风荷载引起的环梁轴力为 100~150kN，弯矩为 104~140kN·m，随着风荷载的变化均在 4、5 区达到峰值，分别为温度效应的 10%~25% 以及 45% 左右，可见无论是环梁的轴力和弯矩，均是由温度效应控制，环梁对温度效应比较敏感[24, 25]。

5.3.2 径向支撑受力分析

径向支撑主要承受由于温度作用和风荷载产生的轴力并将其传递至主体结构。

径向支撑限制了环梁在温度作用下的自由膨胀和压缩，从而在其自身内部产生较大的轴力。由于环梁在温度作用下的伸长或缩短受角部径向支撑的约束最强，角部的径向支撑温度作用引起的轴力最大，约为 375~474kN，远大于风荷载作用下的轴力 20~85kN（图 5.7），成为角部径向支撑强度设计的控制因素。而其余位置温度作用引起的轴力约为 108~155kN（图 5.7），风荷载作用下的轴力约为 110~217kN，随高度增加风荷载增大，轴力在 4、5 区达到峰值，而后随着高区环梁周长缩小，受荷面积减小，内力又逐渐降低。总体上看，对于普通位置的径向支撑，风荷载和温度作用引起的轴力相当，风荷载略大，共同控制其设计；

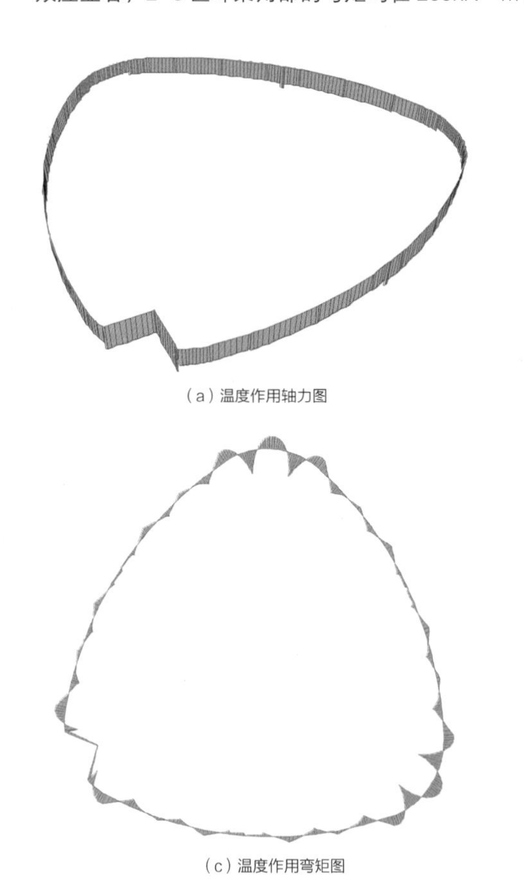

（a）温度作用轴力图

（c）温度作用弯矩图

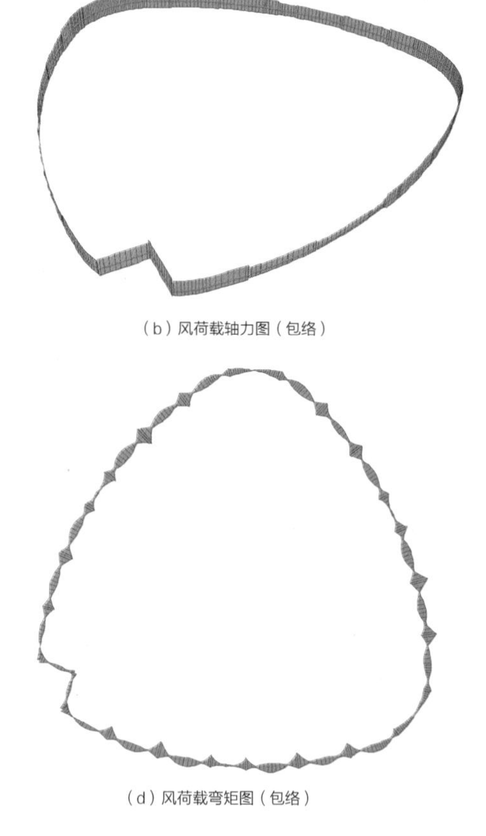

（b）风荷载轴力图（包络）

（d）风荷载弯矩图（包络）

图 5.6 典型层环梁内力图

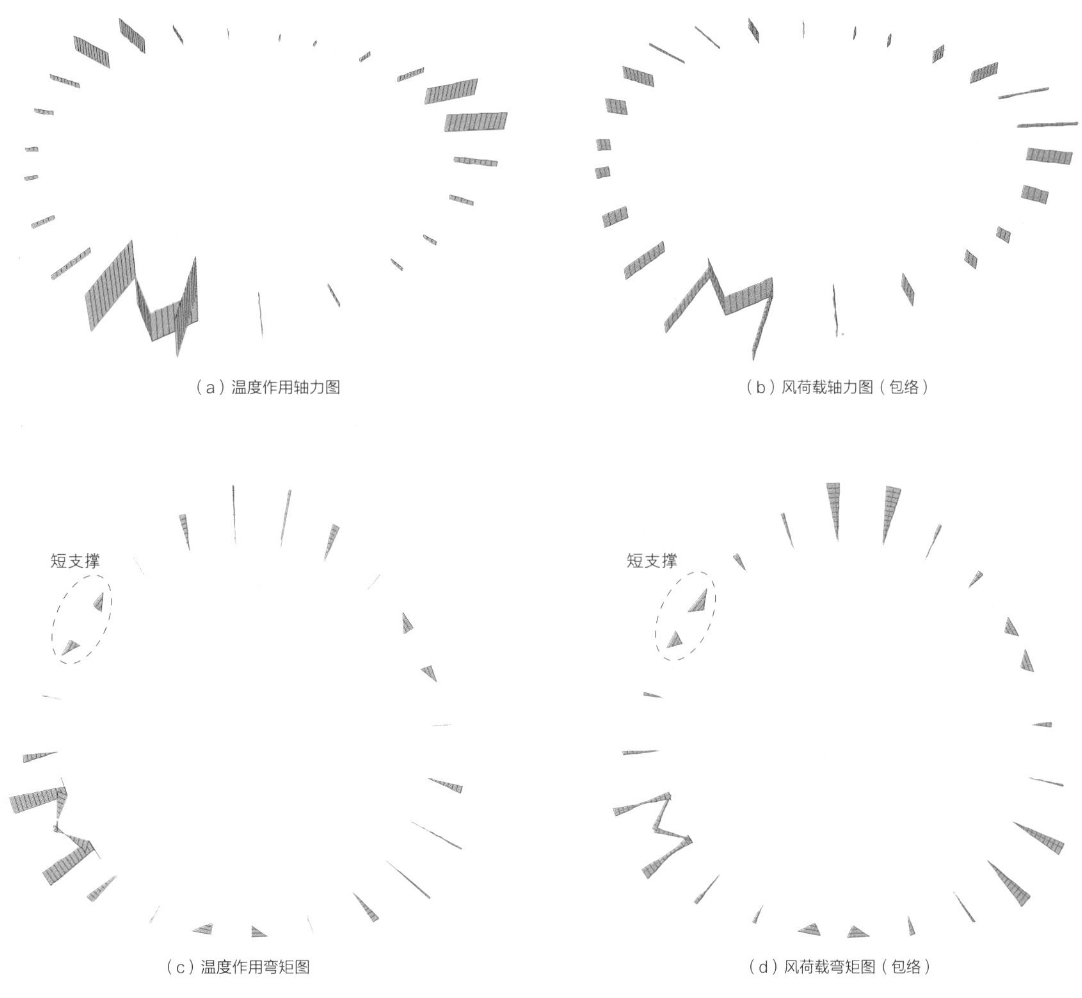

（a）温度作用轴力图
（b）风荷载轴力图（包络）
（c）温度作用弯矩图
（d）风荷载弯矩图（包络）

图 5.7 典型层径向支撑内力图

角部径向支撑轴力由温度作用控制，轴力数值从低区到高区随环梁周长缩小逐渐增大。

对于大多数的径向支撑而言，在风荷载及温度作用下的水平向弯矩均很小，属于结构次内力，不控制结构设计。但位于限位约束两侧长度较短的径向支撑，由于其线刚度较大，对环梁伸缩变形比较敏感，将产生较大的弯矩，成为设计控制荷载。另外，V 口处环梁不连续，轴力无法自平衡，相应位置的径向支撑亦产生较大的弯矩（图 5.7）。

5.3.3 交叉支撑及限位支座受力分析

交叉支撑及限位支座的主要作用是抵抗环梁相对主体结构的扭转，这种扭转效应主要是由风和非均匀的温度作用造成的。

分析结果表明，交叉支撑温度引起的轴力约为 50~90kN，风荷载引起的轴力为 60~100kN，低区温度作用引起的内力所占比重较大，5~8 区风荷载超过温度作用成为交叉支撑设计主要控制荷载。

限位支座将环梁分为三个相似的结构组成部分，在均衡的温度作用下，在任何一个限位支座的两侧环梁的轴力基本呈对称分布，因此在均衡的温度作用下限位支座受力很小，一般不大于 100kN。

考虑到幕墙使用过程中，由于日照不均衡，幕墙的向阳面和背阳面存在一定的温差，支撑结构可能受到如图 4.9 所示的不均衡温度作用。经分析在不均衡的温度作用下，支座两侧环梁的较大轴力差（图 5.8）即转换为限位支座的反力。2~8 区限位支座承担的支座反力达 688~875kN，成为限位支座设计的控制因素。

5.3.4 吊杆受力分析

吊杆主要承受幕墙支撑结构的吊挂重力，顶部刚性边界条件下吊杆受力相对比较均匀，内力分布在 550~750kN 之间，低区大，高区小。

将幕墙支撑结构各类型构件在各类荷载作用下的

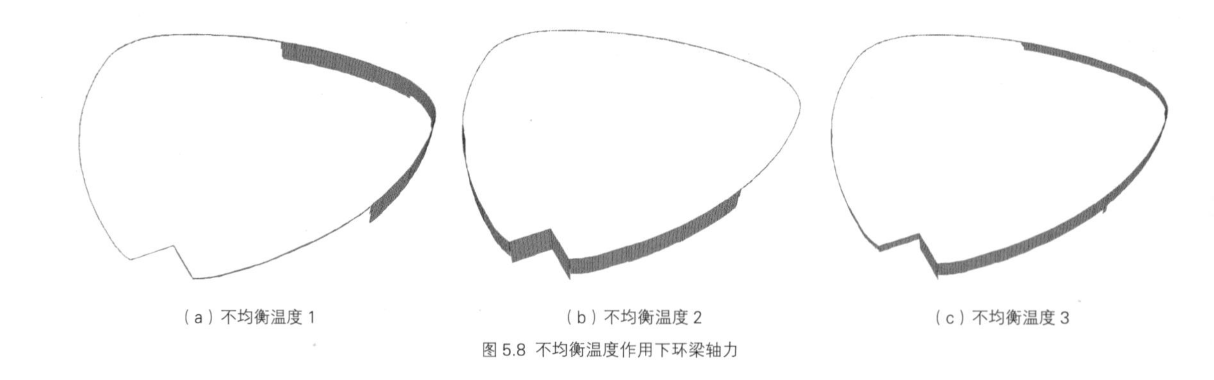

（a）不均衡温度 1　　（b）不均衡温度 2　　（c）不均衡温度 3

图 5.8 不均衡温度作用下环梁轴力

应力情况汇总为表 5.1。由表 5.1 可以看出：其中 V 口、角部的径向支撑、限位支座和环梁对于温度最为敏感，温度引起的轴力是 V 口、角部径向支撑设计控制因素，限位支座主要由不均衡温度引起的环梁轴力差控制其设计，环梁则由温度引起的弯矩控制设计；其次是交叉拉索和普通位置的径向支撑，这部分构件由温度和风荷载共同控制设计，温度和风荷载引起的轴力控制拉索和大部分普通径向支撑的设计，而在限位支座两侧的短支撑则是由风荷载和温度作用引起的水平弯矩控制设计，幕墙支撑结构各个构件的控制工况及内力成分分布如图 5.9 所示。

表 5.1　温度、风荷载作用下构件应力成分

	最大应力比	温度比重	最大内力成分	最大内力成分比重
短支撑	0.35 ~ 0.48	43% ~ 71%	M2	67% ~ 84%
普通支撑	0.21 ~ 0.34	37% ~ 78%	P	46% ~ 84%
角部支撑	0.47 ~ 0.63	82% ~ 91%	P	85% ~ 92%
V 口支撑	0.42 ~ 0.61	91% ~ 96%	P	77% ~ 88%
交叉拉索	0.40 ~ 0.56	46% ~ 85%	P	100%
限位约束	—	80% ~ 93%	P	100%
环梁	0.61 ~ 0.77	80% ~ 92%	M2	87% ~ 96%

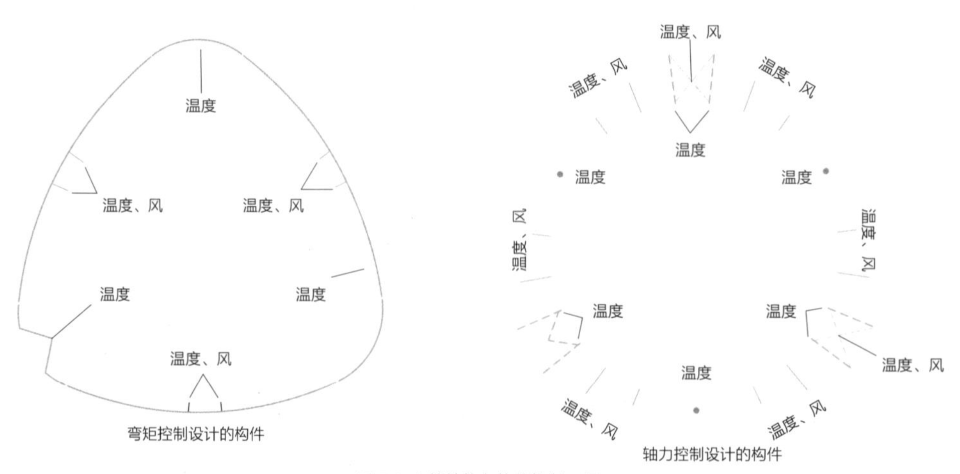

图 5.9 支撑结构各构件控制工况

5.4 构件设计

幕墙支撑结构主要由环梁、径向支撑、吊杆、交叉支撑等几类构件组成，各区典型层结构平面布置如图 5.10 所示，构件规格如表 5.2 所示。

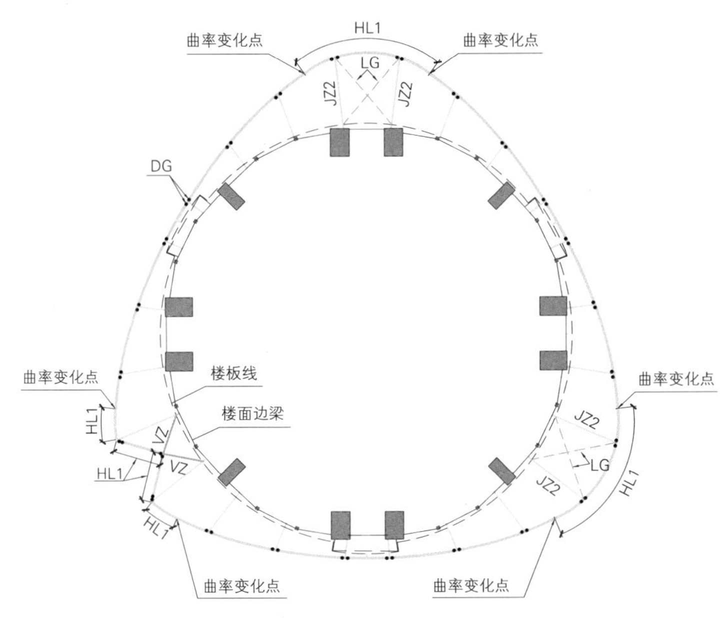

图 5.10 幕墙支撑结构典型平面

表 5.2 构件截面规格表

构件名称	构件代号	截面规格	材质	备注
环梁	HL1	$\Phi356\times25$	Q345C	热轧圆钢管
	HL2	$\Phi356\times22$	Q345C	热轧圆钢管
径向支撑	JZ1	$\Phi219\times13$	Q345C	热轧圆钢管
	JZ2	$\Phi273\times13$	Q345C	热轧圆钢管
V 形支撑	VZ	$\Phi273\times13$	Q345C	
拉杆	LG	$\Phi60$	40Cr	
吊杆	DG	$\Phi60\sim80$	40Cr	

注：图中未标注的环梁为 HL2，未标注的径向支撑为 JZ1。

5.4.1 环梁设计

由前面的受力分析可知，环梁需按双向拉弯或压弯的构件进行设计，以将竖向的重力荷载及水平向风荷载传递至吊杆及水平向径向支撑。由于环梁在平面内弧线形的几何形态，以及幕墙板块偏心悬挂的影响，使得环梁在重力作用下亦承担了较大的扭矩。

环梁全部采用强度等级 Q345C、直径 356mm 的热轧无缝圆钢管截面，根据内力分析结果，大部分平直段的环梁采用 $\Phi356\times22$ 规格，对受力较大（主要为温度作用引起）的角部环梁采用 $\Phi356\times25$ 进行加强（图 5.10）。

由于我国现行《钢结构设计规范》GB 50017—2003 中没有包含关于校核扭转、弯曲、剪切和轴向力共同作用下钢管截面承载力的明确计算方法，参照《美国钢结构施工协会手册》[26] 及《美国钢结构设计规范》ANSI/AISC 360-05[27]，钢管环梁在剪切、扭转、弯曲和轴向力共同作用下应力校核采用如下公式：

$$\left(\frac{P_r}{P_c}+\frac{M_r}{M_c}\right)+\left(\frac{V_r}{V_c}+\frac{T_r}{T_c}\right)\leq 1.0 \tag{5.1}$$

式中，P_r、M_r、V_r、T_r分别为构件承受的轴力、弯矩、剪力及扭矩；P_c、M_c、V_c、T_c分别为构件抗压、抗弯、抗剪、抗扭承载力。按上式计算得到的2~8区环梁应力比如表5.3所示。

表5.3　2~8区环梁应力比

区段	位置	构件规格（mm）	控制组合	应力比
Zone 2	中部	Φ356×22	1.2D+0.84W+1.4T	0.66
	局部加强	Φ356×25	1.2D+0.84W+1.4T	0.82
Zone 3	中部	Φ356×22	1.2D+0.84W+1.4T	0.66
	局部加强	Φ356×25	1.2D+0.84W+1.4T	0.72
Zone 4	中部	Φ356×22	1.2D+1.4W−0.98T	0.74
	局部加强	Φ356×25	1.2D+0.84W+1.4T	0.77
Zone 5	中部	Φ356×22	1.2D+0.84W+1.4T	0.66
	局部加强	Φ356×25	1.2D+0.84W+1.4T	0.73
Zone 6	中部	Φ356×22	1.2D+0.84W+1.4T	0.73
	局部加强	Φ356×25	1.2D+0.84W+1.4T	0.73
Zone 7	中部	Φ356×22	1.2D+0.84W+1.4T	0.66
	局部加强	Φ356×25	1.2D+0.84W+1.4T	0.68
Zone 8	中部	Φ356×22	1.2D+0.84W+1.4T	0.63
	局部加强	Φ356×25	1.2D+0.84W+1.4T	0.66

从抵抗风荷载的角度，环梁作为一个由径向支撑支承的多跨连续梁，一旦某根径向支撑失效后，环梁跨度加倍，内力将呈几何级数增加。为此对一根径向支撑意外失效后的环梁抗风冗余度进行了分析。

一根径向支撑失效后，环梁的受力机理如图5.11所示。在极限状态下失效径向支撑两侧相邻支撑处以及两相邻支撑之间环梁的跨中将产生三个塑性铰。

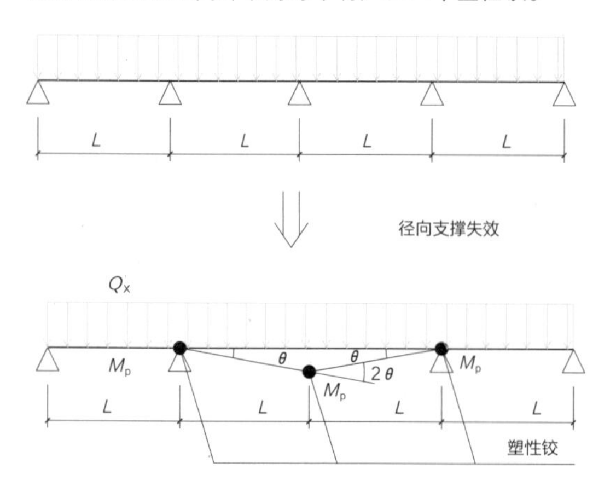

图5.11 径向支撑失效后环梁受力机理

塑性铰形成后，两径向支撑之间的环梁向外鼓曲，温度效应将得到释放，由于吊杆支承重力荷载作用跨度仍为单跨。其荷载效应小于10%的构件承载力且与风荷载效应垂直，分析时可忽略其影响。则根据虚功原理，塑性铰形成后环梁可承受的最大均布荷载可推导如下。

$$M_pQ_x(2L)(L\theta)/2=M_p(\theta)+M_p(2\theta)+M_p(\theta) \tag{5.2}$$

$$Q_x=4M_p/L^2 \tag{5.3}$$

式中，M_p为构件塑性抗弯承载力，按$M_p=f_yZ$计算，f_y为构件屈服强度，Z为塑性抵抗矩；Q_x为基于塑性极限承载力分析的构件可承受的最大均布荷载。

由Q_x及楼层高度可换算出基于环梁塑性极限承载力设计的各区环梁可承受的最大风荷载，如表5.4所示。由表中可以看出各区环梁可承受的最大风荷载均大于各区实际风荷载，环梁设计可满足一个径向支撑失效后仍安全承载的要求。

表 5.4　径向支撑失效后环梁冗余度校核

分区	径向支撑失效后环梁间跨度 $2L$（m）	塑性弯矩承载力 M_p（kN·m）	基于塑性承载力的最大均布荷载 Q_x（kN/m²）	平均楼层高度（m）	环梁可承受的最大风荷载（kN/m²）	实际风荷载（kN/m²）
2	13.05	845.91	19.88	4.9	4.06	1.99
3	12.14	845.91	22.95	4.9	4.68	4.03
4	11.24	845.91	26.77	4.9	5.46	5.06
5	10.41	845.91	31.23	4.9	6.37	5.09
6	9.59	845.91	36.78	4.9	7.51	6.5
7	8.84	845.91	43.33	4.9	8.84	6.62
8	8.13	845.91	51.25	4.9	10.46	6.39

5.4.2　径向支撑设计

在每层布置 24 组径向支撑，用以为环梁提供侧向支撑，将幕墙承受的水平荷载传递至主楼楼面，径向支撑以楼面形心为圆心向外呈辐射状布置，并与环梁刚接连接为环梁提供扭转约束。由前面受力分析可知，径向支撑主要承受温度及风荷载作用下的轴力。

径向支撑全部采用材质 Q345C 级的热轧无缝圆钢管截面，大部分采用 $\Phi219\times13$，对受力较大的角部径向支撑采用 $\Phi273\times13$ 进行加强。各区典型层径向支撑的平面布置如图 5.10、表 5.2 所示。

径向支撑按双向压弯或拉弯构件设计，其在环梁平面内的计算长度按径向支撑与环梁的相对刚度比确定，平面外的计算长度考虑到吊杆始终保持受拉状态能为其提供可靠支撑取为 1.0。

2~8 区径向支撑承载力验算如表 5.5 所示。考虑到主体变形对径向支撑还会产生次内力，单独分析时对构件强度留有一定的安全储备。

表 5.5　2~8 区径向支撑应力比

区段	位置	构件规格（mm）	控制组合	应力比
Zone 2	普通位置	$\Phi219\times13$	1.2D+0.84W−0.98T	0.55
	角部位置	$\Phi273\times13$	1.2D+0.84W−1.4T	0.62
	悬挂灯具	$\Phi325\times19$	1.2D+0.84W−1.4T	0.36
Zone 3	普通位置	$\Phi219\times13$	1.2D+1.4W+0.98T	0.56
	角部位置	$\Phi273\times13$	1.2D+0.84W−1.4T	0.74
	悬挂灯具	$\Phi325\times19$	1.2D+0.84W−1.4T	0.69
Zone 4	普通位置	$\Phi219\times13$	1.2D+1.4W+0.98T	0.68
	角部位置	$\Phi273\times13$	1.2D+0.84W−1.4T	0.72
	悬挂灯具	$\Phi325\times19$	1.2D+0.84W−1.4T	0.54
Zone 5	普通位置	$\Phi219\times13$	1.2D+1.4W+0.98T	0.49
	角部位置	$\Phi273\times13$	1.2D+0.84W−1.4T	0.67
	悬挂灯具	$\Phi325\times19$	1.2D+0.84W−1.4T	0.39
Zone 6	普通位置	$\Phi219\times13$	1.2D+1.4W+0.98T	0.53
	角部位置	$\Phi273\times13$	1.2D+0.84W−1.4T	0.61
	悬挂灯具	$\Phi325\times19$	1.2D+0.84W−1.4T	0.32

续表

区段	位置	构件规格(mm)	控制组合	应力比
Zone 7	普通位置	Φ219×13	1.2D+1.4W+0.98T	0.45
	角部位置	Φ273×13	1.2D+0.84W−1.4T	0.72
	悬挂灯具	Φ325×19	1.2D+0.84W−1.4T	0.33
Zone 8	普通位置	Φ219×13	1.2D+1.4W+0.98T	0.4
	角部位置	Φ273×13	1.2D+0.84W−1.4T	0.65
	悬挂灯具	Φ325×19	1.2D+0.84W−1.4T	0.35

5.4.3 吊杆设计

沿环向在径向支撑与环梁交点处均匀布置了 25 组共 50 根吊杆（图 5.2），为适应外幕墙扭曲的曲面，并简化连接构造和受力，吊杆沿着曲面呈倾斜直线布置，与竖直面呈 10° 左右空间夹角，为提高承重冗余度，每个悬挂位置均采用一组双吊杆，双吊杆设计中的任何一根吊杆都能单独承担相应范围内的幕墙结构重量。由于底层吊杆悬挂重量较小，为防止底层吊杆受压松弛，对底环梁进行配重设计。

吊杆采用直径 60~80mm 的 40Cr 高强度钢棒，从低区到高区随着幕墙悬挂重量的减少，钢棒直径逐渐缩小。

吊杆设计考虑两根吊杆同时工作的承载力极限状态及同组两根吊杆其中一根失效的偶然荷载状态两种工况。承载力极限状态设计时，每个悬挂点的荷载由两根吊杆承担，两根吊杆的总抗拉承载力要大于考虑分项系数时悬挂总荷载；失效工况时，悬挂总荷载由一根吊杆承担，由于吊杆失效属于偶然荷载，根据《建筑结构荷载规范》GB 50009—2012 悬挂总荷载的设计值可不考虑分析系数，按标准值计算。2~8 区吊杆的应力比如表 5.6 所示。

表 5.6　2~8 区吊杆应力比

区段	设计方法	考虑分项系数荷载（kN）	不考虑分项系数荷载（kN）	拉杆直径（mm）	拉杆承载力（kN）	应力比
Zone2	承载力设计	1091	—	80	1910	0.63
	失效设计	—	1676	80	1910	0.88
Zone3	承载力设计	909	—	80	1910	0.52
	失效设计	—	1304	80	1910	0.68
Zone4	承载力设计	837	—	70	1463	0.66
	失效设计	—	1240	70	1463	0.85
Zone5	承载力设计	830	—	70	1463	0.62
	失效设计	—	1230	70	1463	0.84
Zone6	承载力设计	752	—	70	1463	0.57
	失效设计	—	1114	70	1463	0.76
Zone7	承载力设计	682	—	64	1215	0.62
	失效设计	—	1010	64	1215	0.83
Zone8	承载力设计	632	—	60	1073	0.65
	失效设计	—	936	60	1073	0.87

5.4.4 幕墙支撑结构用钢量统计

表 5.7 为各区幕墙支撑结构用钢量统计，幕墙总用钢量在 6178t 左右，折合 55~60kg/m^2。各区用钢量在 750~1000t，随高度增加，幕墙轮廓减小，高区幕墙钢结构用量略有降低。其中环梁的用钢量最大为 4375t，约为支撑钢结构总用钢量的 70%。拉杆总重量 757t，约为支撑钢结构总重量的 12%。

表 5.7　各区幕墙用钢量统计（t）

分区	Φ356×22	Φ356×25	Φ219×12.5	Φ273×12.5	Φ325×19	拉杆	合计
2	468.6	230.0	50.5	49.5	56.5	123.1	978.2
3	470.0	228.0	53.7	50.9	56.9	132.2	991.6
4	430.8	215.6	51.0	45.1	51.2	103.2	896.9
5	431.7	206.8	53.3	48.2	53.1	110.2	903.3
6	397.6	190.1	50.4	44.8	49.5	109.0	841.4
7	391.3	185.0	52.0	45.2	48.8	95.0	817.3
8	359.5	169.8	49.2	42.0	44.4	84.0	748.9
合计	2949.5	1425.3	360.1	325.7	360.5	756.7	6177.7

5.5　常规节点设计

5.5.1　顶部吊挂节点

幕墙的全部重量通过顶部吊杆与楼面的连接节点传递给主体结构的设备层悬挑楼面，因此吊挂节点设计对幕墙支撑结构的安全意义重大。

吊挂节点的基本传力构造如图5.12、图5.13所示，在设备层最外两道环向楼面梁间沿径向布置两道平行的吊挂梁并悬挑出设备层楼面，在吊挂梁的外端设置竖向吊挂杆用以连接幕墙支撑结构的吊杆及顶环梁。

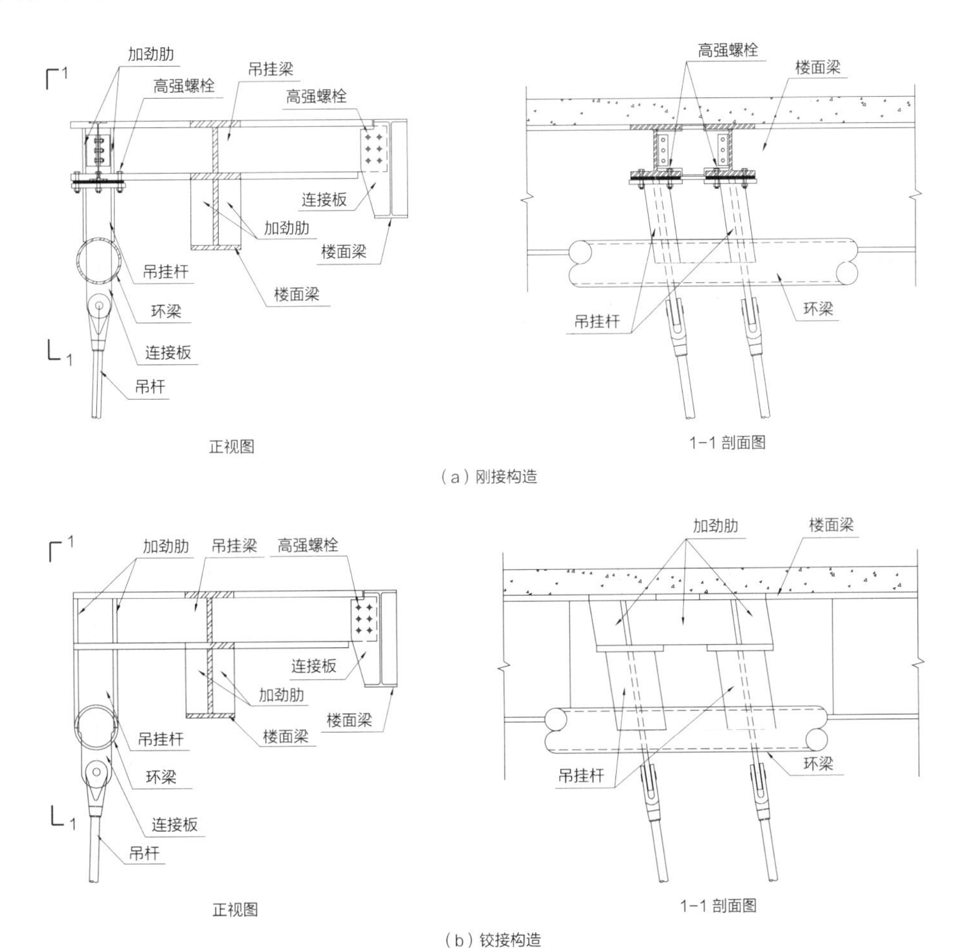

图 5.12　吊挂节点构造

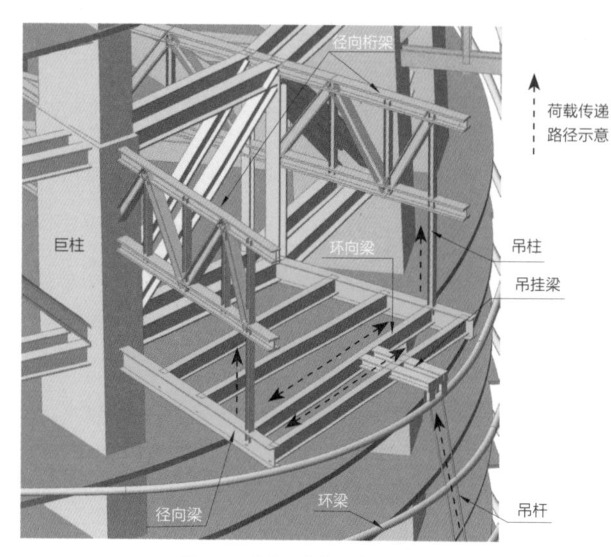

图 5.13　幕墙重力荷载传递路径

吊挂梁与两道环向布置的楼面梁形成杠杆传力模式将幕墙系统的重力传递至设备层的楼面梁，并进而通过吊柱传递至径向桁架。

吊挂节点除将传递整个幕墙系统的竖向重力作用外，同时还为顶层环梁提供侧向约束，将顶层环梁由于风荷载及温度作用产生的水平作用力传递给设备层楼面。

由于吊挂节点的不同构造形式对吊挂杆、顶层环梁受力、变形影响较大，设计中分别对刚接、铰接节点进行了对比分析，以评价节点构造对幕墙结构内力和变形的影响。

吊点铰接和刚接情况下顶环梁、吊挂杆的内力以及顶环梁变形如表 5.8、表 5.9 所示，顶环梁变形如图 5.14~ 图 5.16 所示。综合上述图表可知：

（1）在变形方面，温度及风荷载作用下，吊点铰接时顶层环梁径向的变形比吊点刚接时径向变形均显著增加。在组合工况下(1.0D+1.0W ± 1.0T)，吊点铰接下环梁的径向变形由 18.7mm 增加到 37.9mm，约为吊点刚接时的 2 倍。

（2）在内力方面，吊点铰接时，顶层环梁的轴力和水平向弯矩均显著小于吊点刚接的情形。对轴力而言，刚接、铰接下的轴力比例为 1312kN ∶ 355kN，铰接轴力约为刚接的 27%；对水平向弯矩而言，这一比例为 210 kN · m ∶ 63 kN · m，铰接弯矩约为刚接的 30%。同时，吊点铰接使得吊挂杆绕径向轴弯矩由 145 kN · m 减小为 95 kN · m，约为刚接时的 66%；绕环向弯矩由 174 kN · m 减小为 55 kN · m，为刚接时的 32%。

总体上，铰接构造对顶环梁的约束作用较弱，结构变形大、内力小；刚接构造对顶环梁的约束作用强，结构变形小但内力大。顶部环梁和吊挂杆受力和变形对顶部吊挂节点边界条件比较敏感。

表 5.8　吊点刚接铰接环梁吊点主要内力对比

	内力	吊点刚接	吊点铰接	控制工况
环梁	轴力（kN）	1312	355	温度
	水平向弯矩（kN · m）	210	63	温度
吊挂杆	环向弯矩（kN · m）	145	95	温度
	径向弯矩（kN · m）	174	55	温度

表 5.9　顶层环梁变形汇总

	刚接环梁径向变形（mm）	铰接环梁径向变形（mm）
温度工况	15.0	24.7
风工况	6.2	13.4
组合工况（1.0D+1.0W±1.0T）	18.7	37.9

此外，吊挂节点构造既要传力可靠又要便于施工，吊挂节点承受很大的吊杆拉力，若采用铰接构造需排布大量螺栓，但吊挂节点处空间有限，螺栓排布困难，且当螺栓排布范围过大时，又难以实现铰接构造。另外，由于铰接构造使幕墙板块平面外变形较大，过大的层间变形会对幕墙板块构造设计带来不利影响。同时，考虑到环梁与楼面结构之间距离较近，实际温度梯度较小，即使采用刚接构造，结构的温度效应也不会很大。

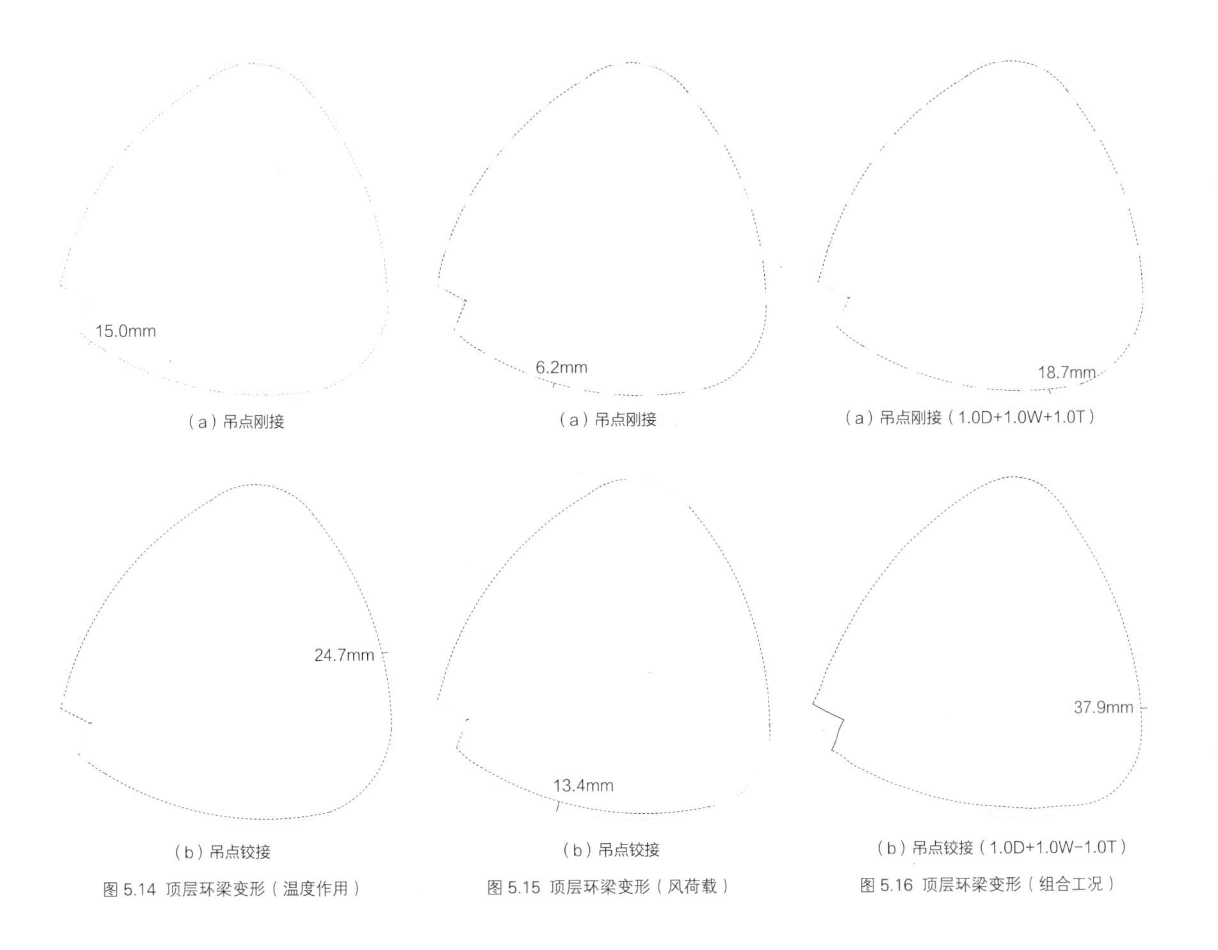

（a）吊点刚接　（b）吊点铰接

图 5.14 顶层环梁变形（温度作用）

（a）吊点刚接　（b）吊点铰接

图 5.15 顶层环梁变形（风荷载）

（a）吊点刚接（1.0D+1.0W+1.0T）　（b）吊点铰接（1.0D+1.0W-1.0T）

图 5.16 顶层环梁变形（组合工况）

因此，依据力学分析结果并充分考虑施工便捷性后，最终的节点构造确定为图 5.12（a）所示的刚接构造。

5.5.2 径向支撑与楼面结构连接节点

各区幕墙结构除顶和底环梁外，其余中间层环梁均通过径向支撑连接于标准层楼面边梁（图 5.17），相应位置楼面边梁腹板后面设置图 5.18 所示 T 形梁与楼面边梁组合形成平躺梁，平躺梁两端设置锚固于楼板的锚梁，从而将径向支撑轴力扩散至内部楼板（图 5.17）。

根据径向支撑所处位置及受力特点，幕墙支撑结构径向支撑在楼面周边的连接节点可分为三类：（1）普通径向支撑连接节点，主要承受沿径向的轴力；（2）V 口及角部径向支撑连接节点，承受支撑、拉杆作用下产生的垂直于径向支撑的环向力，及沿径向支撑轴向的径向力；（3）短支撑连接节点，承受沿径向的轴力及绕环向水平轴弯矩。

1. 普通径向支撑与楼面连接节点

径向支撑在楼面的连接节点应具备一定的绕环向水平轴转动的能力以吸收幕墙环梁与对应楼面的竖向相对变形。对于普通位置的径向支撑，在连接节点处设置水平放置的销轴来实现竖向的转动（图 5.18）。

2. V 口及角部与楼面连接节点

V 口及角部的径向支撑，如也采用销轴连接，销轴需竖向放置以抵抗在这两个位置同时存在的较大的径向及环向作用力。为保证节点同时具有竖向转动能力，因此在销轴位置设置了关节轴承（图 5.19、图 5.20）。该构造在承受水平荷载的同时，还能容许销轴在竖直方向有 3° ~5° 的转角，使径向支撑外端具有相对楼面产生 500~870mm 的竖向位移能力，足够满足外幕墙相对楼面 160mm 的竖向变形需求。

图 5.19、图 5.20 所示为 V 口以及交叉支撑处幕墙结构平躺梁的连接构造。为保证交叉支撑分布的规则性、韵律性，交叉支撑与径向支撑的轴线交点与径向支撑在楼面梁的锚固点间存在偏心，交叉支撑环向力分量将对节点区产生附加弯矩。为此设置“王”字形截面短牛腿连接于楼面梁腹板。节点对应的平躺梁位置，设置三块加劲板用以将径向支撑的内力传递至平躺梁腹板。对于受力较大的径向支撑，将平躺梁腹板在支撑连接处局部加厚，以保证平躺梁腹板在复杂应力条件下的强度，并满足钢板焊接所需的相关构造要求。

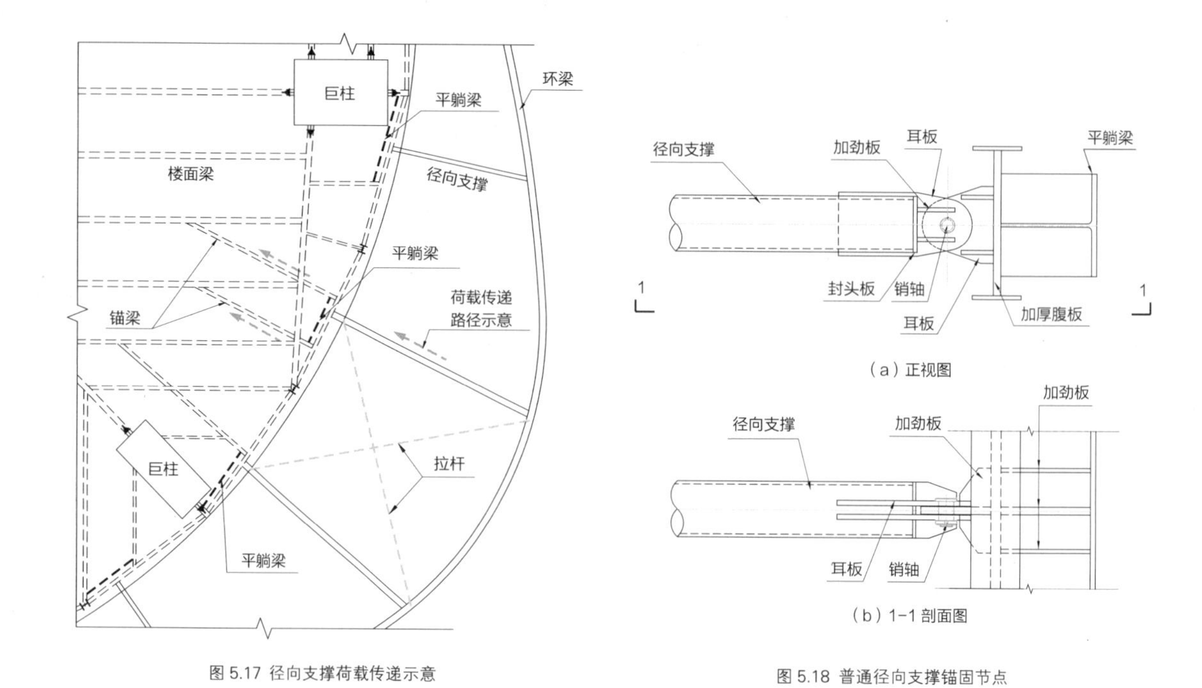

图 5.17 径向支撑荷载传递示意

图 5.18 普通径向支撑锚固节点

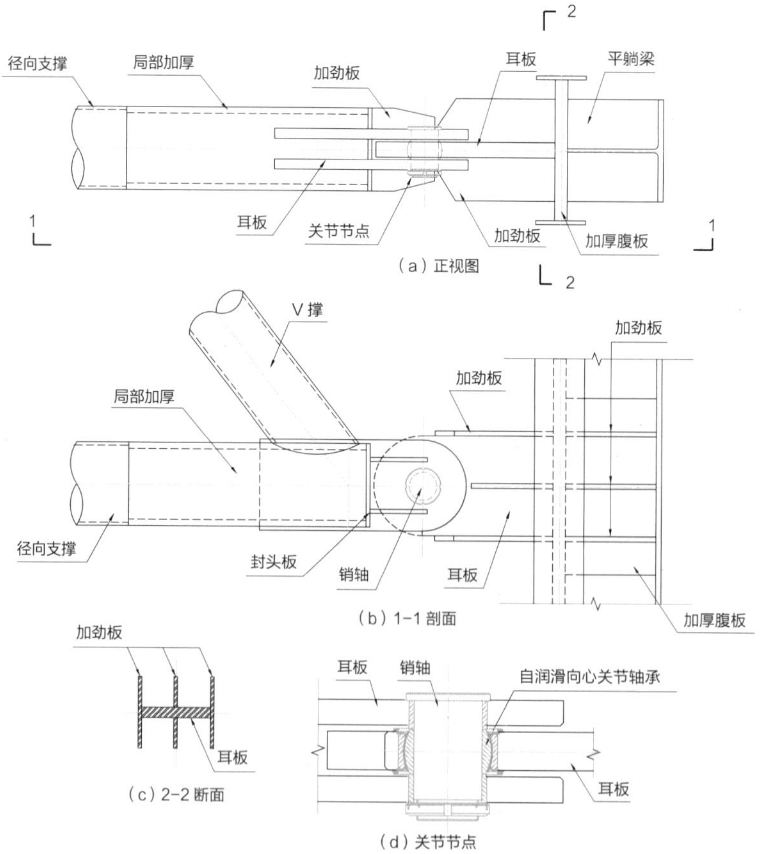

（a）正视图

（b）1-1 剖面

（c）2-2 断面

（d）关节节点

图 5.19 V 口径向支撑节点详图

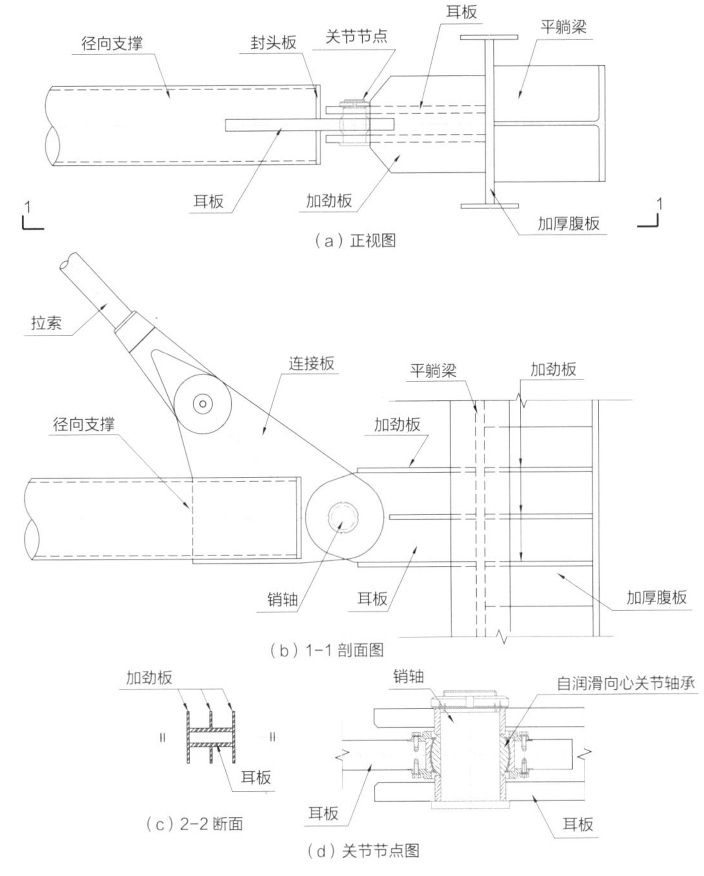

（a）正视图

（b）1-1 剖面图

（c）2-2 断面

（d）关节节点图

图 5.20 拉索径向支撑节点详图

3. 短支撑与楼面连接构造处理

以上几种铰接节点形式适用于大部分径向支撑与楼面的连接，而对于在限位约束附近，长度 <2m 的径向支撑，由于其线刚度过大，对竖向位移比较敏感，与楼面连接节点即使采用铰接构造仍会产生较大的附加弯矩。对于这类短支撑大多可以通过在楼面边梁上开洞，使支撑穿过边梁支承在后面楼面梁上（图 5.21），从而使其长度增加线刚度降低，降低其对竖向位移的敏感性。但由于楼面布置的限制，并不是所有短支撑均可采用这种方式处理，部分短支撑由于靠近次框架柱及巨柱，支撑无法向内延伸。对于这类支撑在其内端节点设置了一种特殊的滑动构造（图 5.22），以降低附加弯矩，保证短径向支撑受力安全。该滑动连接构造的详细设计见第 9 章。

5.5.3 底环梁与休闲层楼面连接构造

幕墙支撑结构底环梁通过竖向伸缩立柱与休闲层楼面结构相连，竖向伸缩连接构造为幕墙支撑结构提供有效的侧向支撑，传递幕墙与主体结构水平相互作用力。底环梁与休闲层连接位置的平面布置如图 5.23 所示，节点连接如图 5.24 所示，

立柱通过锚固底座、悬挑牛腿及径向梁固定于楼面结构，由于伸缩节点能竖向伸缩，立柱将不会对休闲层楼面产生直接的竖向荷载作用。由竖向伸缩节点传递给底部楼面结构的作用力可等效为作用在立柱顶部的径向及环向水平力（图 5.25）。

在水平向，底环梁承受的幕墙的水平向荷载通过连接立柱的弯、剪作用向悬挑牛腿传递，悬挑牛腿通过弯扭作用传给楼面径向短梁，径向短梁利用杠杆原理将荷载传递至内外两道楼面环向梁。同时在楼面径向短梁上设置栓钉与楼板形成整体，利用楼板面内抗剪抵抗节点水平力。

1. 支承楼面梁设计

竖向伸缩节点立柱通过径向梁固定在两道环向楼面边梁上（图 5.25），底环梁传来的荷载可等效为立柱顶端的径向力和环向力。楼面最外侧两道环梁与楼板可视为等效“槽形组合截面”（图 5.26），用以承担立柱传来的环梁荷载。由于荷载偏心效应，将导致组合截面处于压弯剪扭复合受力状态。

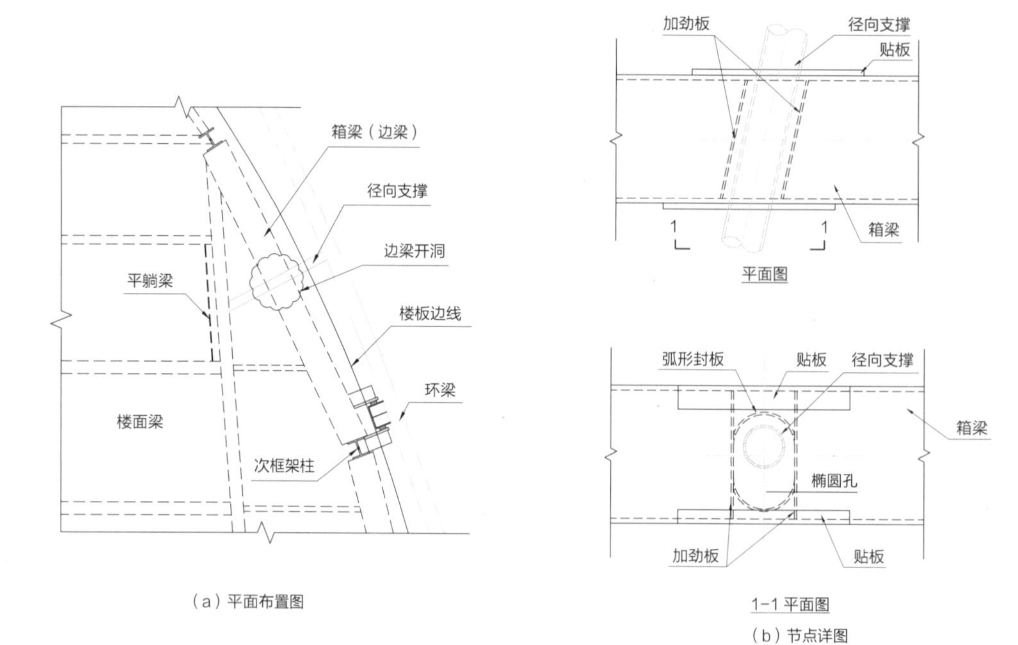

（a）平面布置图

（b）节点详图

图 5.21 径向支撑穿越楼面边梁

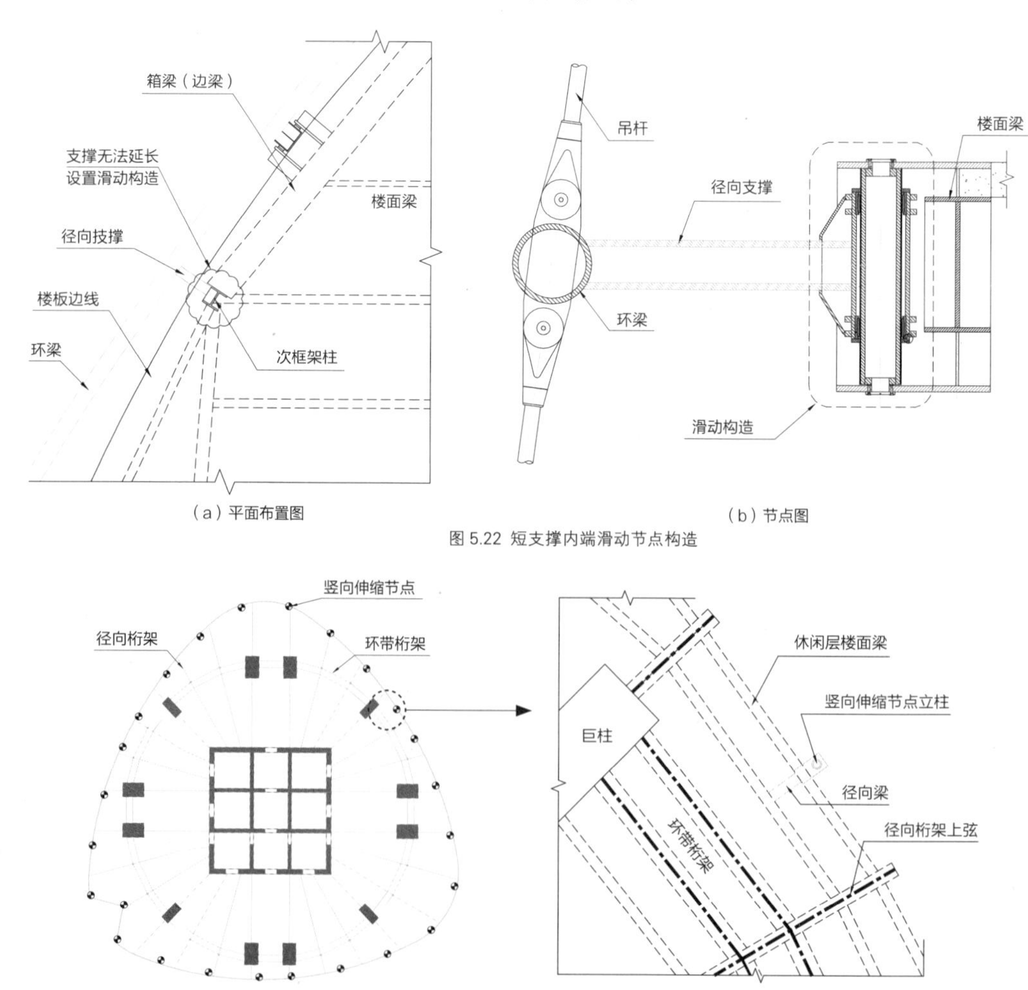

（a）平面布置图

（b）节点图

图 5.22 短支撑内端滑动节点构造

图 5.23 竖向伸缩节点平面布置示意

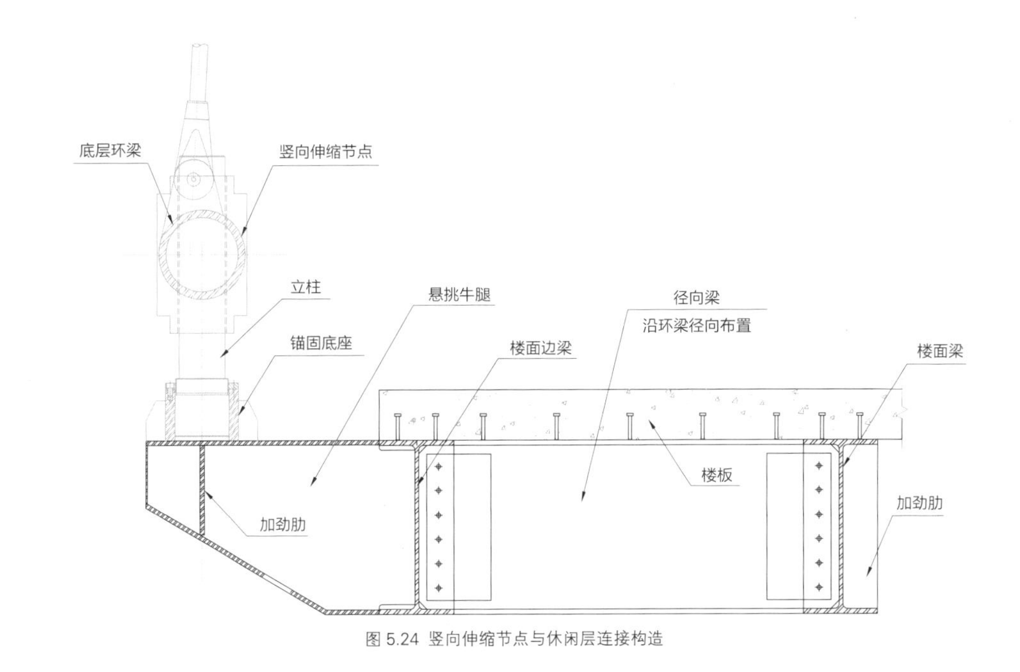

图 5.24 竖向伸缩节点与休闲层连接构造

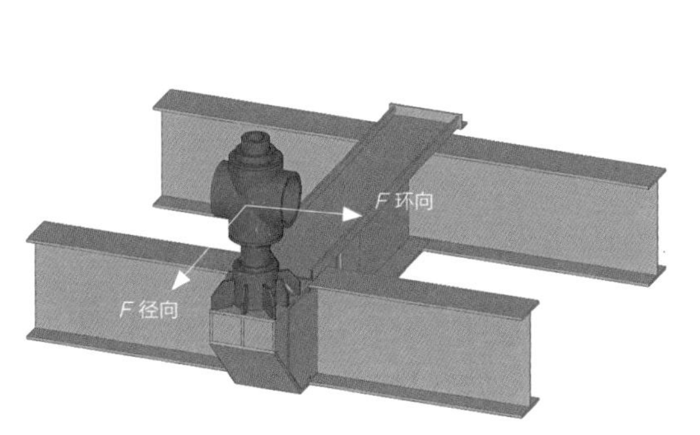

图 5.25 锚固节点受力示意

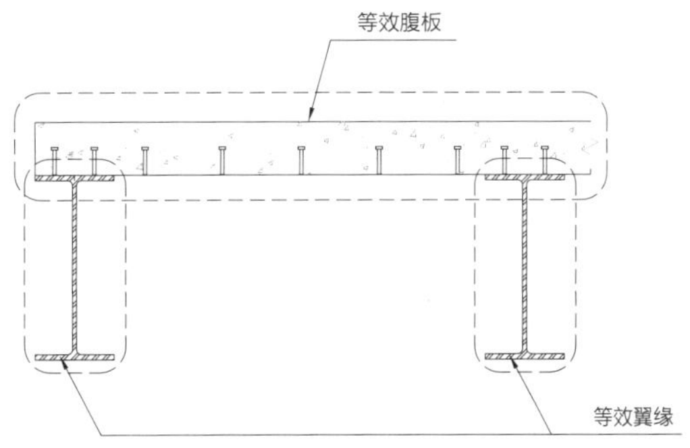

图 5.26 等效“槽形组合截面”

当立柱顶部受到径向力时，对“组合截面”产生“弯剪扭效应”，如图 5.27（a）所示。“组合截面”面内弯矩由“等效翼缘”楼面钢梁承担。“组合截面”剪力由“等效腹板”楼板承担，并可按混凝土受剪相关公式验算。“组合截面”扭转为约束扭转，由“等效翼缘”钢梁面内受弯承担，弯矩如图 5.28 所示。

当立柱顶端受到环向力时，对“组合截面”产生“双向压弯效应”，如图 5.27（b）所示。“组合截面”压力及面内弯矩由“等效翼缘”楼面钢梁承担。“组合截面”面内剪力由“等效腹板”混凝土楼板承担，可按混凝土受剪公式验算，面外剪力由“等效翼缘”楼面钢梁承担。“组合截面”面外弯矩可由“等效翼缘”楼面钢梁面内受弯承担，弯矩如图 5.28 所示。

在等效径向力和环向力作用下，楼面梁的应力计算结果见表 5.10，由表中数据可以看出，由于楼板与钢梁形成类似槽形截面的受力模式，在水平向的整体抵抗力矩较大，水平荷载效应引起的楼面梁应力水平较低。相反偏心作用的径向力引起了边梁产生较大的竖向荷载效应，边梁的主轴弯矩较大，成为楼面边梁设计的控制荷载效应。从表中数据可看出：边梁在幕墙荷载下最大应力比达到了 0.479，其中竖向主弯矩即占到了 0.337。叠加楼面重力荷载效应后楼面梁总的应力比满足要求。

2. 伸缩立柱锚固底座节点设计

竖向伸缩立柱的锚固底座采用了如图 5.29 所示的节点构造，立柱插入底座套筒与套筒间通过接触传递立柱顶端环向力和径向力产生的弯剪效应。立柱采用材质 40Cr 的实心截面，锚固底座、悬挑牛腿钢材材质为 Q345C。

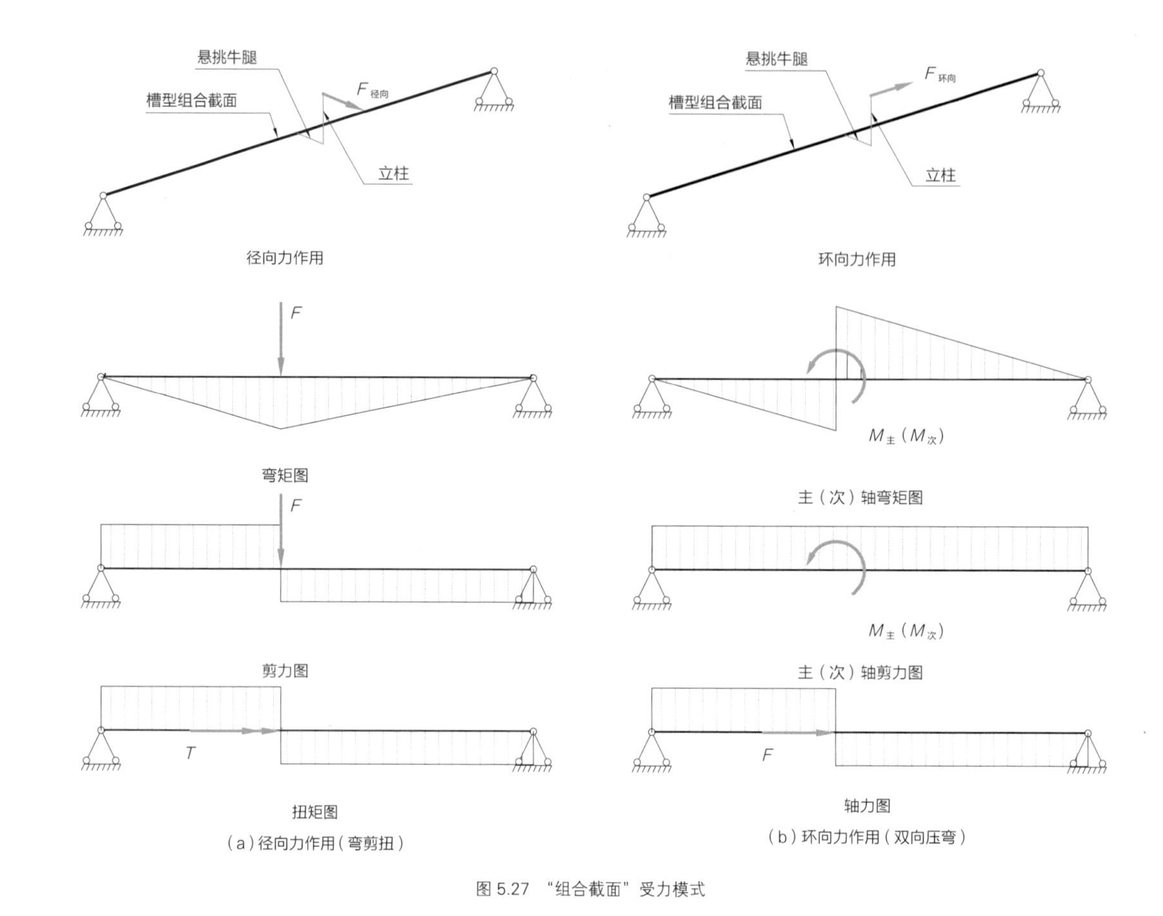

图 5.27 “组合截面”受力模式

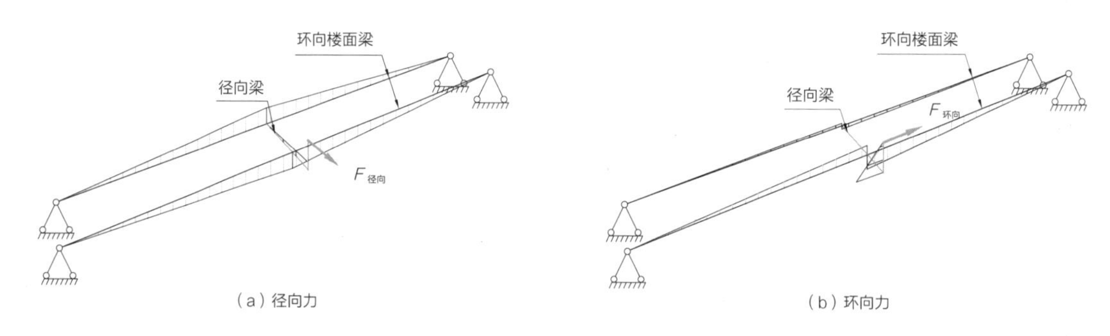

图 5.28 径向、环向力作用下楼面梁主弯矩

表 5.10 幕墙荷载作用下楼面支承梁应力比

	外侧支承梁	内侧支承梁
径向力主弯矩	0.337	0.325
径向力次弯矩	0.093	0.093
环向力主弯矩	0.035	0.002
环向力次弯矩	0.007	0.007
环向力轴力	0.006	0.002
总计	0.479	0.411

为保证底座、悬挑牛腿以及两者之间的连接强度。对悬挑牛腿及锚固底座进行了有限元分析，于立轴与底座套筒内壁间建立接触关系，以反映节点真实的传力状态。

有限元分析结果如图 5.30 所示。节点大部分处于弹性状态，悬挑牛腿最大应力为 276MPa，套筒为 338MPa，加劲肋为 345MPa，立柱 276MPa。加劲肋有小范围的应力集中，局部进入塑性，并不影响节点的整体强度，构造设计亦将对应力集中处进行倒角以缓解应力集中。

5.5.4　径向支撑与环梁、吊杆汇交节点

径向支撑、吊杆与环梁汇交节点的连接构造如图 5.31 所示，径向支撑插入环梁相贯焊接，以保证节点的连接强度和刚度。在吊杆与环梁相交位置设置连接耳板，穿过环梁并与环梁焊接连接。耳板与吊杆间采用销轴连接构造，销轴连接的设计荷载采用吊杆的破断荷载，以保证节点连接强度不低于吊杆强度，以达到“强节点，弱构件”的设计要求。

由于我国现行规范没有关于销轴节点的明确的设计方法，因此销轴节点的设计参照欧洲规范《Eurocode 3: Design of steel structures》(Part 1-8: Design of joints)(BS EN 1993-1-3: 2005)[28] 进行。具体验算方法如下：

1. 销轴计算

按欧洲规范《Eurocode 3: Design of steel structures》(Part 1-8: Design of joints)(BS EN 1993-1-3: 2005) 之 3.13 进行计算，计算参数如图 5.32 所示。

（1）销轴抗剪验算：

$$F_{v,Rd}=0.6\,Af_{up}/\gamma_{M2} \tag{5.4}$$

（2）销轴和耳板的局部承压：

$$F_{b,Rd}=1.5\,tdf_y/\gamma_{M0} \tag{5.5}$$

（3）销轴抗弯（弯矩 M_{Ed} 如图 5.32 所示）：

$$M_{Ed}=\frac{F_{Ed}}{8}(b+4c+2a)<M_{Rd}=1.5W_{el}f_{yp}/\gamma_{M0} \tag{5.6}$$

（4）销轴剪弯复合受力：

$$\left[\frac{M_{Ed}}{M_{Rd}}\right]^2+\left[\frac{F_{Ed}}{F_{V,Rd}}\right]^2<1 \tag{5.7}$$

式中 $F_{v,Rd}$——销轴抗剪承载力；

$F_{b,Rd}$——耳板局部承压承载力；

M_{Rd}——销轴抗弯承载力；

M_{Ed}——销轴弯矩；

F_{Ed}——设计荷载；

A——销轴截面积；

t——耳板厚度；

W_{el}——销轴抗弯截面模量；

f_y——耳板屈服强度；

f_{yp}——销轴屈服强度；

f_{up}——销轴极限抗拉强度；

γ_{M0}、γ_{M2}——分项系数，分别取 1.0 和 1.25。

2. 耳板计算

根据前述欧洲规范确定耳板规格，参数如图 5.33 所示。

$$a\geqslant\frac{F_{Ed}\gamma_{M0}}{2tf_y}+\frac{2d_0}{3} \tag{5.8}$$

$$c\geqslant\frac{F_{Ed}\gamma_{M0}}{2tf_y}+\frac{d_0}{3} \tag{5.9}$$

按以上公式确定吊杆与环梁的连接节点的规格如表 5.11 所示。

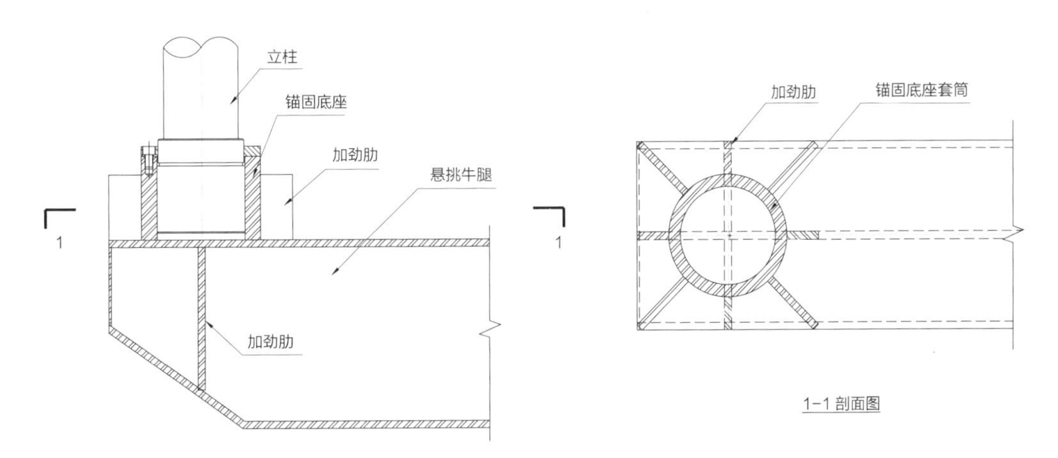

图 5.29 竖向伸缩节点构造

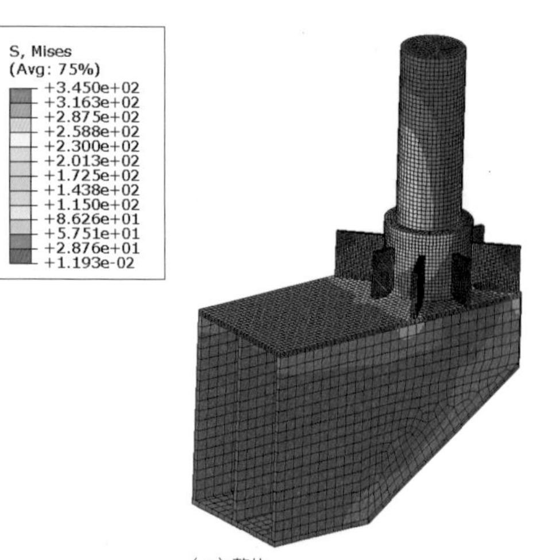

（a）整体

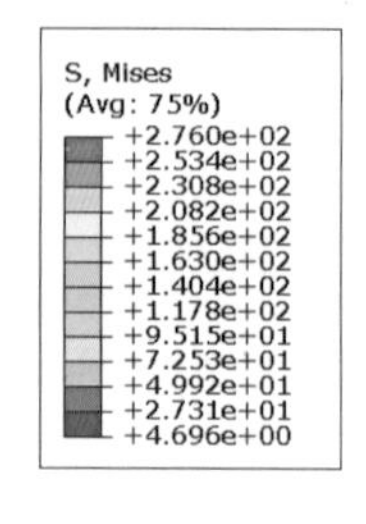

（b）立柱

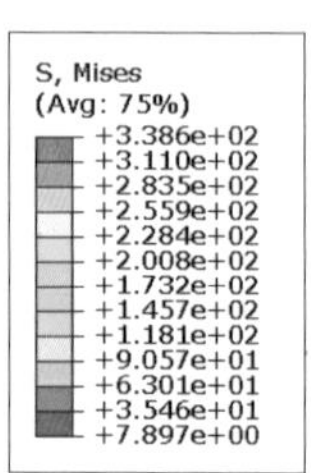

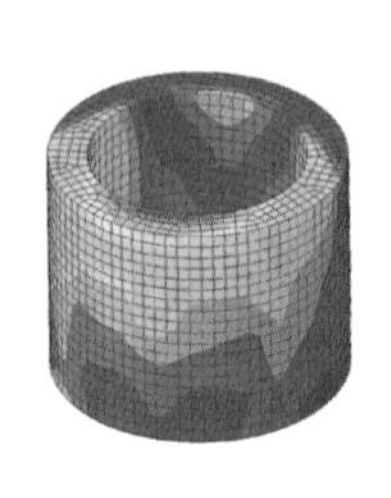

（c）套筒

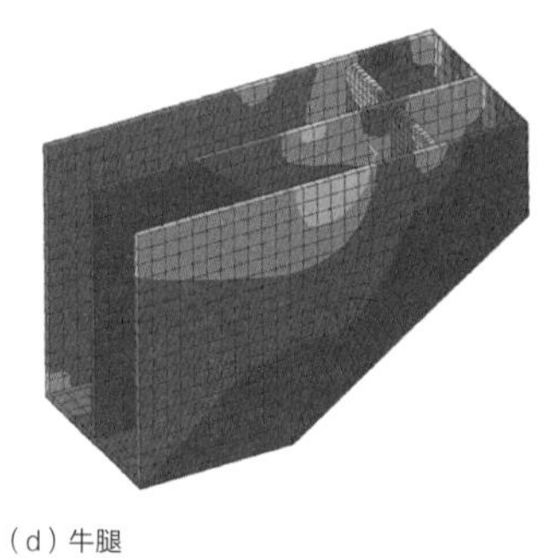

（d）牛腿

图 5.30 锚固节点应力云图

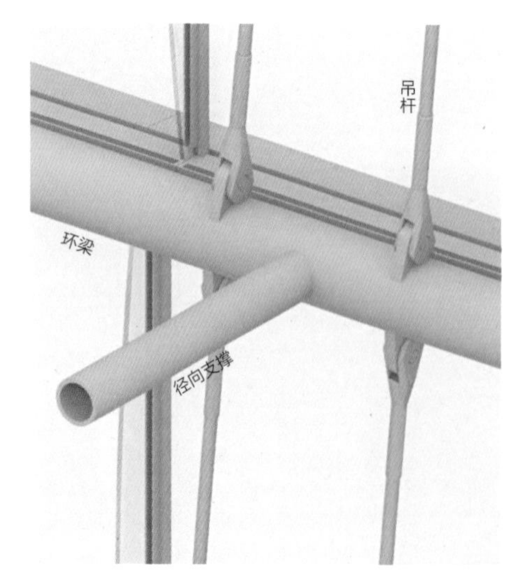

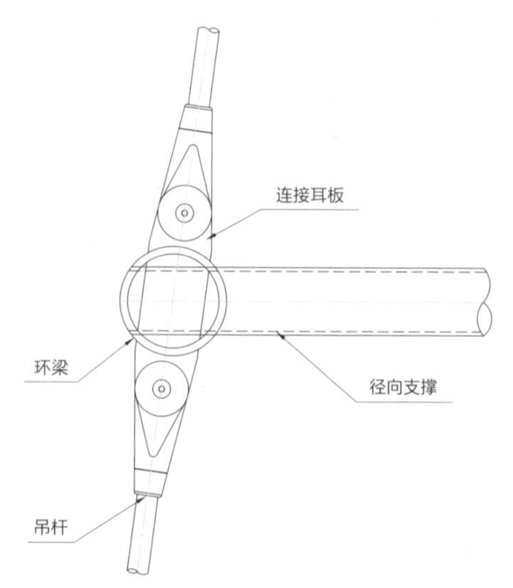

图 5.31 径向支撑、吊杆与环梁的连接构造

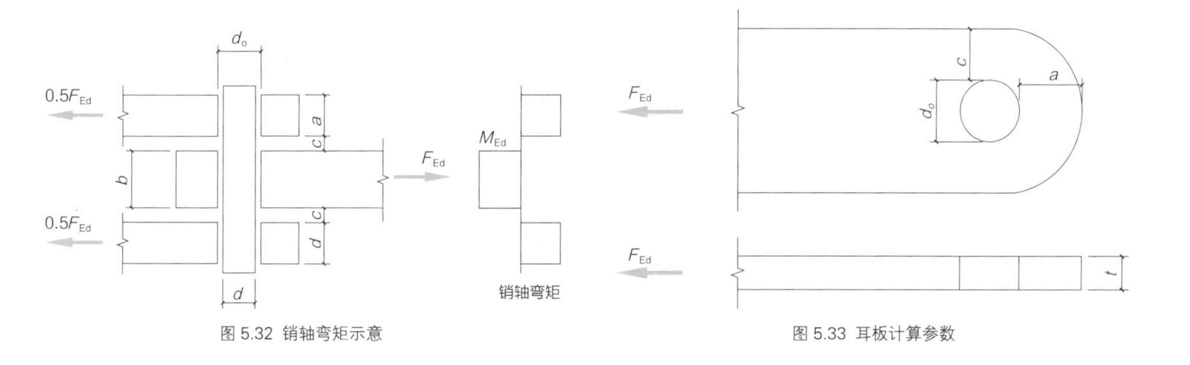

图 5.32 销轴弯矩示意

图 5.33 耳板计算参数

表 5.11 销轴节点连接规格

位置	吊杆直径（mm）	吊杆承载力（kN）	耳板厚度（mm）	a（mm）	c（mm）	d_0（mm）	销轴直径（mm）
2～3 区	80	2312	68	106	79	82	80
4～6 区	70	1769	58	94	74	72	70
7 区	64	1526	53	88	66	67	65
8 区	60	1251	48	80	64	62	60

5.5.5 限位约束节点

限位约束位于外幕墙与楼面相切的位置（图 5.34），主要作用是承受幕墙环梁的切向力，限制环梁扭转位移，同时释放环梁相对楼面的竖向位移与径向位移。

限位约束的具体构造如图 5.35 所示，在环梁上设置箱形牛腿，箱形牛腿伸入凸台箱梁两限位牛腿之间。牛腿接触面设置橡胶垫板（高区为蝶形弹簧，见图 5.36）进行缓冲。橡胶垫板（蝶形弹簧）与楼面限位牛腿上的不锈钢板形成可上下、左右滑动的低摩擦系数滑动面。限位牛腿及不锈钢滑动面尺寸经过精细计算使其有足够空间以容纳环梁相对于楼面滑动。

5.5.6 底环梁伸缩节点

每区最下方的环梁与楼面结构连接节点采用了如图 5.37 所示的竖向伸缩构造。该节点连接既能为环梁提供侧向约束防止环梁在环向和径向产生较大变形，又能允许环梁与主楼之间相对自由滑动，防止底层玻璃板块和吊杆受压。竖向伸缩节点的分析设计详见本书第 9 章的专项研究。

为了防止环梁因温度作用引起的膨胀或收缩阻碍竖向伸缩节点滑动，同时在底环梁中设置了水平伸缩节点以释放环梁的环向温度应力。水平伸缩节点与竖向伸缩节点成对布置。水平伸缩节点构造如图 5.38 所示，内部设置双滑环，用以抵抗弯矩，保证环梁抗弯的连续性，又能沿环梁轴向滑动，释放环梁超长引起的温度效应，防止环梁水平伸缩引起竖向伸缩节点应力集中，从而滑动锁定。

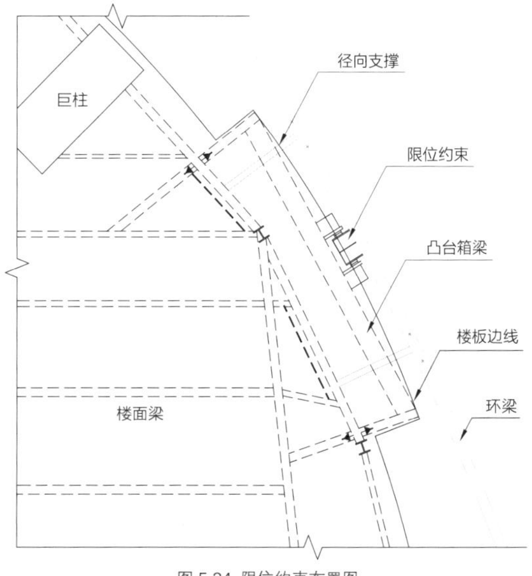

图 5.34 限位约束布置图

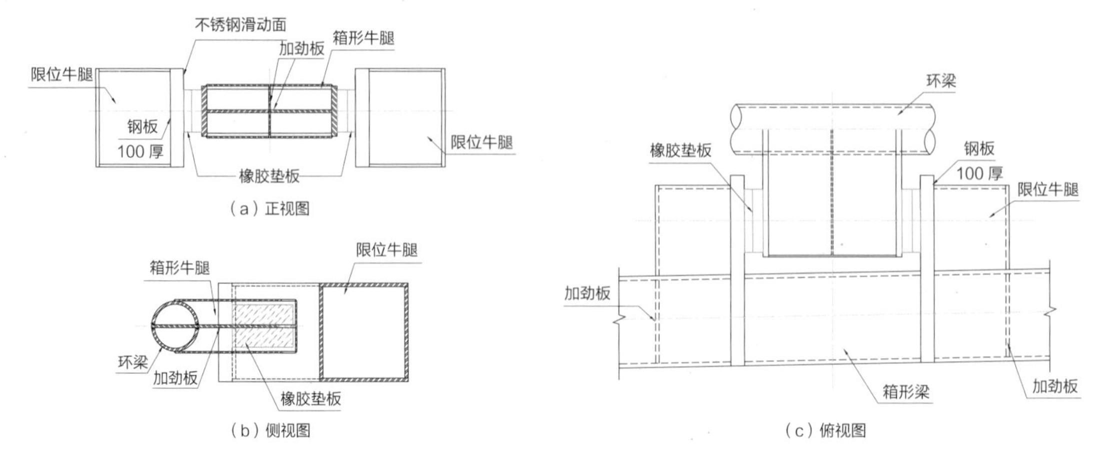

图 5.35 限位约束构造（橡胶垫板方案）

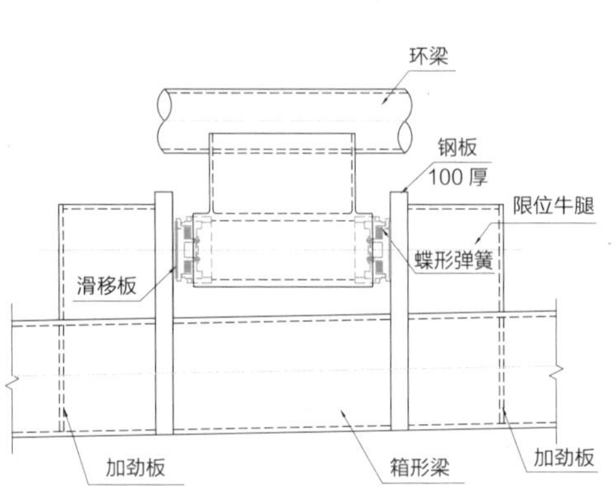

图 5.36 限位约束构造（蝶形弹簧方案）

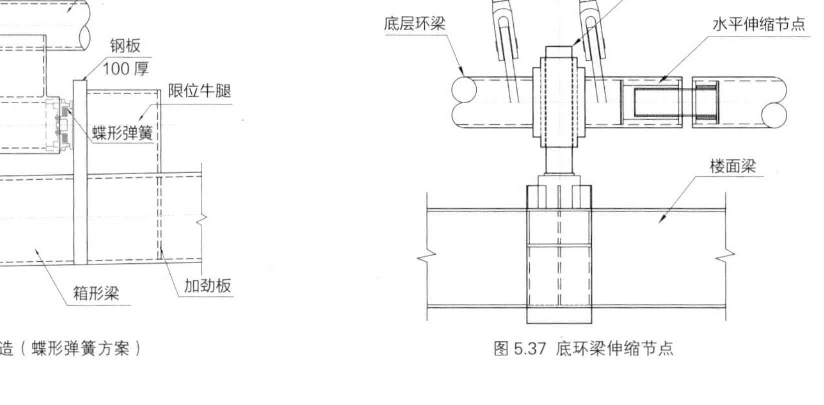

图 5.37 底环梁伸缩节点

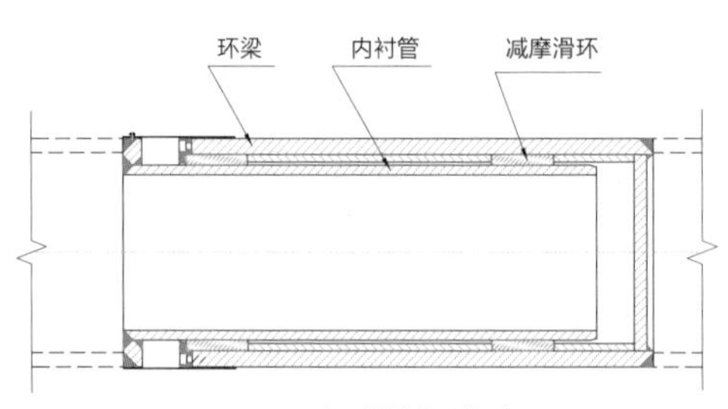

图 5.38 水平伸缩节点构造

6 CHAPTER 第6章

幕墙支撑结构与主体结构协同工作性能研究
Study on properties of cooperative work of curtain wall support structure with main structure

6.1 引言

上海中心幕墙支撑结构作为附属于主体结构的次级结构系统，尽管前文基于单独模型对幕墙支撑结构系统进行了详细的力学分析，但由于主体结构超高、超重，幕墙系统分区悬挂重量大、悬挂高度高、竖向支承刚度柔且不均匀，竖向荷载和水平荷载均将引起幕墙系统的不均匀竖向位移以及幕墙与主体结构之间的竖向相对位移差（图 6.1 ~ 图 6.3）。幕墙系统的不均匀竖向位移，将使幕墙板块承受较大的竖向剪切变形，以及引起吊杆、环梁的内力重分布；幕墙与主体结构的竖向位移差，将引起幕墙支撑结构短径向支撑附加内力，并对伸缩节点设计带来不利影响。因此，需将幕墙支撑结构与主体结构整体建模，来研究幕墙支撑结构与主体结构的协同工作特性，即反映主体结构弹性边界条件下，相关构件及节点的受力与工作性能。

本章将对重力荷载（幕墙重力、设备层附加恒活载）下幕墙系统的不均匀竖向位移进行分析，并依据分析结果对设备层楼面进行支承刚度调平设计，以防止幕墙板块发生过大的竖向剪切变形而发生破坏。同时还对重力荷载、风荷载下变形引起的幕墙支撑结构与楼面的相对竖向位移进行详细分析，并对由于竖向位移差引起的幕墙支撑结构的附加内力对构件强度设计的影响进行评估[29]。

此外，幕墙支撑结构在竖向地震作用下的反应属于动力协同问题，将在第 7 章进行详细分析。主体结构巨柱压缩的影响，由于与主楼施工顺序密切相关，将在第 8 章中进行详细分析。主体结构和幕墙支撑结构各区结构体系基本相同，受力性态相似，以下分析如无特殊说明均选取 2 区幕墙支撑结构为例进行探讨。

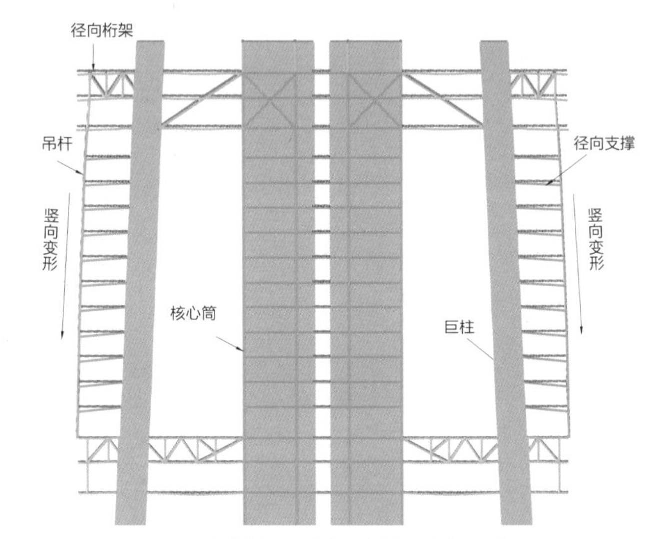

图 6.1 竖向荷载作用下幕墙支撑结构竖向变形示意

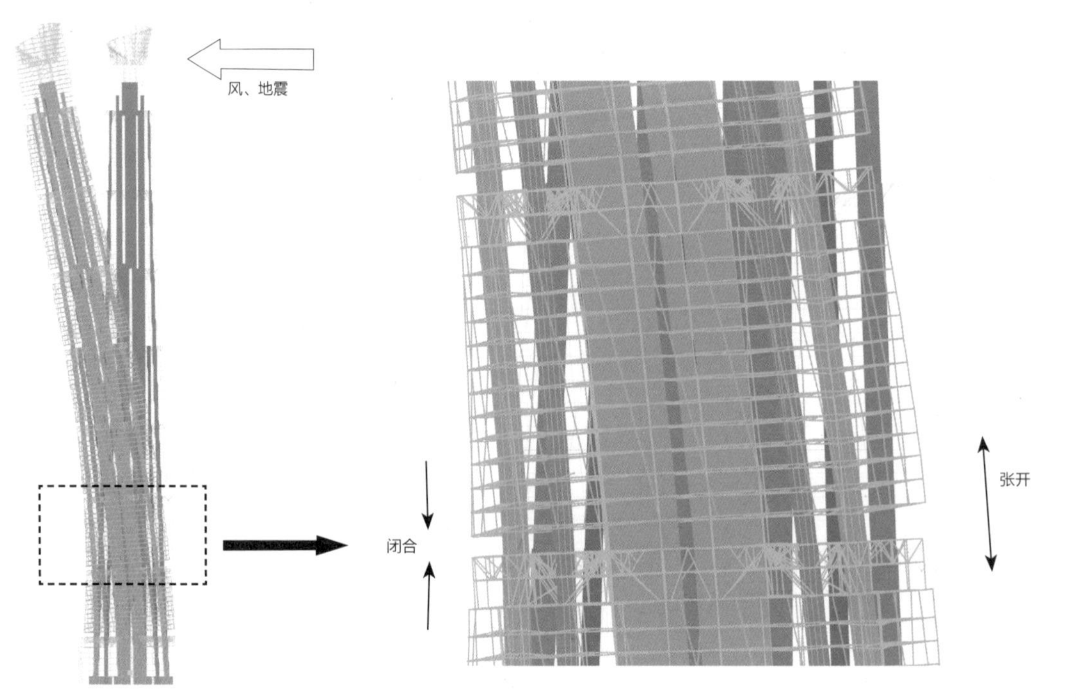

图 6.2 塔楼侧向变形

图 6.3 侧向荷载作用下幕墙与主楼变形示意

6.2 分析模型

为分析上海中心大厦幕墙支撑结构与主体结构的协同工作性能，建立带有幕墙支撑结构的主塔楼整体模型。整体模型建模方法如下：

（1）普通的楼面梁、伸臂桁架、幕墙支撑结构杆件均采用空间梁单元。

（2）主体结构部分的 SRC 巨型柱考虑到设置了钢骨，采用梁加壳的方式进行模拟，用梁单元模拟钢骨，壳单元模拟混凝土。核心筒墙体采用壳单元。

（3）对于塔楼的设备层，由于其为幕墙竖向变形的重要边界条件，对其进行准确建模，楼板采用膜单元进行模拟以较真实地反映设备层的竖向支承刚度。

（4）除设备层外的其他标准层楼面布置规则且无楼板大开洞现象，考虑到计算精度及计算效率，采用刚性楼板假定模拟。

整体模型采用通用结构分析软件 SAP2000 建立，整体结构的计算模型如图 6.4、图 6.5 所示。模型的主要基本信息汇总于表 6.1。

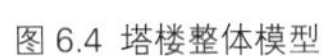

图 6.4 塔楼整体模型

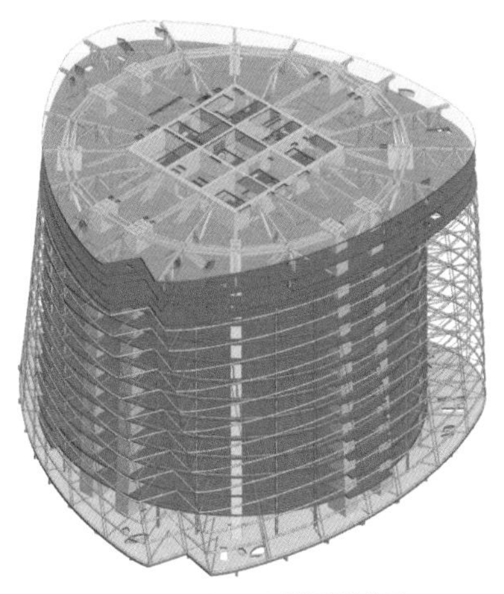

图 6.5 典型分区的塔楼整体模型

表 6.1 上海中心大厦整体模型信息汇总表

分析软件	SAP2000	
楼层层数	129 层（顶部 5 层设备用房）+ 塔冠	
嵌固端	地下一层	
主要构件的单元类型	幕墙支撑结构、普通梁柱、伸臂桁架、环带桁架	空间梁单元
	巨型柱	壳单元 + 梁
	核心筒剪力墙	壳单元
	楼板	膜单元
楼板假定	标准层	刚性楼板
	加强层	膜单元
主要材料特性	混凝土自重	$25kN/m^3$
	混凝土弹性模量	按混凝土强度等级选取
	钢材自重	$77.1kN/m^3$
	钢材弹性模量	$2.06 \times 10^5 N/mm^2$

6.3 竖向荷载作用下幕墙支撑结构与主体结构协同工作分析

为方便对分析结果进行描述，首先对 2 区幕墙支撑结构的平面及竖向位置进行编号，如图 6.6 所示。

6.3.1 吊挂支承刚度不均匀性及控制措施

1. 设备层吊挂支承刚度的不均匀性及调整

幕墙支撑结构上部悬挂于主体结构的设备层，幕墙悬挂后，在幕墙重力作用下，设备层悬挑段将发生竖向位移，此外，主体结构的附加恒载和活载是在幕墙施工后施加的，这也会使幕墙支撑结构产生一定的竖向位移。

以 2 区为例，利用幕墙支撑结构与主体结构整体建模分析幕墙支撑结构在幕墙自身重力荷载、设备层附加恒、活荷载作用下的竖向位移如图 6.7 所示。位置编号如图 6.6所示。由图 6.7 可以看出：

（1）幕墙支撑结构各个吊点竖向变形呈现了极强的不均匀性。吊点最大竖向位移达到了 96mm（9 号点），最小仅为 22mm（13 号点）两者相差近 4.4 倍。最大竖向位移中，幕墙重力荷载引起的位移达到了 77mm，占总位移量的 80%，为支撑结构竖向变形的主要来源。

（2）总竖向荷载下，相邻两点最大位移差达到了 47mm（8、9 号点），其中幕墙重力荷载引起的位移差达到了 45mm，为位移差的主要来源。

各吊点竖向变形不均匀性主要是由于各个悬挂点附近径向桁架的悬挑长度与楼面布置存在差异（图 6.8）导致各个悬挂点的竖向刚度不同所引起。竖向位移的不均匀性，一方面会使幕墙支撑结构产生一定量的附加内力，同时影响环梁的平整度进而影响建筑外观；另一方面，各个吊点间过大的位移差，将超过幕墙板块连接构造的容差范围，导致幕墙发生竖向剪切而破坏（图 6.9）。根据幕墙板块构造要求，幕墙各

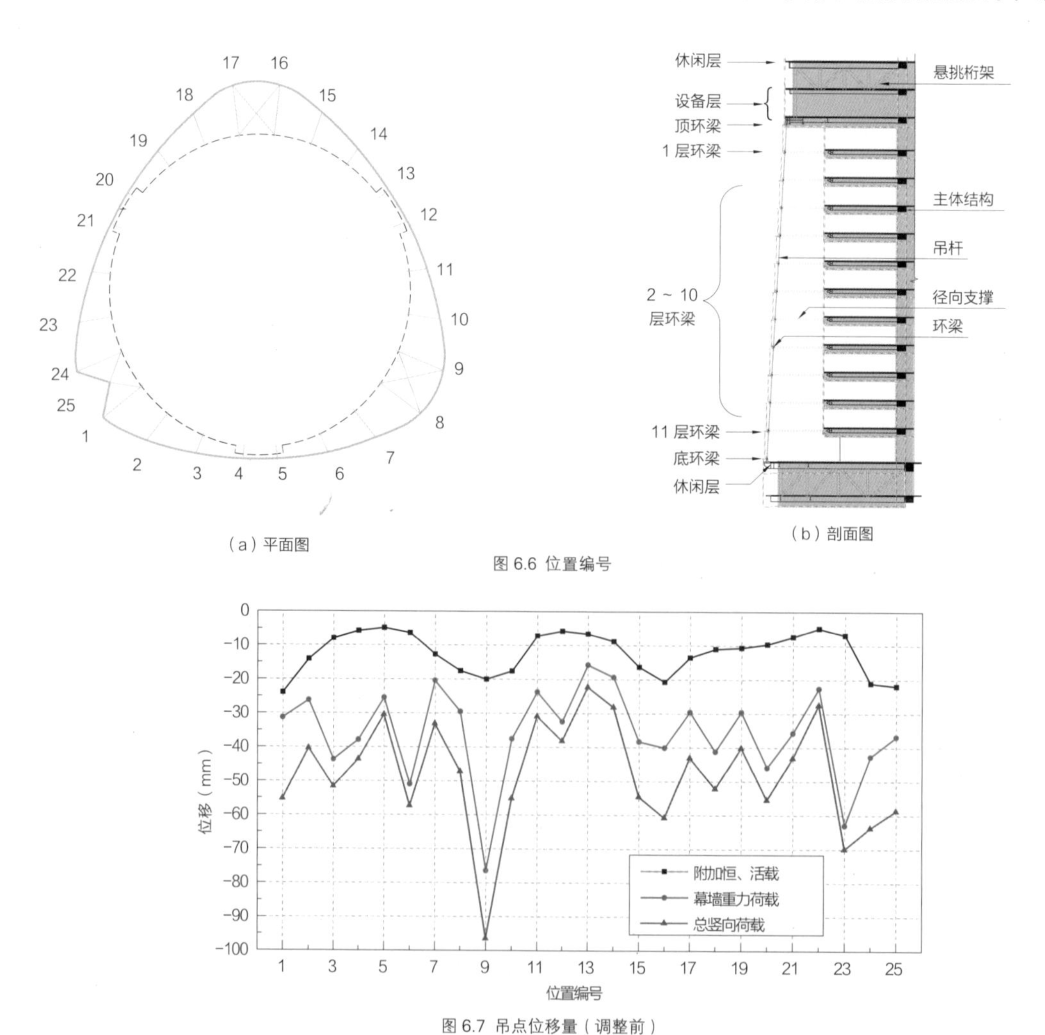

图 6.6 位置编号

图 6.7 吊点位移量（调整前）

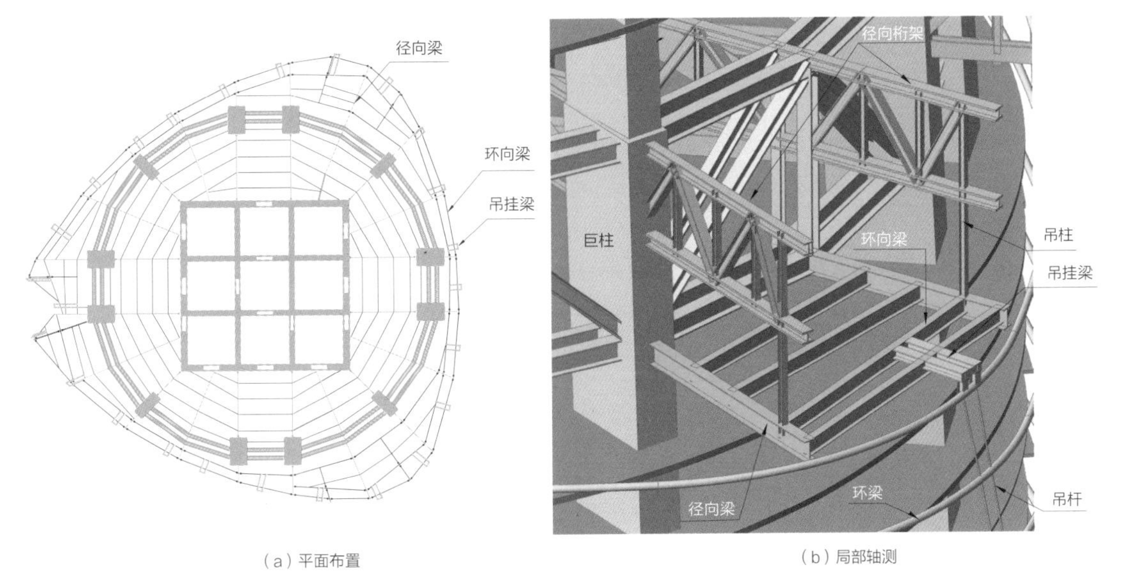

（a）平面布置　　（b）局部轴测

图 6.8 设备层梁系布置

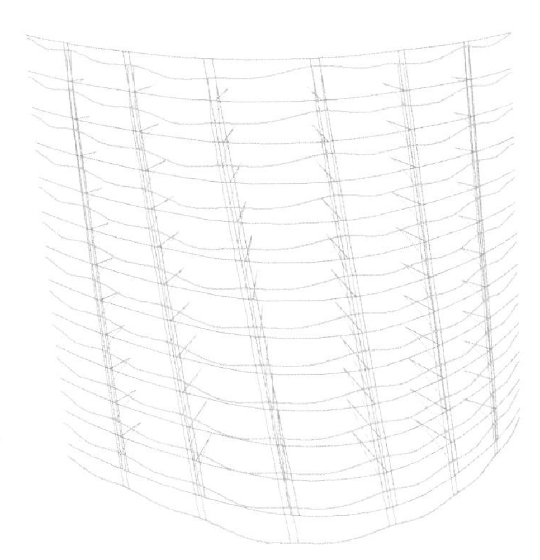

（a）环梁竖向不均匀变形　　（b）玻璃板块变形示意

图 6.9 环梁不均匀竖向变形及对玻璃板块剪切变形

相邻悬挂点的位移差不应大于 30mm。为此，需采取措施对吊点楼面结构进行调整，使其达到上述刚度设计控制的准则。根据整体模型的分析结果及吊点楼层梁系的布置特点，具体采取了以下措施：

（1）增加幕墙吊挂短梁的内伸长度（图 6.10a），以增强短梁的杠杆作用。

（2）相关楼面环梁由铰接改为刚接（图 6.10b），以增强环向钢梁的支承刚度。

（3）调整相关楼面梁的截面尺寸，进一步增强楼面支承刚度。

以 2 区为例，刚度调整后，幕墙各个吊点的竖向变形如图 6.11 所示（位置编号见图 6.6）。对比图 6.11 与图 6.7 可以看出：

（1）设备层楼面刚度调整后幕墙吊点最大竖向位移由原来的 96mm（9 号点）下降到 43mm（24 号点），下降了 55%。其中幕墙自重下位移减少量比较显著，幕墙自重下吊点竖向位移由 77mm（9 号点）下降到 29mm（24 号点），下降了 62%。

（2）总竖向荷载下，相邻吊点位移差由 47mm（8、9 号点）下降到 28mm（24、23 号点），下降了 38%。其中，幕墙自重下吊点位移差减少最为显著，相邻吊点位移差由 45mm（8、9 号点）下降到 16mm（23、24 号点），下降了 64%。

分析结果表明，通过以上一系列的刚度调整措施，

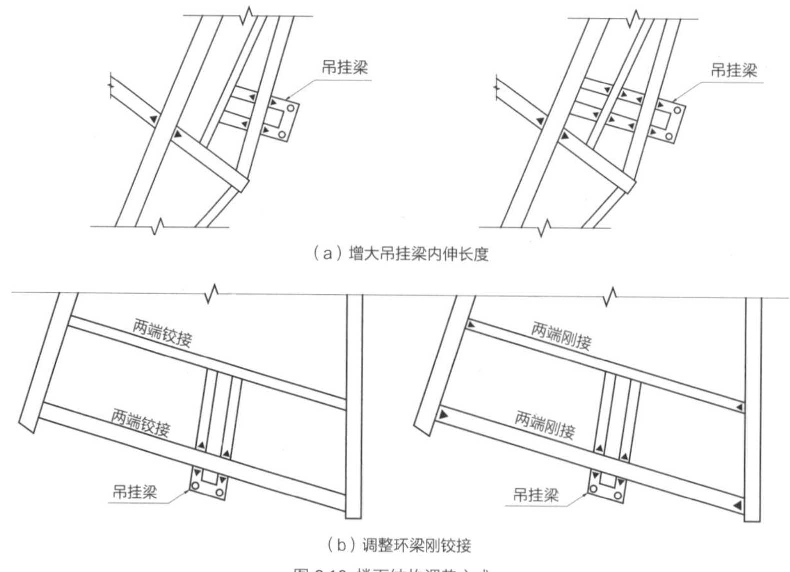

图 6.10 楼面结构调整方式

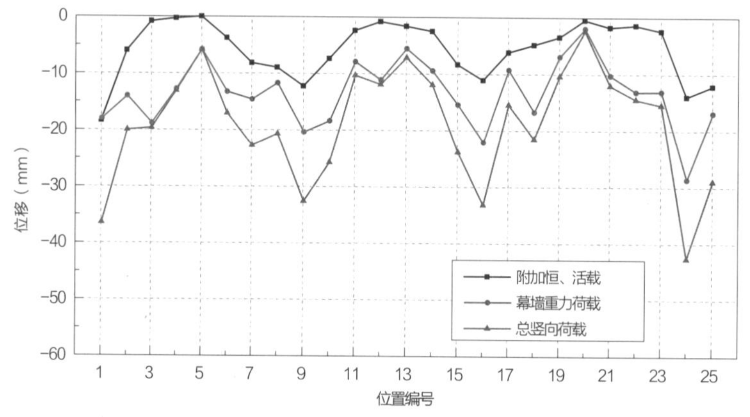

图 6.11 吊点竖向位移（调整后）

吊点竖向位移的总量和不均匀性均有很大的改善。相邻吊点位移差达到了 30mm 的控制要求。

2. 休闲层楼板刚度加强设计

在幕墙悬挂重力荷载作用下，悬挑端设备层顶层楼板与径向桁架上弦协同工作，承担很大的面内拉力。图6.12为桁架上弦楼板的拉应力分布，由图6.12可知，楼板拉力最大区域出现在三角形楼面的角部，即桁架悬挑长度较长、竖向吊挂支承刚度最柔的区域。在“1.2 恒 +1.4 活”最不利工况作用下，该区域最大拉应力达到了 3MPa 以上，远超混凝土抗拉强度，混凝土开裂，如考虑楼板开裂退出工作，吊点最大变形从 41mm 增加到 50mm（图 6.13），同时相邻吊点的位移差由 26mm 增大到 32mm，超过了 30mm 的控制准则，将导致幕墙板块破坏。

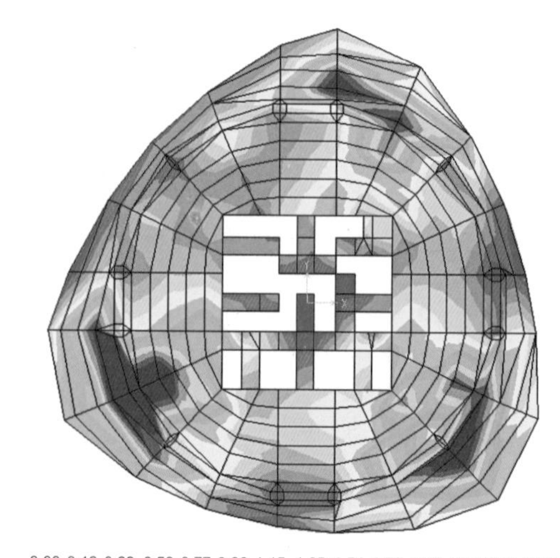

图 6.12 桁架上弦楼板拉力（kN/m）

为此在设备层三个角部区域局部铺设 10mm 厚

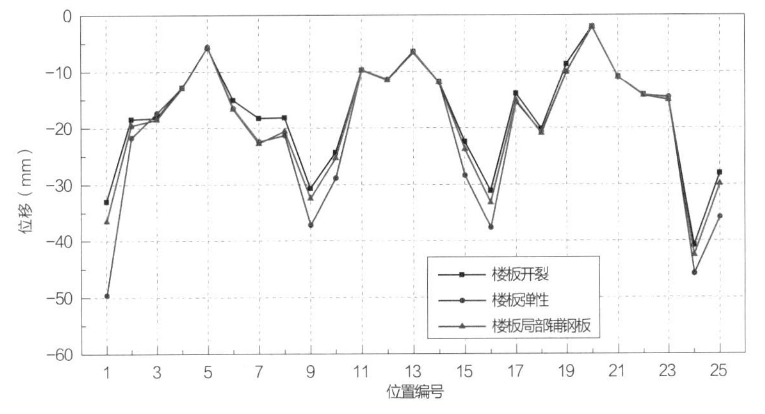

图 6.13 楼板开裂前后吊点变形对比

钢板（图 6.14 中浅灰色区域）对楼板进行加强，防止楼板开裂引起吊点产生过大的竖向变形。铺设钢板后吊点变形分析如图 6.13 所示，休闲层局部铺设 10mm 钢板，有效地降低了吊点由于楼板开裂而增加的竖向变形，吊点的总变形及变形差分别为 43mm 与 27mm，与考虑楼板未开裂时的计算结果相近，可见局部铺设钢板对楼板进行刚度补强是有效的。3 区不同楼板模型吊点变形汇总见表 6.2。

表 6.2　3 区不同楼板模型吊点变形汇总（mm）

	100% 考虑楼板刚度	不考虑楼板刚度	局部铺 10mm 钢板
吊点总变形	41	50	43
相邻组吊点变形差	26	32	27

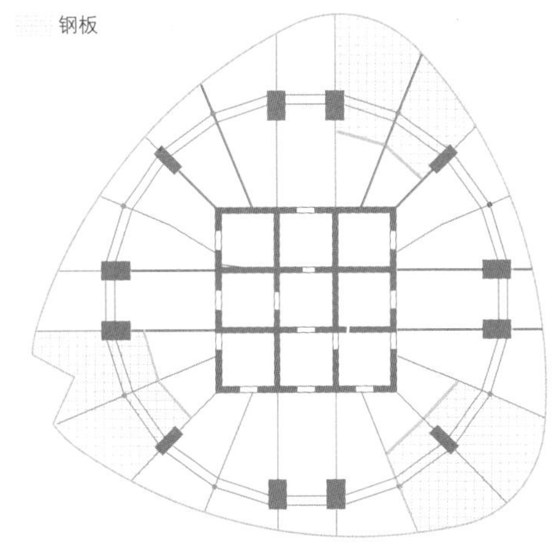

图 6.14 钢板位置平面示意

6.3.2　吊挂刚度不均匀对幕墙支撑结构的影响

整个幕墙系统的安全由幕墙板块安全及支撑结构自身安全两部分组成。设备层刚度调整后，幕墙支撑结构的竖向变形不均匀性得到了较大的改善，满足了幕墙板块构造要求。但设备层竖向吊挂刚度的不均匀性不可能完全消除，幕墙系统仍然存在一定程度的竖向不均匀变形，对幕墙支撑结构的环梁、吊杆、径向支撑等构件的受力性态产生一定的影响。本小节通过对单独模型（刚性边界）和整体模型（弹性边界）的内力分析结果进行对比以评估竖向不均匀变形对幕墙支撑结构内力的影响。

1. 幕墙自重作用下支撑结构竖向变形特性分析

图 6.15 ~ 图 6.16 分别为在幕墙自重作用下，各层环梁的竖向位移及相邻编号位置的竖向位移差，位置编号如图 6.6 所示。由图 6.15 ~ 图 6.16 可以看出：

（1）顶环梁的竖向位移反映了设备层悬挑端的幕墙悬挂点的竖向刚度情况，由图 6.15 可见，位移最大的 9、16、24 三个位置均位于径向支撑悬挑长度较长，竖向刚度较弱的设备层角部，其中位移最大值发生在 24 号点，约为 28.6mm，达到了总位移量 48mm（含 20mm 的吊杆伸长量）的 60%。

（2）幕墙的竖向变形由上到下逐渐增大，这主要是由于自重作用下幕墙吊杆伸长所致。在幕墙自重作用下，整区吊杆的平均总伸长量约为 20mm。

（3）如图 6.16 所示，自重作用下，幕墙的相邻组吊杆的最大位移差为 21mm，发生在 V 口位置的 24 与 25 号点之间，幕墙各层环梁的相邻编号位置的位移差趋势基本相同，各层之间有少量变化，这表明，环梁竖向刚度较柔，协调各吊点之间变形能力较差，各悬挂位置的竖向变形相对独立，耦合性弱，各层悬挂位置变形主要受吊挂层刚度影响。

2. 幕墙自重作用下支撑结构受力性态分析

（1）设备层吊挂刚度不均匀对吊杆内力的影响

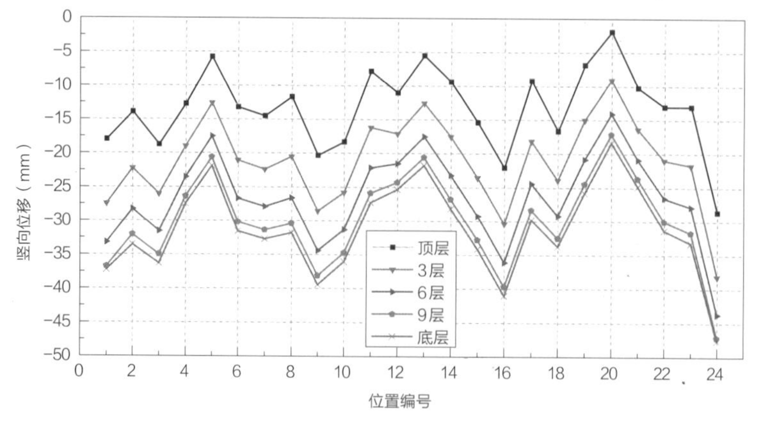

图 6.15 幕墙自重作用下环梁竖向位移

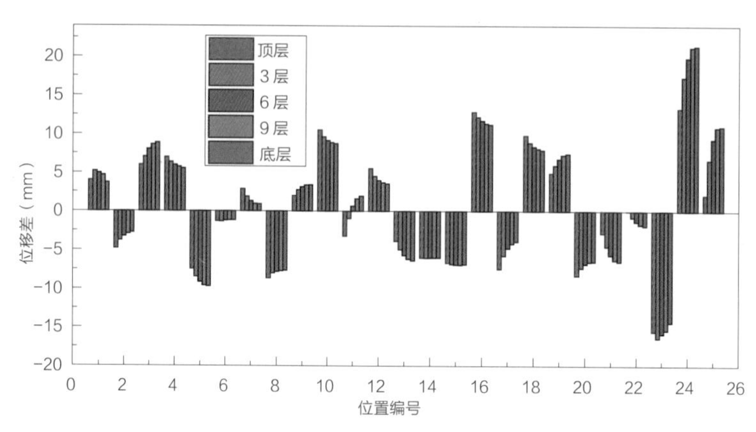

图 6.16 环梁自重作用下竖向位移差

分析

将单独模型（刚性边界）和整体模型（弹性边界）的 25 组吊杆幕墙自重下的轴力汇总于图 6.17 及图 6.18，图 6.17 列出各个吊杆的轴力（同组吊杆用直线相连），图 6.18 为同组吊杆轴力求和。

① 由图 6.17 可知，考虑吊挂层刚度不均匀性后，吊杆轴力较刚性边界条件时离散性增强。刚性边界模型大部分吊杆的内力集中在 600 ~ 700kN 之间，而弹性边界模型的大部分吊杆内力分布在 450 ~ 800kN 之间。

② 由图 6.17 可知，同一位置刚性边界与弹性边界吊杆的最大内力差发生在第 20 组吊杆位置，最大内力差吊杆内力由 456kN 增大到 718kN，增加了 58%。

③ 由图 6.18 可知，刚性与弹性边界，同一位置两根吊杆的轴力和变化较小。变化最大的 25 号位置，吊杆轴力由刚性边界时的 769kN 减小到弹性边界的 690kN，变化率约为 10%。

由图 6.17 及图 6.18 的对比可知，考虑吊挂层刚度后，同一位置的两根吊杆轴力差异性增强，而对同一位置两根吊杆承担的轴力总和影响不大。这主要是因为同组吊杆间环梁长度较短，抗弯刚度较大，对吊杆内力协调作用较强；相邻组吊杆间环梁长度较长，抗弯刚度较弱，协调作用较弱所致。

将吊杆轴力变化较大的第 20 组两根吊杆的轴力变化率（即弹性边界下吊杆轴力与刚性边界下吊杆轴力的差与刚性边界下吊杆轴力之比）按层数由上至下汇总于图 6.19 中。由图 6.19 可以看出：吊杆轴力差异性变化符合“圣维南原理”，在第一层为 58%，而到第 7 层时已经衰减到 4% 左右，虽然在底部两层受底部边界条件的影响变化率略有增加，但仍维持在 10% 左右的较低水平。可见受顶部吊挂刚度影响的吊杆轴力变化随层数增加而迅速衰减，吊挂刚度不均匀性仅对上部 2 ~ 3 层吊杆轴力有较大影响，对下部吊杆轴力影响较小。

由以上的分析可知，考虑吊挂刚度的不均匀性后，会使上部吊杆的轴力有较大变化且可能使吊杆的最大内力有一定程度（22%）提高，由于这种变化主要是由同组两个吊点的刚度差异引起，可见提高吊挂刚度

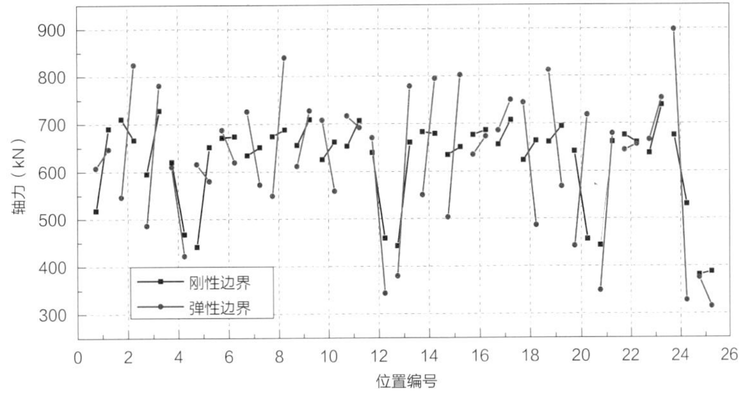

图 6.17 不同模型吊杆轴力分布

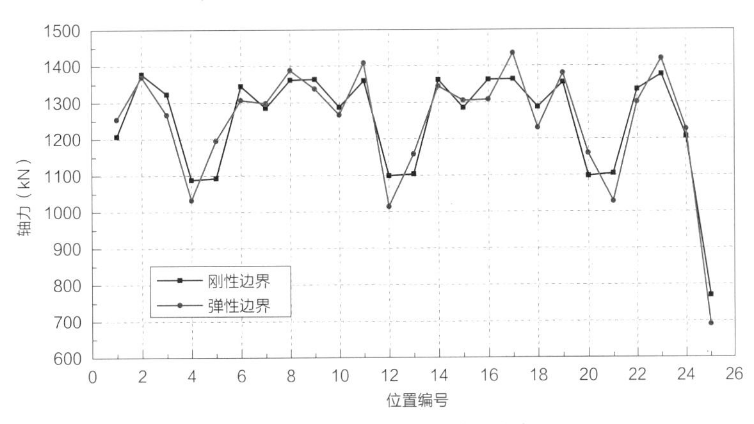

图 6.18 不同模型同组吊杆轴力和对比

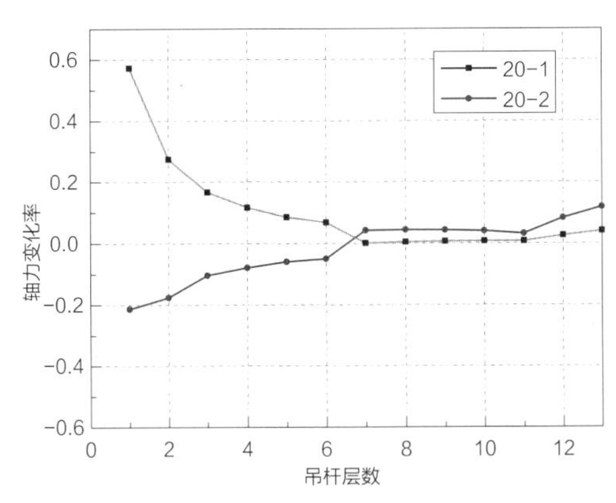

图 6.19 第 20 组吊杆的轴力变化率

均匀性，改善同组吊杆变形差异，将有助于减小设备层不均匀刚度对吊杆轴力的影响程度。

（2）设备层吊挂刚度不均匀对径向支撑内力的影响分析

1 层（图 6.6）径向支撑长度较短对变形更加敏感，因此选取 1 层支撑进行分析。图 6.20 为不同边界条件下径向支撑的附加内力。

由图 6.20 可以看出：

① 在实际的弹性边界条件下，径向支撑的附加弯矩普遍较刚性边界时大。其中最大的附加弯矩达到了 29kN・m（约为径向支撑抗弯承载力的 21%），比刚性边界时最大附加弯矩 14kN・m 增大约 1 倍。可见吊点的不均匀竖向变形可显著增大径向支撑的附加弯矩。

② 可以看到，图中附加弯矩较大的位置（如 12、20、21 号位置）均为短支撑位置（图 6.21），这主要是由于短支撑线刚度较大，对幕墙系统的约束作用较强所致。

由于短支撑的附加弯矩较大，对其强度设计存在较大的不利影响，为此，在其内端设计了滑动构造以降低其附加弯矩，如图 6.22 所示，短支撑边界条件改为滑动后，幕墙支撑结构整体的约束刚度减弱，径向支撑附加弯矩总体呈下架趋势，最大附加弯矩下降到 12kN・m（约为支撑抗弯承载力的 8.5%）。

（3）设备层吊挂刚度不均匀对环梁内力的影响分析

由上文分析可知，越位于上部的吊杆其轴力变化率越大，这表明越位于上部的环梁对吊杆的轴力协调作用越强，其附加内力也越大。因此选取顶环梁分析不均匀竖向变形对环梁附加内力的影响。将顶部环梁沿弧长方向每 0.4m 设置一个内力测点，沿环梁

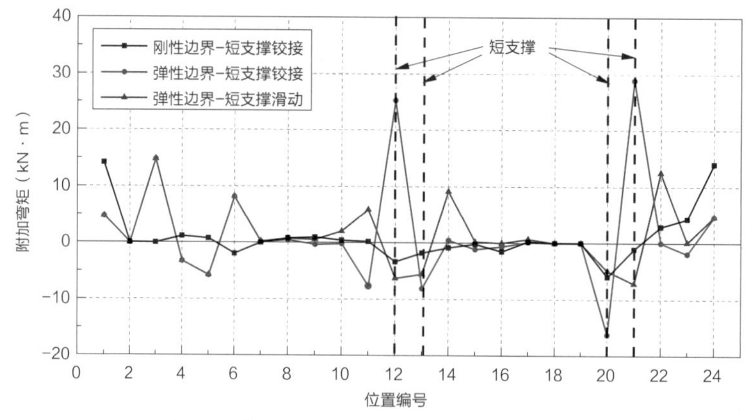

图 6.20 吊挂层不均匀竖向变形引起径向支撑的附加弯矩

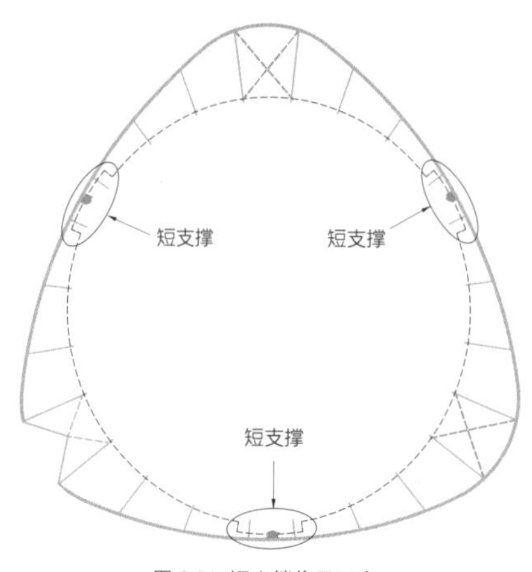

图 6.21 短支撑位置示意

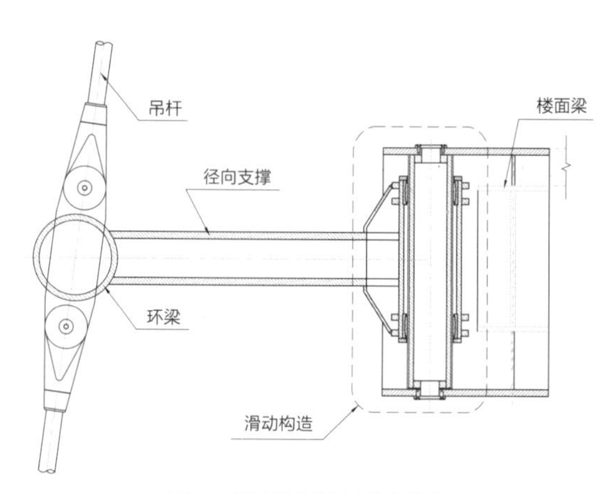

图 6.22 短支撑内端滑动节点构造

全长共 770 个测点，提取各个测点的弯矩汇总于图 6.23~ 图 6.25。

由图 6.23 可知，刚性边界条件时环梁内力峰值分布比较均匀，最大弯矩介于 70~80kN · m 之间。

由图 6.24 可知，考虑吊挂层的弹性刚度后，由于吊点位移使顶环梁的弯矩分布不均匀增强，弯矩峰值介于 60~130kN · m 之间。

图 6.25 为弹性边界下环梁弯矩与刚性边界下环梁弯矩差值，由图 6.25 可知，考虑吊挂层刚度后环梁各点的内力均有不同程度的改变，由吊点不均匀位移引起的最大附加弯矩约为 85kN · m。

由以上的分析可知，顶环梁的最大弯矩由 80kN · m 增大为 126kN · m，增加了 60%。根据分析环梁水平向风荷载弯矩最大值约为 140kN，温度作用最大值约为 260kN，水平向弯矩组合值约为 300~400kN · m，因此环梁的设计主要由水平向弯矩控制，由于吊挂点不均匀沉降引起的竖向弯矩增量的绝对数值较小，对环梁的强度设计影响较小。

3. 设备层、休闲层附加恒、活载对支撑结构变形及内力的影响分析

除上文所述幕墙支撑系统自重能够引起主体结构设备层变形进而引起幕墙支撑结构的变形及附加内力外，主体结构设备层及休闲层的附加恒、活载同样会引起吊点的变形从而引起幕墙支撑结构产生随动变形及附加内力。

图 6.26 所示为幕墙支撑环梁的竖向位移，环梁位移等于吊点的竖向位移，同一位置各层环梁竖向变形相同。这表明环梁协调各点间变形的能力较弱。竖向变形最大的 1 号点竖向变形达到了 18mm，竖向变形较大的几个点依次为 1、9、16、24，均位于悬挑长度较大角部位置，这主要是由于角部楼面悬挑长度较大，竖向刚度较弱所致。

表 6.3 所示为附加恒、活载作用下吊挂层变形引起的幕墙支撑结构的附加内力，吊杆附加轴力

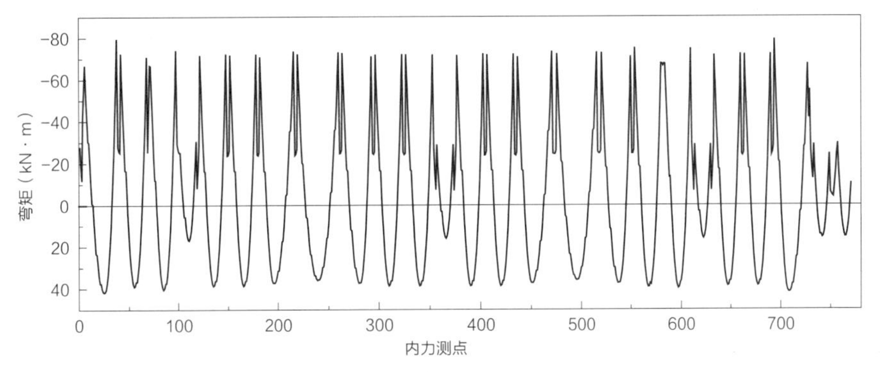

图 6.23 刚性吊挂边界时环梁弯矩展开图

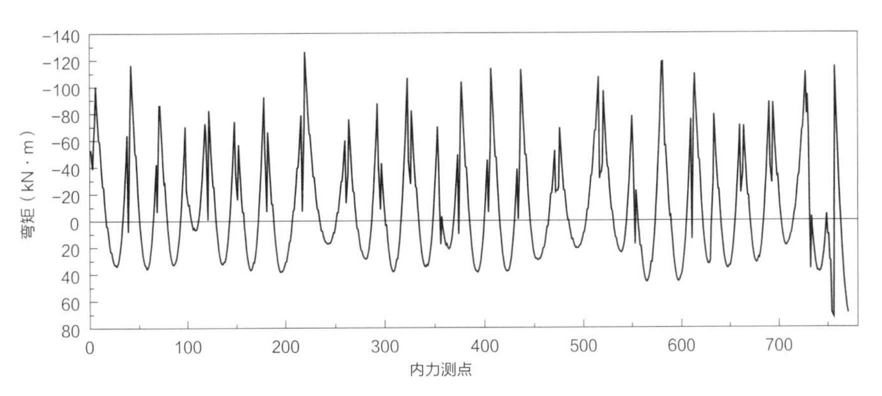

图 6.24 弹性吊挂边界时环梁弯矩展开图

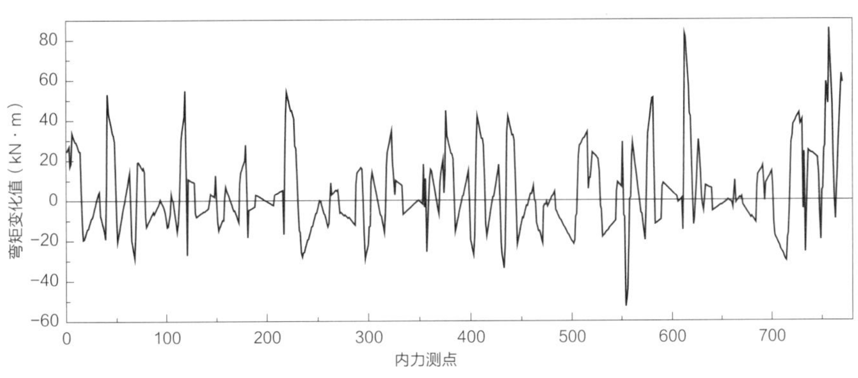

图 6.25 不同吊挂边界时环梁弯矩变化值

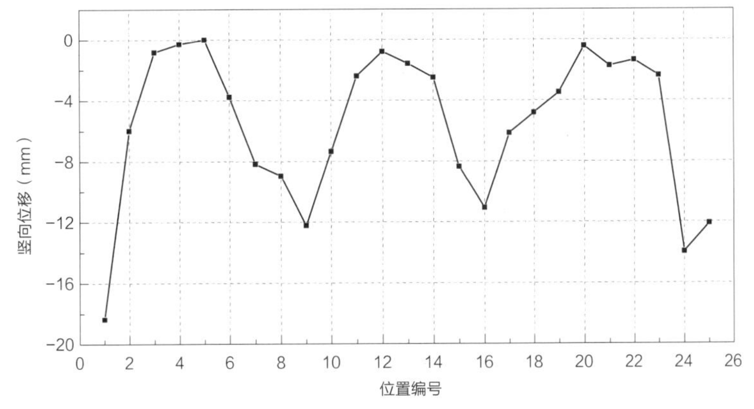

图 6.26 设备层、休闲层附加恒、活载作用下幕墙支撑结构竖向位移

为 57kN，不足拉杆承载力的 2.5%；环梁附加弯矩为 30kN·m，不足环梁抗弯承载力的 5%；径向支撑最大附加弯矩发生在 V 口两侧，最大附加弯矩 5kN·m，仅约为径向支撑承载力的 1%，尽管凸台两侧短支撑对竖向位移更加敏感，但因为设备层在此处悬挑较短、竖向刚度较大，因此其竖向位移很小，均小于 2mm，所以并未产生很大的附加弯矩。总体而言，附加恒载和活载作用下幕墙支撑结构各种构件的附加内力均不大，各构件附加内力均在其承载力的 5% 以内，不会对构件强度设计产生显著影响。

表 6.3　附加恒、活载下幕墙支撑结构的附加内力

	吊杆	环梁	径向支撑
附加内力类型	轴力 (kN)	弯矩 (kN·m)	弯矩 (kN·m)
附加内力	57	30	5

6.3.3　休闲层楼面变形对支撑结构的影响

在附加楼面荷载作用下，休闲层楼面会通过竖向伸缩节点带动底环梁变形（图 6.27），并在伸缩节点内引起附加内力，若附加内力过大，节点将发生“自锁”。节点自锁后不能滑动，主体结构竖向位移下将使底层吊杆受压松弛，幕墙板块受压破坏。竖向伸缩节点的构造形式决定了其对楼面变形的敏感程度。因此对不同节点构造方案的节点受力进行分析，以确定对幕墙与主体结构协同工作最为有利的竖向伸缩节点构造方案。

本节考察了伸缩节点与环梁全刚接方案、伸缩节点与环梁单向铰接（V 口处双向铰接）两种伸缩节点方案。考虑主体结构及幕墙建造顺序，对竖向伸缩节点产生影响的楼面荷载主要是附加恒荷载和活荷载。典型的休闲层楼面布置及竖向伸缩节点的位置编号见图 6.28。为方便表述，环梁与竖向伸缩节点的局部坐标按图 6.29 约定采用。

图 6.30、图 6.31 为休闲层变形引起的竖向伸缩节点弯矩图。由图 6.30、图 6.31 可以看出：

（1）除 V 口位置外，刚接方案与单向铰接的 M_2 弯矩都很小，最大值约为 3kN·m，表明休闲层的变形对竖向伸缩节点 M_2 方向（绕环向）的影响很小。这主要是因为环梁由于设置了水平伸缩节点，因此抗扭转刚度不连续，伸缩节点对绕环向的转动约束弱。

（2）刚接方案的 M_3 弯矩较大，且分布不均匀，最大值达到了 86kN·m，位于角部的 9、17 号位置，这是因为在附加恒载和活载作用下，休闲层角部楼面变形较大，从而带动竖向伸缩节点立柱沿环向转动（图 6.32）。由于伸缩节点与环梁在环向为刚接构造，对立柱转动形成约束，产生较大弯矩。而单向铰接方案在 3 方向采用铰接构造，从而释放了 3 方向的弯矩使内力大大降低。

（3）对于 V 口位置，当采用刚接方案时，由于 V 口是折线构型，因此无论立柱向那个方向转动都能受到约束，从而在节点内产生较大的约束弯矩。

采用双向的铰接构造理论上可使两个方向的弯矩完全释放，最大限度减低节点弯矩，同时 V 口处的环梁可利用自身的折线构型约束自身扭转，保证结构几何不变。最终，采用 V 口外单向铰接 +V 口双向铰接的竖向伸缩节点方案，以确保节点滑动，又能约束底环梁，保障支撑结构与主体结构有效协同工作。

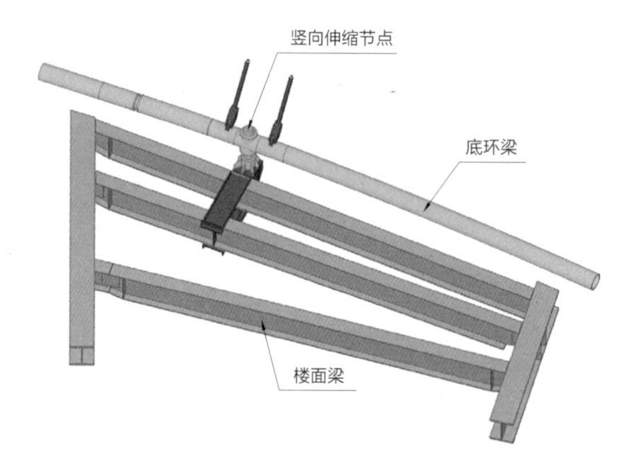

图 6.27 底环梁与楼面连接关系

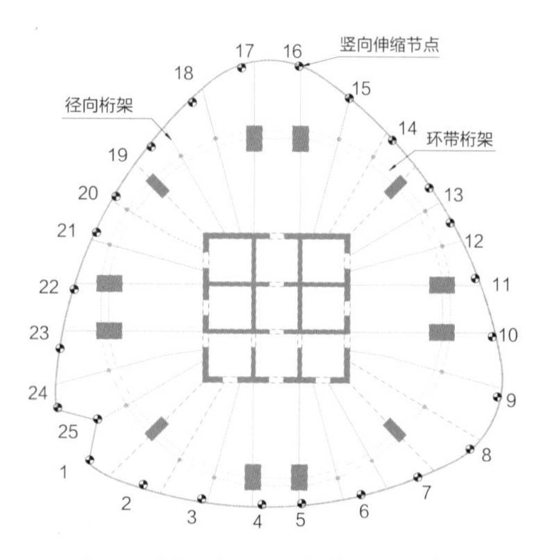

图 6.28 休闲层楼面布置及伸缩节点编号示意

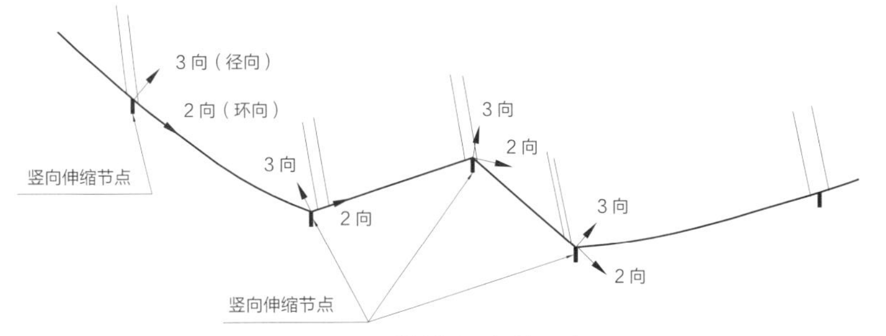

图 6.29 竖向伸缩节点局部坐标示意

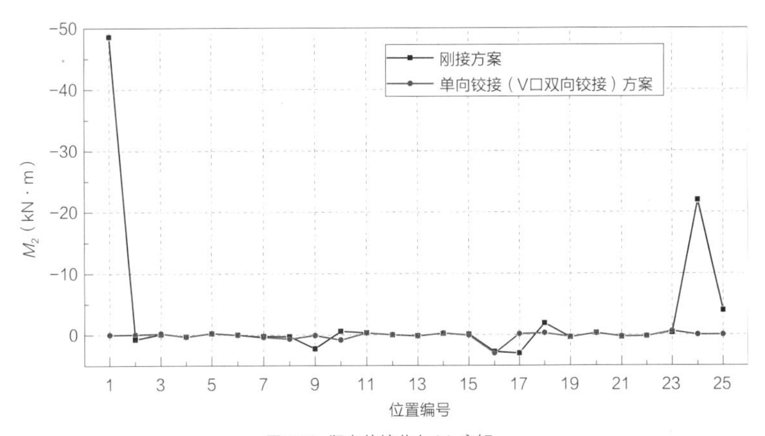

图 6.30 竖向伸缩节点 M_2 弯矩

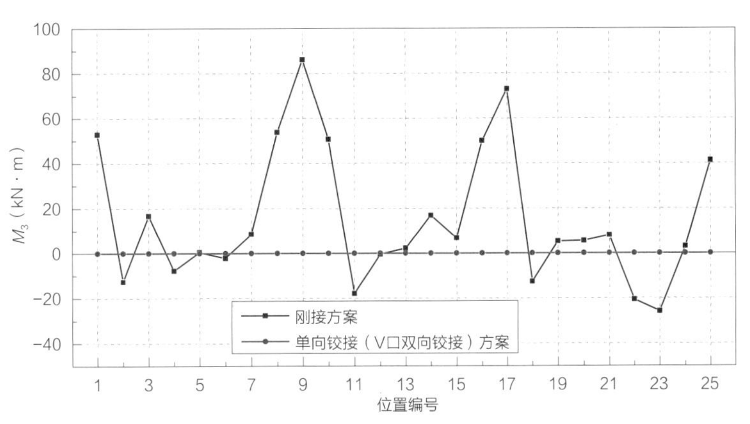

图 6.31 竖向伸缩节点 M_3 弯矩

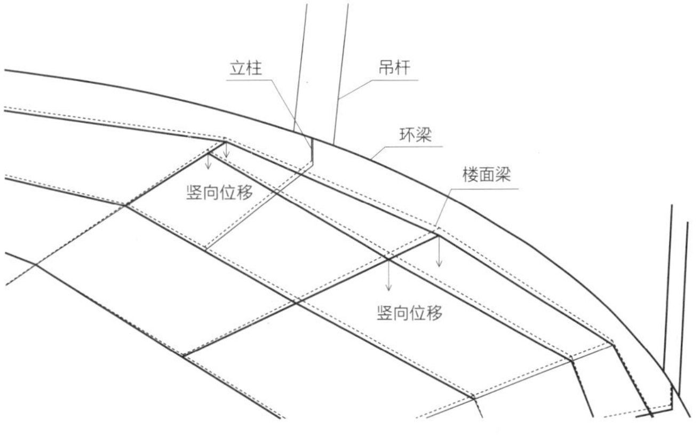

图 6.32 楼面变形对幕墙支撑结构影响示意

6.4 水平荷载作用下幕墙支撑结构与主体结构协同工作分析

6.4.1 水平荷载作用下支撑结构的竖向变形特性

主体结构在风荷载作用下会发生显著的侧向变形，该变形具有明显的弯曲变形特性(图6.2、图6.3)。楼层越高转角越大。楼面边梁将因转动而发生竖向位移，而环梁远离主体结构通过吊杆串联悬挂于主体结构设备层，因此将随设备层转动而产生竖向位移，设备层转角大于其下本区普通楼层，这将导致每层环梁与其对应楼面边梁产生竖向位移差（图6.36）。

环梁与楼面竖向变形差对幕墙支撑结构的影响主要体现在两个方面：一方面，使幕墙径向支撑在侧向荷载作用下产生一定的附加内力；另一方面，幕墙支撑结构底环梁竖向滑动节点及短支撑内端节点滑动量的确定也应计入其影响。

风荷载及水平地震作用下结构变形相似，下面以风荷载为例对幕墙支撑结构与主体结构竖向变形差进行详细分析。为方便结构分析，风荷载按静力等效层风荷载施加在楼层质心处。风荷载共24组工况，分别为24个风向角，以下分析以反应最大的第9组风荷载为例进行说明。第9组风荷载作用下结构转动的主惯性轴位置如图6.33所示，风荷载数值详见附录1。各区变形特性类似，下面以2区为例进行说明。

1. 楼面边梁竖向位移

图6.35为普通楼层边梁的竖向位移展开图（边梁15号位置为15号径向支撑与边梁的交点，支撑编号见图6.34），总体呈现距离主惯性轴越远位移越大的平面转动特征。同一位置各层变形特点根据边梁所连接竖向承重构件的不同具体分为两类（图6.34）：

一类为连接于次框架柱的边梁，由于次框架柱支承于下区环带桁架上，其竖向位移取决于下区环带桁架转角（图6.36a），同一区内各层边梁竖向位移相等，

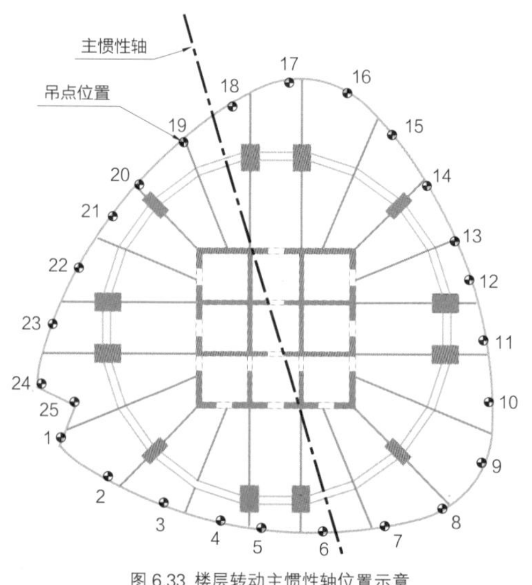

图6.33 楼层转动主惯性轴位置示意

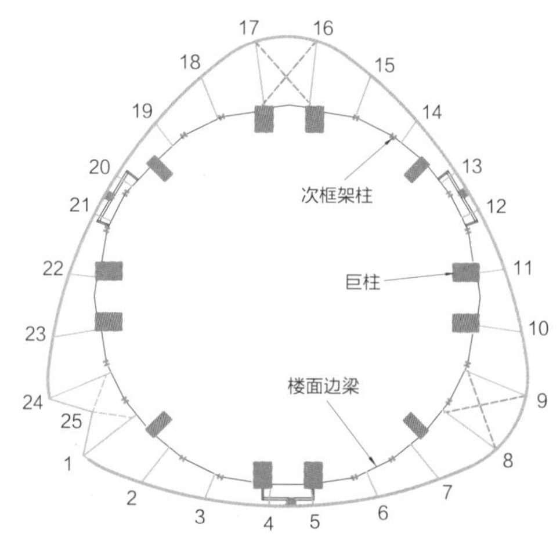

图6.34 径向支撑与楼面连接情况

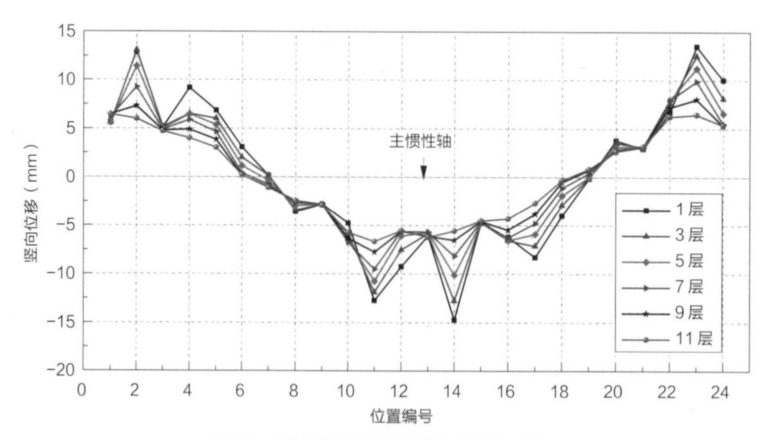

图6.35 风荷载作用下普通层楼面边缘竖向位移

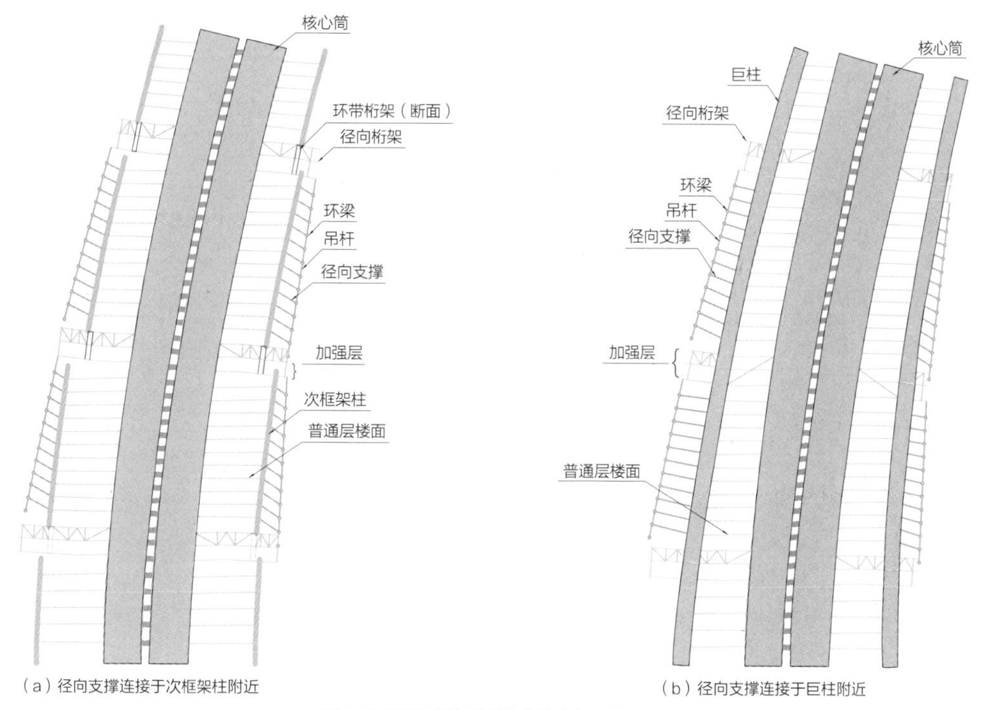

（a）径向支撑连接于次框架柱附近　　（b）径向支撑连接于巨柱附近

图 6.36 楼层环梁与楼层位移差产生原理

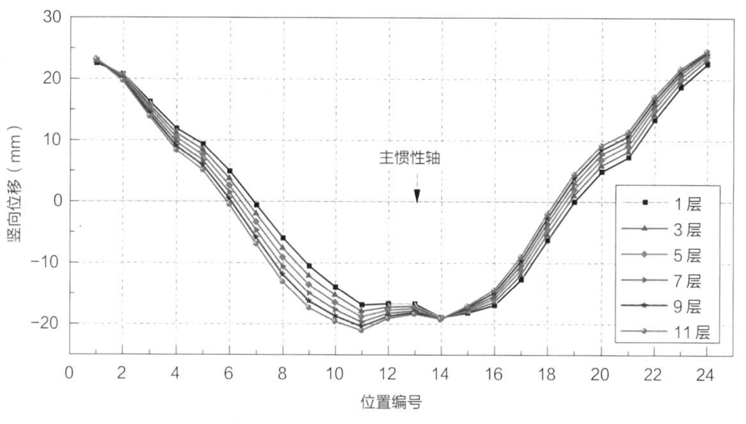

图 6.37 风荷载作用下环梁的竖向位移

均等于环带桁架竖向位移，如图 6.35 中 13、15 号位置。

一类为连接于巨柱的边梁，由于巨柱随各楼层转动发生伸长缩短，因此该类边梁各层的竖向位移取决于各楼层的转角（图 6.36b），呈现各层渐变的特征，越位于上部的楼层其楼层转角越大，因而竖向位移越大，如图 6.35 中 11、14 号位置。

2. 环梁竖向位移

图 6.37 为环梁的竖向位移展开图，同样总体呈现距离主惯性轴越远位移越大的平面转动特征。环梁竖向位移主要取决于区顶设备层转角，各层环梁之间略有差异主要是因为幕墙支撑结构的吊杆与垂直面存在 10° 左右的倾斜，楼层的层间剪切变形及弯曲变形产生的水平侧移带动吊杆转动，从而使环梁随之发生竖向的位移所致（图 6.38）。以向下变形最大的 11 号点为例，环梁变形由第 1 层的 16.9mm 增加到第 11 层的 21mm，增加了 24%。

3. 楼面与环梁竖向位移差

将前面提到的环梁与楼面竖向位移相减即得出楼面与环梁的竖向位移差，如图 6.39 所示。风荷载作用下，幕墙与楼面的最大竖向位移差约为 20mm，分布特征呈现如下特点：

（1）距离主惯性轴越远位移差越大。

（2）巨柱附近位置的位移差各层渐变，总体呈现上部小、下部大的特点，如 14 号点的位移差，1 层

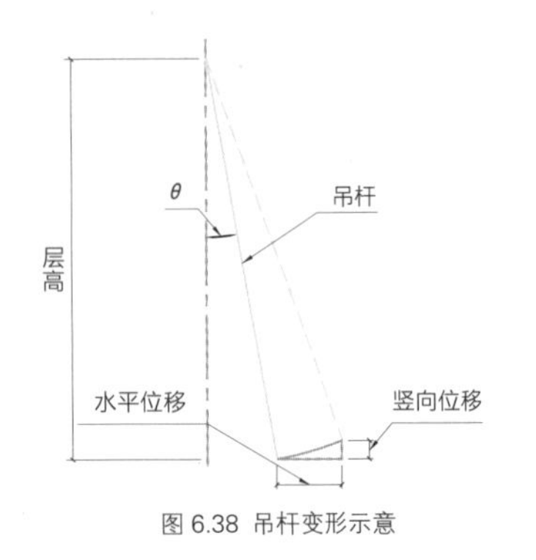

图 6.38 吊杆变形示意

的为 4.1mm，而到 11 层增加到了 13.5mm。这主要是由于上部楼层与吊挂设备层转角差较小，下部楼层与吊挂设备层转角差较大所致。

（3）次框架柱附近的位置，各层位移差基本一致，如 15 号点由 13.4mm 变化到 12.4mm，仅变化了 1mm。这主要是由于上下两个设备层转角差为定值所致。

水平地震作用下，环梁与楼面竖向位移差特征相似，但数值略大，地震作用下环梁与楼面的位移差达到了 30mm。其分布特点如图 6.40 所示。

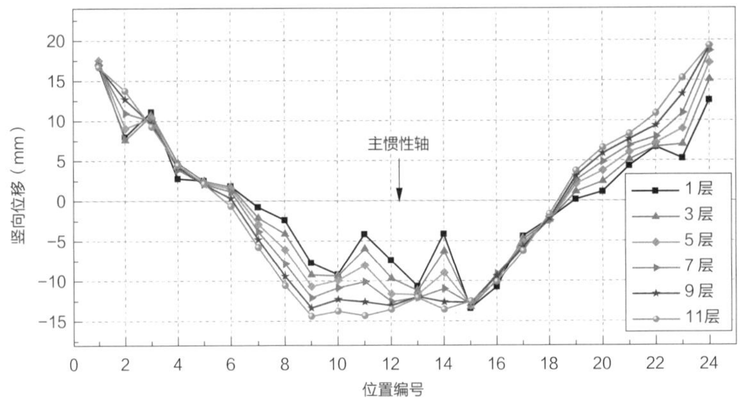

图 6.39 风荷载作用下环梁与主楼竖向位移差

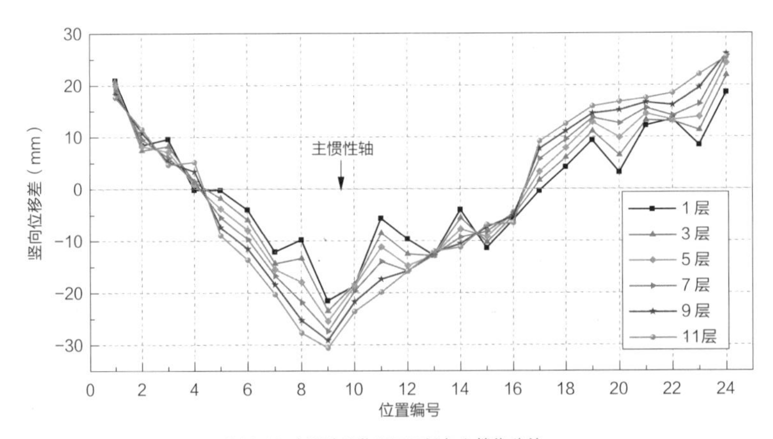

图 6.40 水平地震作用下环梁与主楼位移差

以上分析表明，由于支撑结构与主体结构的特殊构成导致主体结构的侧向弯曲变形会引起幕墙环梁与楼面间产生明显的竖向位移差，由于该位移差数值较大，达到了 20 ~ 30mm，幕墙支撑结构构件设计及相关节点构造设计应计入该位移差的影响。

6.4.2 水平荷载作用下支撑结构的受力特性

由上文的分析，侧向荷载作用时，在主体结构整体弯曲变形的带动下，幕墙支撑结构与主楼间发生相对竖向位移，该相对竖向位移不可避免地在幕墙支撑结构内产生附加内力。

1. 对径向支撑内力的影响分析

图 6.41 为径向支撑内端铰接时，风荷载和地震作用下，各位置径向支撑的附加弯矩最大值。由图 6.41 可以看出，除小于 2m 短支撑（12、13、20、21 号位置）外，多数位置径向支撑在侧向荷载作用下的附加弯矩较小，最大仅为 16kN · m。而短支撑附加弯矩较大，最大弯矩达到了 48kN · m，附加弯矩的应力比达到了 0.34，附加弯矩在内力成分中所占比重过大，叠加其他的荷载效应，极易使构件的应力超限，对幕墙体系安全极为不利。

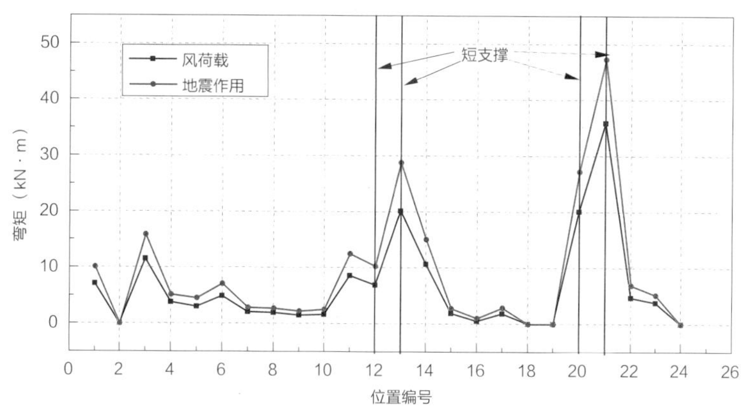

图 6.41 侧向荷载作用下径向支撑的附加弯矩（短支撑内端铰接）

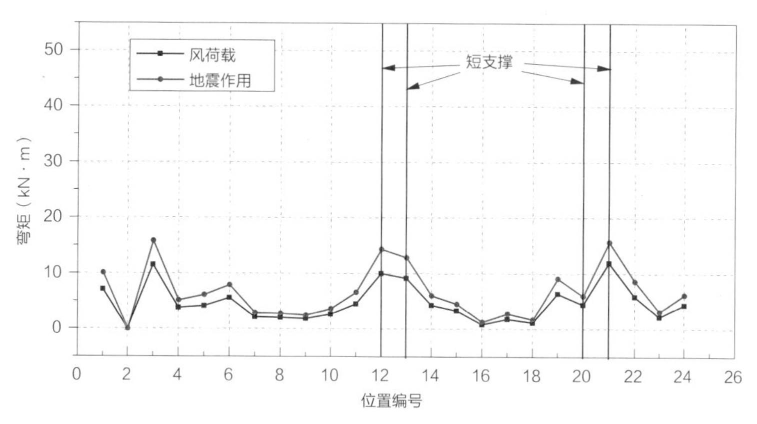

图 6.42 侧向荷载作用下径向支撑的附加弯矩（短支撑内端滑动）

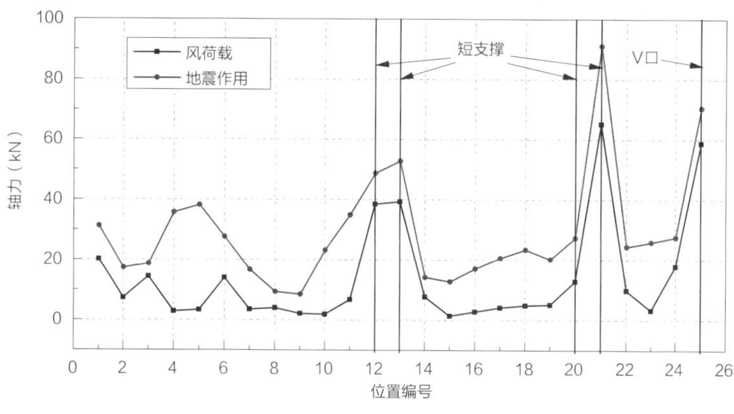

图 6.43 侧向荷载作用下吊杆的附加内力（短支撑内端铰接）

图 6.42 给出了当短支撑内端采用滑动构造时的附加弯矩分布情况，由图 6.42 可以看出，当采用滑动构造时短支撑的最大附加弯矩仅为 16kN·m，较铰接构造时下降了 67%，附加弯矩应力比约为 0.11。可见采用滑动构造后，可有效降低侧向荷载作用下短支撑的附加弯矩，保障短支撑的受力安全。

2. 对吊杆内力的影响分析

图 6.43、图 6.44 为 24 组风荷载和地震作用下各个位置吊杆的附加轴力最大值。由图 6.43 可以看出，短支撑和 V 口位置吊杆的附加轴力比其他位置吊杆的附加轴力大，最大附加轴力达到 100kN，位于 21 号位置，约为吊杆重力荷载下轴力的 9%。这主要是因为短径向支撑和 V 口位置的径向支撑竖向抗剪刚度较大所致。作为对比，图 6.44 给出了当径向支撑内端改为滑动连接时的吊杆附加内力情况，可以看出当短支撑边界条件改为滑动后，因为抗剪刚度变弱，短

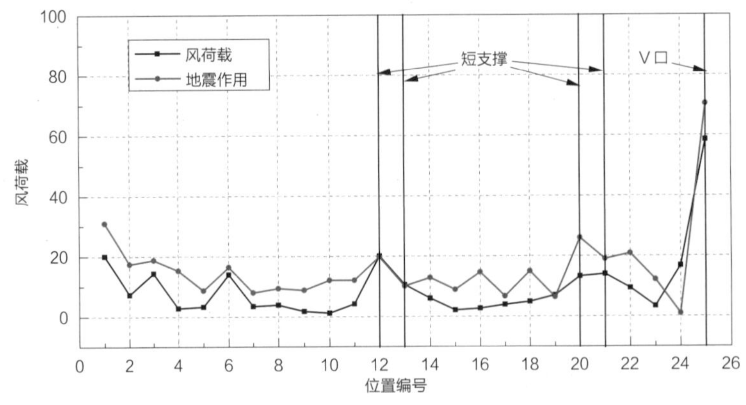

图 6.44 侧向荷载作用下吊杆的附加内力（短支撑内端滑动）

支撑处吊杆的附加轴力均有所减少，如 21 号吊杆由 100kN 降低到 20kN。此时附加轴力最大的吊杆为 25 号吊杆，附加轴力为 70kN，约为重力荷载下吊杆轴力的 10%，这是由于 25 号点位于 V 口位置，径向支撑截面较大、竖向刚度较大所致。总体来说，无论径向支撑内端采用铰接还是滑动连接构造，风、地震等侧向荷载作用时，吊杆的附加轴力均小于重力荷载下吊杆轴力的 10%，对吊杆强度影响较小。

6.5 小结

上海中心外幕墙系统悬挂重量重，设备层 / 休闲层竖向刚度柔，主体结构与幕墙支撑的体系构成、连接关系复杂，对幕墙系统设计有较大影响，水平和竖向荷载作用下，主体结构变形对幕墙支撑结构变形和受力存在显著影响，通过整体建模对幕墙与主体结构进行协同分析，可得到如下结论：

（1）重力荷载作用下，幕墙支撑结构竖向变形呈现很强的不均匀性，总体呈现吊点所在位置悬挑长度越长刚度越弱、变形越大的特点。

（2）水平荷载作用下，由于体系构成的复杂性，环梁与楼面变形差分布规律复杂且数值较大，风荷载及地震作用下环梁位移差分别达到了 20mm、30mm。

（3）设备层吊点竖向变形不均匀性较强，超过了相邻吊杆间板块变形吸收能力，可引起板块破坏，通过调整楼面梁布置及楼板局部加强的方法有效减小了设备层吊点刚度不均匀性。

（4）幕墙支撑结构不同类型构件对竖向变形的敏感程度不同。环梁、长径向支撑的内力受竖向变形的影响较小；底环梁伸缩节点、短径向支撑及吊杆的内力对主体结构变形较为敏感。

（5）短径向支撑对竖向位移差比较敏感，水平及竖向荷载作用下，内端铰接构造的短支撑可产生较大的附加弯矩，将短支撑内端改为滑动构造可有效释放其附加内力。

（6）通过将竖向伸缩节点改为单向铰接，弱化环梁与休闲层楼面的连接约束，可有效释放附加变形产生内力，确保节点滑动。

和谐为本

第 7 章

幕墙支撑结构地震作用反应分析
Analysis on seismic action on CWSS

7.1 引言

上海中心幕墙支撑结构为巨型的弹性串联悬挂系统（图 7.1），各区悬挂重量重（每区承担 12~15 层玻璃板块，高约 60m，重 2200~3200t），且悬挂高度高（8 区达 536m），设备层悬挂点的竖向支承刚度柔，因此该结构在竖向地震作用下的响应不容忽视。而且，幕墙结构与主体结构的竖向振动周期较为接近，均位于地震反应谱的平台段（0.1~0.9s），易出现竖向振动的“鞭梢效应”，将使得幕墙结构的竖向地震响应更为突出 [30,31]。

为保证竖向地震作用下，幕墙支撑结构系统的安全承载，本章采用整体模型计入主体结构支承高度和弹性支承效应对幕墙结构进行详尽的竖向地震响应分析，包括吊杆、环梁和径向支撑的竖向地震力反应。

幕墙支撑结构竖向地震下的位移反应直接影响板块构造设计，环梁的竖向加速度反应决定了板块竖向地震力大小。为保证板块的安全使用，对幕墙结构进行详细的竖向地震位移反应分析，以指导板块的构造设计；对各区串联的环梁系统进行详细加速反应分析，以评估板块竖向地震力。

图 7.1 上海中心悬挂式幕墙系统

考虑到主体结构超高，水平地震作用结构反应较大，并且幕墙结构作为一个弹性附着在主体结构的巨型次级结构系统，用幕墙规范的水平地震作用计算方法计算其水平地震作用未必适用，为此本章采用整体模型对水平地震作用幕墙结构内力和加速度反应进行了分析。

7.2 分析模型

上海中心大厦在水平与竖向不同的荷载传递路径使幕墙支撑结构在水平和竖向的地震激励机制差别较大（图 7.2）。在水平向，幕墙支撑结构通过径向支撑支撑于普通层楼面，因此水平向地震作用主要受普通层楼面水平振动的激励（联系各层环梁的吊杆在上下两层环梁间铰接，因此各层幕墙支撑结构的水平地震反应相对独立）。在竖向，环梁系统通过 25 组吊杆进行串联，吊挂于设备层径向桁架悬挑端，竖向振动主要受悬挂设备层竖向振动激励。需要指出的是，幕墙的竖向地震反应不仅来自于竖向地震作用的激励，水平向地震作用下塔楼的整体弯曲变形同样会引起幕墙的竖向地震反应。

考虑结构高度高、质量大、结构的振动周期长，且主体结构自身地震反应随着高度增高而加大，支撑结构的竖向支承刚度也较柔，因此将幕墙支撑结构与主体结构整体建模进行地震分析计算，以考虑主体结构的弹性支承效应和沿高度增加的地震效应对幕墙支撑结构地震反应的影响，分析模型见图 7.3（a）。

结构分析采用 SAP2000 程序，采用壳单元模拟剪力墙的墙肢及巨柱，采用梁单元模拟楼面梁、桁架杆件和幕墙支撑结构构件。求解振型时采用 Ritz 法，以提高求解效率。整体模型的详细信息见第 5.2 节。

考虑到该结构体系复杂，高阶振型显著等特点，结构分析采用反应谱分析和时程分析两种分析方法以互相校验。时程分析选用 3 组代表性的地震波：MEX006~MEX008 波、PRC001~PRC003 波、US1213~US1215 波，选波原则及详细参数见第 4.4 节。

因高区地震反应较大，故模态分析及水平地震作用下幕墙支撑结构的反应分析，选取 8 区（图 7.3）作为考察对象。对于竖向地震作用下的幕墙支撑结构反应分析，则从整体模型沿高度选取了 2、4、6、8 四个区，以分析在竖向不同高度处的竖向地震响应；对于同区不同吊点以及同区不同楼层吊杆的竖向地震响应，选取竖向地震反应最大的 8 区进行分析。为方便表述和定位，首先对 8 区幕墙支撑结构的平面及竖向位置进行编号，如图 7.4 所示。

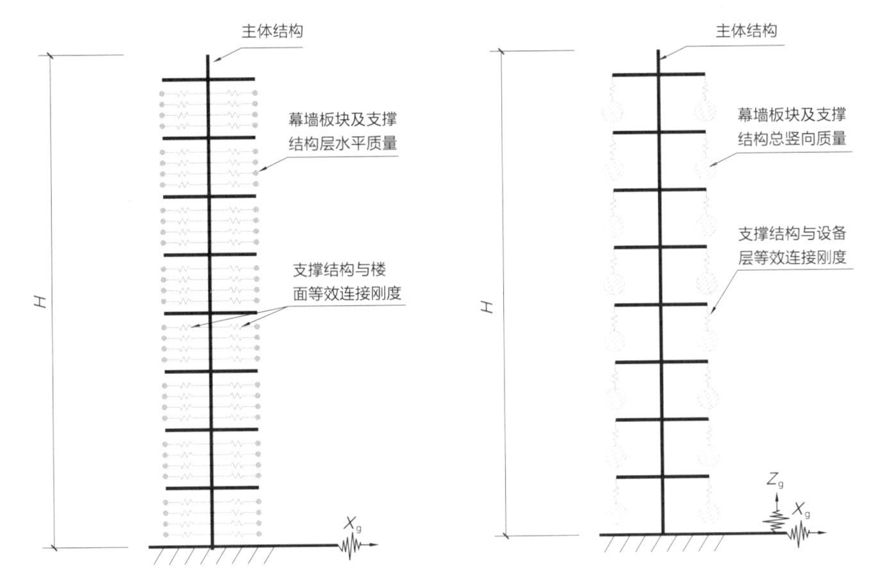

图 7.2 地震响应力学模型

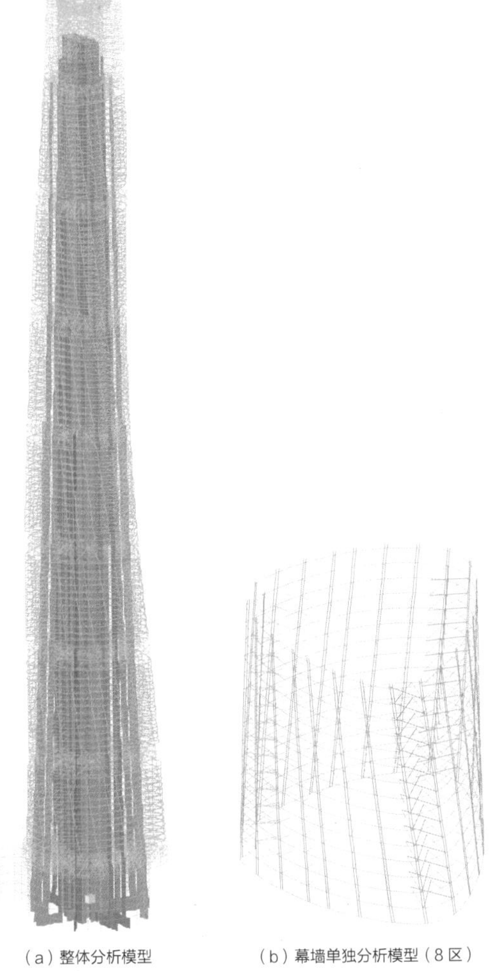

（a）整体分析模型　　（b）幕墙单独分析模型（8 区）

图 7.3 分析模型

7.3 模态特性分析

如前所述，分析以 8 区为例，分析模型见图 7.3，主体结构前 3 阶振型如图 7.5 所示，幕墙支撑结构前六阶振型如图 7.6 所示。表 7.1、表 7.2 分别给出了幕墙支撑结构单独模型和幕墙支撑结构与主楼整体模型的主要模态信息。

通过对两个模型振型模态的对比分析可以得到：

（1）单独模型的前几阶自振周期在 0.3s 左右，且均为竖向振动，这表明幕墙支撑结构竖向刚度弱于其水平向刚度。单独模型的水平振动模态出现在 29 阶以后，且多为周期小于 0.114s 的环梁局部水平振动，这表明幕墙支撑结构水平向刚度很大。同时由于幕墙支撑结构的水平向振动周期与主体结构水平向振动周期相差较大，楼面加速度激励的放大作用非常小，在水平向，幕墙支撑结构以随楼面刚体运动为主。

（2）8 区幕墙结构在整体模型中的竖向振动出现在第 75 阶以后，周期为 0.449~0.319s（表中仅列前 3 阶），长于单独模型结果，原因在于整体模型中幕墙结构弹性悬挂在设备层的悬挑桁架上，串联系统的竖向刚度更弱。整体模型第 1 阶竖向振动模态出现在第 69 阶，周期为 0.62s，质量参与系数高达 64%，为主体结构整体的竖向振动。幕墙支撑结构竖向振动周期与主体结构的主要竖向振动周期比较接近，且均位于上海地区 IV 类场地反应谱的平台段（0.1~0.9s），受地震影响较大。

表 7.1　幕墙支撑结构单独模型周期与振型

振型	周期（s）	质量参与系数	振动形态
1 阶	0.305	33%	竖向振动，Z 向
2 阶	0.305	0%	竖向振动，Z 向
3 阶	0.296	0%	竖向振动，Z 向
4 阶	0.295	14%	竖向振动，Z 向
5 阶	0.295	10%	竖向振动，Z 向
7 阶	0.280	16%	竖向振动，Z 向
29 阶	0.114	0%	水平振动，X、Y 向
30 阶	0.113	0%	水平振动，X、Y 向

注：质量参与系数为零时，振型出现反对称的振动形式。

表 7.2　整体模型周期与振型

振型	周期（s）	质量参与系数	振动形态
1 阶	9.48	50%	整体 X 方向平动
2 阶	9.38	49%	整体 Y 方向平动
3 阶	5.97	53%	整体扭转
4 阶	3.53	24%	整体 X 方向平动
5 阶	3.40	23%	整体 Y 方向平动
69 阶	0.62	64%	整体 Z 向振动
75 阶	0.449	0.7%	幕墙 Z 向振动
76 阶	0.429	0.1%	幕墙 Z 向振动
77 阶	0.387	3%	幕墙 Z 向振动

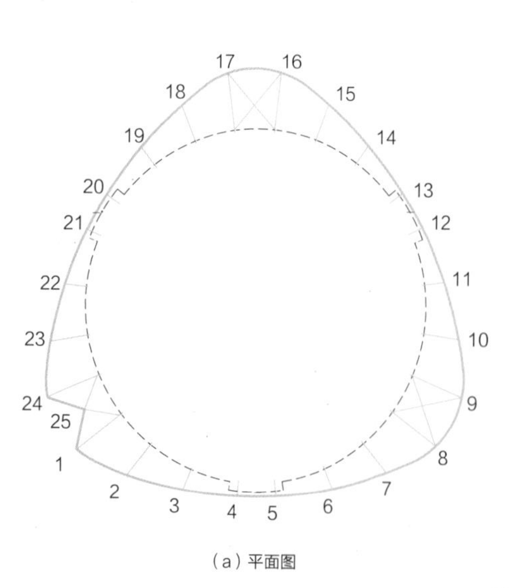

（a）平面图

（b）剖面图

图 7.4 位置编号

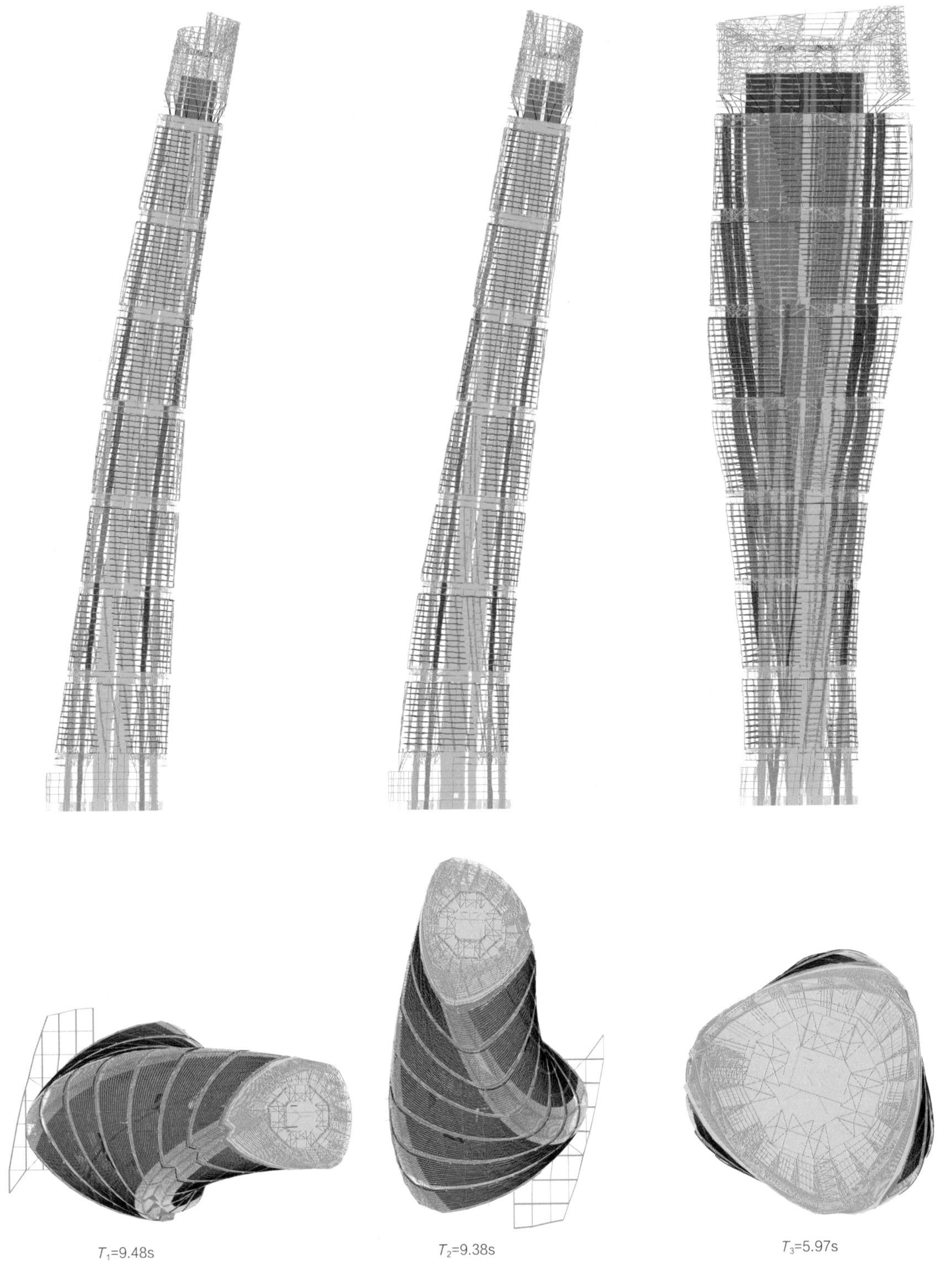

图 7.5 主体结构振型图

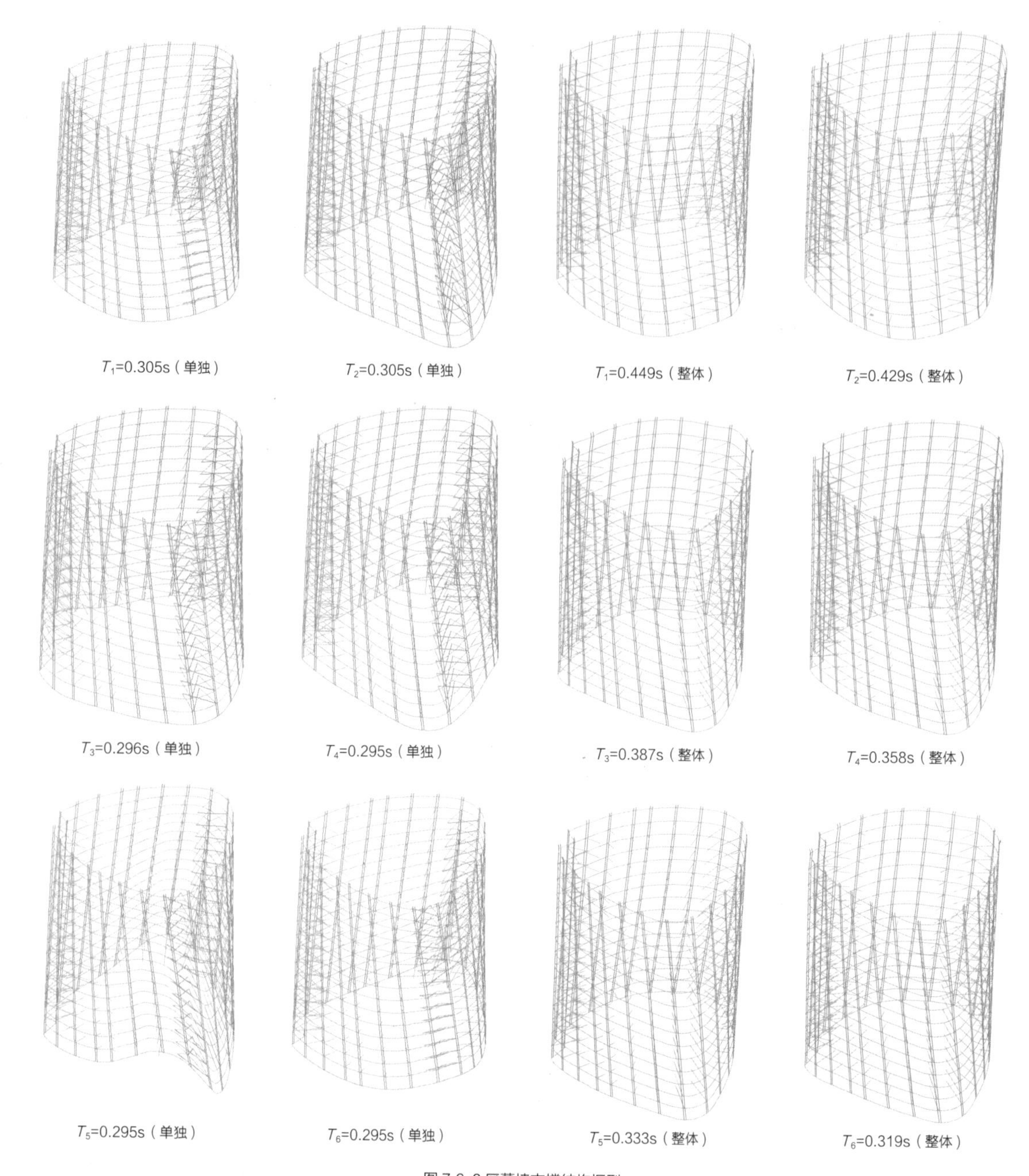

图 7.6 8 区幕墙支撑结构振型

7.4 竖向地震作用下幕墙支撑结构反应分析

将幕墙支撑结构与主楼整体建模以考虑主体结构弹性支承效应下的幕墙支撑结构的竖向地震反应。竖向地震作用加速度峰值取为水平向加速度峰值的 0.65 倍，为 65gal。反应谱竖向地震影响系数峰值取水平向地震影响系数峰值的 65%，为 0.15。

由于在塔楼不同区段以及同一区段不同吊点、不同楼层标高的幕墙支撑结构竖向地震反应差异较大，本节将对幕墙支撑结构在不同区段及同一区段不同水平和竖向位置的竖向地震反应规律进行分析。

7.4.1 地震作用反应

在地震作用下，幕墙吊杆会产生附加轴力，将某根吊杆的附加轴力与其承受的重力荷载代表值之比定义为该吊杆的轴重比。首先考察 2、4、6、8 区幕墙支撑结构顶层（1 层）吊杆总轴重比变化情况，由图 7.7 可以看出，时程分析平均值与反应谱分析结果基本规律一致，且数值接近，前者比后者大 10%~20%。2 区顶层吊杆总轴重比约为 0.2，8 区约为 0.5，8 区顶层吊杆总的地震作用为 2 区的 2.5 倍左右。另外，由主体结构竖向地震作用分析可知，2 区主楼轴重比约为 0.143，8 区约为 0.237，可见设备层悬挑桁架的弹性支承作用对同区幕墙支撑结构的竖向地震反应存在约 1.4~2.3 倍的动力放大效应。

图 7.8 为竖向地震作用下各区顶层地震力最大的吊杆的轴重比变化情况。2 区受力最大吊杆的轴重比约为 0.3，8 区受力最大吊杆的轴重比约为 0.65。高区幕墙受力最大的顶吊杆的地震反应为低区的 2.2 倍左右。

可见，在竖向地震激励下，各区幕墙吊杆的总轴重比以及吊杆最大轴重比均呈现随高度增加逐渐增大的特征。6 区以上吊杆最大轴重比均超过了 0.45，高区幕墙支撑结构的竖向地震反应非常显著。

图 7.9 为 8 区顶层各吊杆轴力分布情况，从图中可以看出，各吊杆竖向地震作用下的轴力相差较大，吊杆的轴重比分布在 0.3~0.7 之间，最大相差约 1 倍，这是由于幕墙吊挂点处悬挑桁架悬挑长度不同，悬挑长的径向桁架竖向刚度较弱，吊杆地震反应较大，悬挑短的桁架竖向刚度较大，吊杆地震反应则较小。

选取 8 区地震反应较大的吊杆 9（图 7.3），来考察不同标高处吊杆的轴重比变化情况。图 7.10 为该吊杆在时程分析与反应谱分析下不同楼层吊杆轴重比的变化情况。由图可见，两种分析手段下，吊杆轴重比沿高度变化的规律基本一致，均从上至下呈递增趋势，且轴重比数值较接近，时程分析平均值略大于反应谱分析结果。支撑结构顶层吊杆的轴重比约为 0.65，底层（15 层）约为 0.77，可见，由于吊杆的弹性吊挂作用，底层吊杆轴重比较顶层吊杆增大了约 20%。此外，底层吊杆轴重比有较大突变，这主要是由于底层环梁内设置配重后质量增加所致。

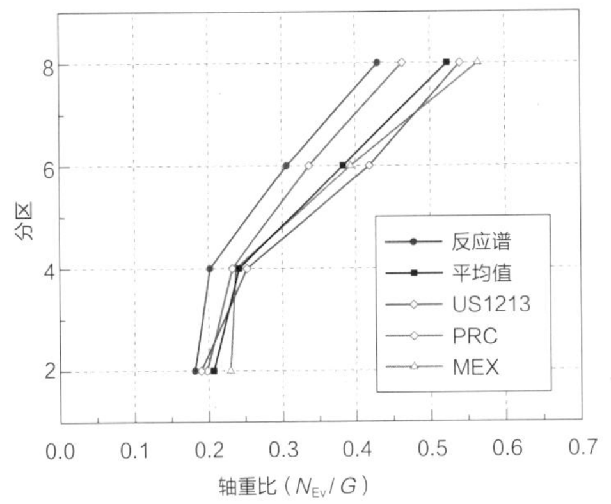

图 7.7 各区吊杆总轴重比

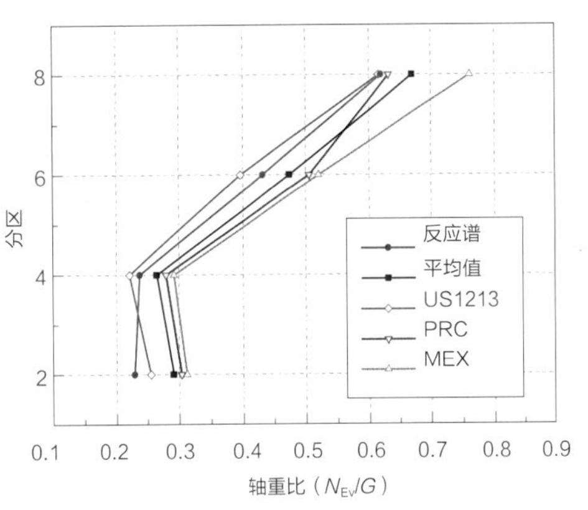

图 7.8 各区幕墙吊杆最大轴重比

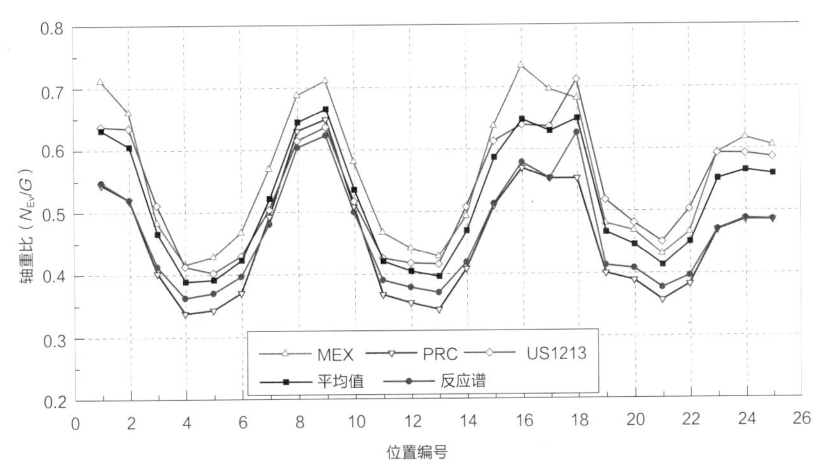

图 7.9 顶层吊杆轴重比（8 区）

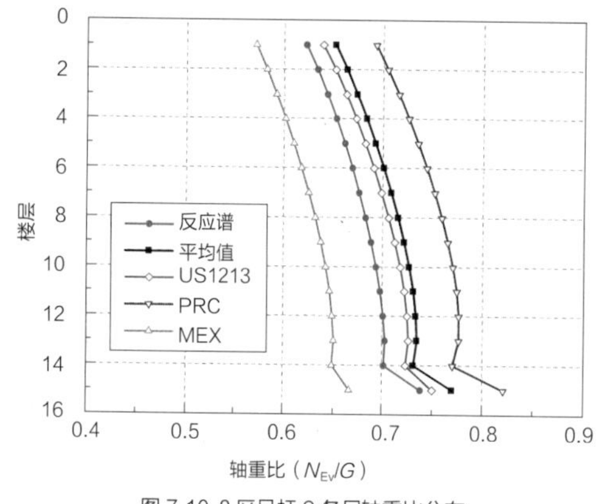

图 7.10 8 区吊杆 9 各层轴重比分布

另外，除吊杆外，径向支撑由于竖向地震作用产生最大附加弯矩约为 8kN・m，相当于其抗弯承载力的 6% 左右。环梁由于竖向地震作用产生的附加弯矩为 40kN・m，相当于环梁抗弯承载力的 6%，产生的附加扭矩为 10kN・m，相当于环梁抗扭承载力的 1%。这表明，竖向地震作用下，除吊杆外幕墙支撑结构其他构件内力反应较小，不会控制构件强度设计。

7.4.2 位移反应

选取竖向地震反应最大的 8 区分析幕墙支撑结构的竖向位移反应。图 7.11 为竖向地震作用下 8 区各层环梁的竖向位移，该位移为各条地震波时程分析的平均值，已扣除相应设备层主体结构的竖向位移。图中数值各取样点的位置编号见图 7.4。

从图 7.11 中可以看出，沿环向，同一层环梁的竖向位移变化较大，角部环梁由于设备层悬挑桁架悬挑长度长，支承刚度柔，其竖向位移较大，最大位移达到了 36.2mm（15 层 9 号位置），而位于凸台附近悬挑长度较小位置的竖向位移较小，仅为 9.8mm（15 层 13 号位置）。这同样是由于设备层悬挑桁架悬挑长度不同，竖向支承刚度差异所致。

沿竖向，各层环梁的竖向位移由高到低逐渐增大，底层环梁 25 个位置的竖向位移比其对应的顶部吊点增大了约 7.5~18.7mm，各个吊杆伸长长度不等，呈现悬挑长度越长位置的吊杆伸长越多的特征。这主要是因为在竖向地震作用下，各个吊点对幕墙输入激励不相同，角部吊点由于竖向加速度反应较大，对支撑结构输入的激励作用较强，因而结构反应较大，吊杆伸长较多。如位移最大的角部 9 号位置，总位移为 36.2mm，其中吊杆伸长产生的竖向位移为 18.7mm，而悬挑较短的 13 号位置吊点位移仅为 8mm 左右。

由于 8 区主体结构在竖向地震作用下的竖向压缩变形很小可以忽略，因此图 7.11 所示数值可基本认为是各层环梁与主体结构间的竖向相对位移，该相对位移将影响短支撑内端节点与幕墙底环梁竖向伸缩节点设计时滑动行程的确定。从图 7.11 中还可看出，竖向地震作用下相邻两组吊杆之间还会产生较大的竖向变形差，为防止因过大的竖向变形差致使幕墙区格剪切变形而导致板块挤压破坏，需将这一变形差控制在 30mm（约 l/250）以内。图 7.11 所示，8 区最大竖向变形差发生在 7、8 号点之间，为 15.7mm（约 l/500），若考虑该值与重力荷载下位移差叠加（因吊点位移将按理论结果的 60% 进行预抬高，重力荷载下位移差按 40% 考虑），则最大位移差为 27mm，可以满足幕墙板块相关要求。

传统幕墙结构抗震性能评估时一般只考察幕墙系统在水平向的变位能力，以避免因结构过大的层间变形而使幕墙板块挤压破坏。而根据上文分析，对上海中心悬挂外幕墙系统而言，其在竖向地震作用下吊杆

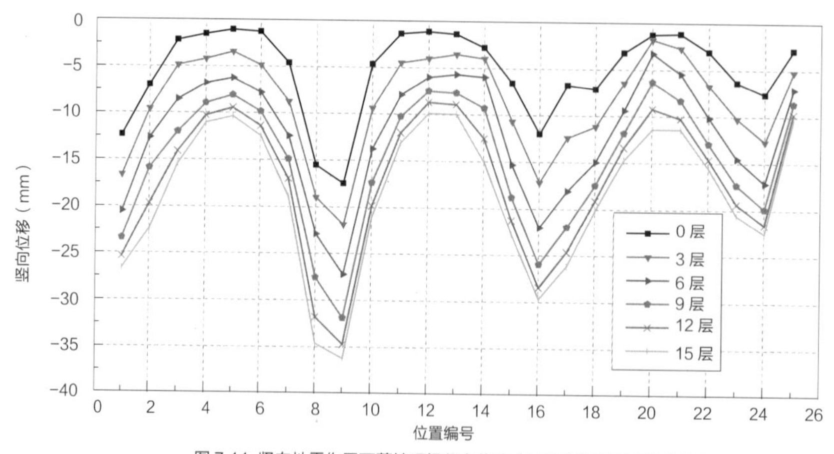

图 7.11 竖向地震作用下幕墙环梁竖向位移（已扣除设备层刚体位移）

间的差异变形将对板块构造和安全产生重要影响，其影响不小于水平变形。因此，对于采用吊挂式支撑结构的幕墙系统，设计时应同时考虑支撑结构水平和竖向变形对幕墙板块带来的不利影响。

7.4.3　加速度反应

我国《玻璃幕墙工程技术规范》JGJ 102—2003中仅规定了板块水平地震作用的计算方法，而没有对竖向地震力的计算规定，而上海中心幕墙支撑结构由于其特殊性使得其竖向地震反应更为突出，因此非常有必要对板块竖向地震作用进行评估。幕墙板块的地震反应由其所在位置处环梁的加速度水平决定，为此，本节对各区串联的环梁系统进行详细的加速度反应分析。

幕墙顶部吊点加速度的大小反映了主体结构对幕墙支撑结构输入激励作用的大小。因此，选取各区顶吊点中竖向加速度反应最大的点，以考察吊点竖向加速度沿塔楼高度的分布情况。

图 7.12 为在竖向地震作用下各区吊点加速度的反应峰值。由图 7.12 可以看出，2 区吊点竖向加速度峰值约为 $2.2m/s^2$，8 区吊点的竖向加速度峰值达到了 $5.5m/s^2$，8 区加速度峰值约为 2 区的 2.5 倍，约为基底输入加速度（$0.65m/s^2$）的 8.5 倍。而 8 区巨柱竖向加速度仅约为基底加速度的 4 倍，由此可以看出，设备层的弹性支承作用将 8 区幕墙结构的竖向加速度反应相对 8 区巨柱放大了约 2.1 倍。

以加速度反应最大的 8 区为例，考察同一区不同吊点的竖向加速度的反应情况（吊点的位置编号如图 7.4 所示）。图 7.13 为 8 区 25 组吊点在竖向地震作用下的竖向加速度分析结果。从该图可以看出，吊点的竖向加速度总体分布在 $3.0\sim5.5m/s^2$ 之间，且各吊点的竖向加速度反应相差较大，不同吊点的竖向加速度反应相差近 1 倍，呈现悬挑距离越长，竖向刚度越弱，加速度放大作用越明显的特点。

选取 8 区竖向加速度反应较大的 9 号位置，以考察同一区不同标高环梁的竖向加速度反应沿高度的分布情况。图 7.14 为 8 区各层环梁 9 号位置竖向加速度分布情况，楼层编号如图 7.4 所示。由该图可知，环梁竖向加速度反应总体上呈现上小下大的特征，表明吊杆的弹性吊挂作用对设备层吊点输入的竖向加速

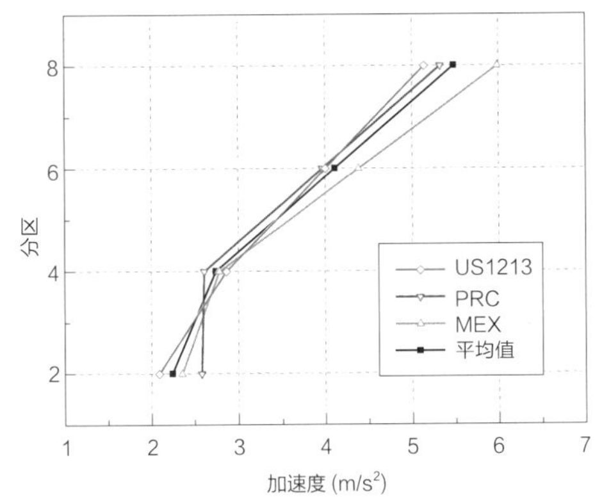

图 7.12 各区吊点竖向加速度反应峰值

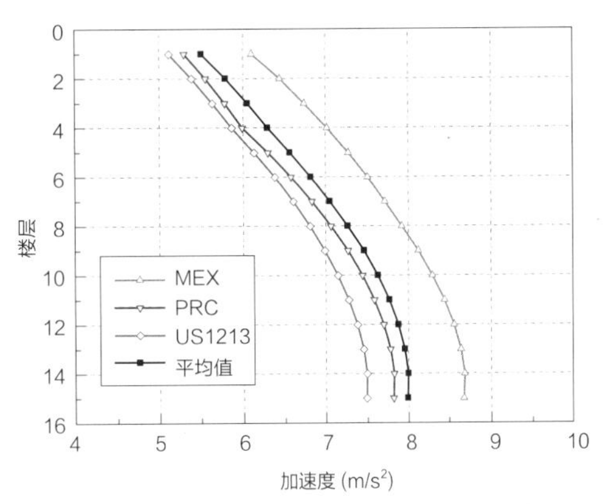

图 7.14 各层环梁 9 号位置竖向加速度反应（8 区）

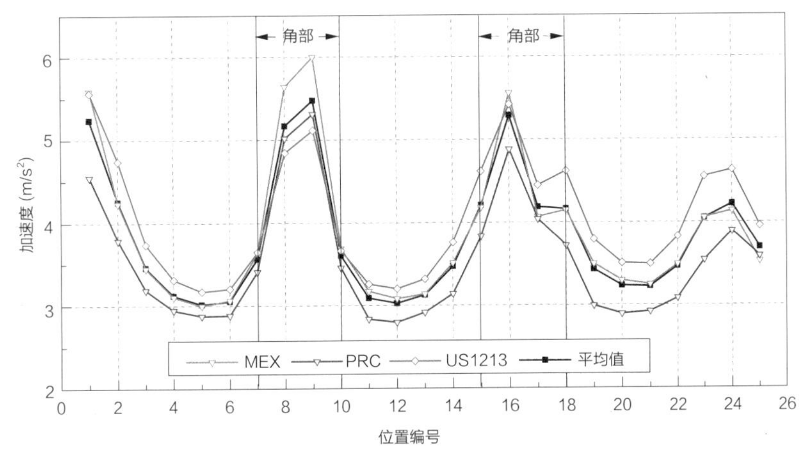

图 7.13 吊点竖向加速度反应分布（8 区）

度有一定的放大作用。顶层环梁竖向加速度为 5.5m/s^2（0.56g），底层环梁竖向加速度为 8.0m/s^2（0.82g），底层为顶层的 1.5 倍，约为基底输入加速度（65gal）的 12.3 倍。

同时，值得注意的是在幕墙系统顶部设备层吊挂位置的竖向加速度反应也在 5.5m/s^2 左右，达到 0.56 倍的重力加速度，因此，在设计设备层悬挑段楼面结构时，有必要考虑悬挂幕墙竖向地震反应对其影响。

7.5 水平向地震作用下幕墙支撑结构反应分析

对幕墙与塔楼整体模型进行中震水平下的动力时程分析与反应谱分析，地震动加速度为双向输入，两个方向的峰值加速度比值为 1∶0.85，主方向加速度峰值取 100gal；双向反应谱分析结果按《建筑抗震设计规范》GB 50011—2010 第 5.2.3 条进行组合。反应谱地震影响系数取 0.23，阻尼比 0.04，特征周期为 0.9s。

7.5.1 地震作用反应

1. 水平地震作用反应

为评估幕墙支撑结构整体地震作用水平，对每层幕墙支撑结构在楼面的支撑反力进行求和。由于幕墙支撑结构的抗侧力系统在层间彼此独立，因此，仅选择一层环梁、径向支撑系统进行评估。选取 8 区典型层（标高 505.04m）环梁进行评估。

由表 7.3 可以看出，地震作用的反应谱分析结果和时程分析均值大致相当，*X*、*Y* 两个方向单层环梁所受地震作用与重力比值均在 7.7%~13.1% 之间，平均约为 10%。由于支撑结构及幕墙板块的层重量较小，支撑结构承担的水平地震作用绝对数值较小，相当于在环梁上施加了约 0.9kN/m 的线荷载，仅为幕墙环梁所承受最大风荷载（21kN/m）的 5% 左右，因而引起结构的内力较小（表 7.4），均小于构件承载力的 1%，可忽略其影响。

表 7.3 幕墙水平地震作用

地震波	地震作用（kN）			本层环梁水平地震作用 / 本层环梁重力	
	X 向反力（kN）	*Y* 向反力（kN）	扭矩（kN · m）	*X* 向	*Y* 向
MEX	139.8	115.0	1100	9.8%	8.1%
PRC	186.3	176.2	1186	13.1%	12.4%
US1213	109.0	133.1	671	7.7%	9.4%
平均值	145.0	141.4	985.7	10.2%	10.0%
反应谱	134.0	179	804	9.4%	12.6%

表 7.4 水平地震作用下支撑结构内力

	径向支撑	交叉支撑	环梁
轴力（kN）	9.6	17	33
弯矩（kN · m）	0.3	0.5	6

2. 竖向地震作用反应

幕墙支撑结构在水平向地震作用下还会产生竖向地震反应，这是由于上海中心主塔楼超高，在水平向地震作用下塔楼发生弯曲变形，使设备层绕水平轴转动突出，从而引发幕墙吊点的竖向位移，产生竖向地震响应。图 7.15 为 8 区幕墙在水平地震激励下的顶层吊杆轴重比。

从图 7.15 中可以看出，在水平地震作用下，8 区顶层吊杆轴重比的时程分析平均值与反应谱分析结果数值接近，且分布规律基本一致。各吊杆轴重比位于 2%~14% 之间，其分布呈现高低相间的变化规律，其中，时程分析平均值的最大轴重比为 11%，反应谱分析结果为 14%，该竖向响应已与水平向相当（水平向 12.6%，见表 7.3）。可见，尽管水平地震引起的竖向响应为二阶效应，但由于幕墙区段高度高，导致其竖向响应与水平向相当。吊杆最大轴重比发生在吊杆 9，这是因为吊杆 9 位于径向桁架悬挑较长位置，设备层发生转角时其竖向振幅最大。

7.5.2 位移反应

幕墙支撑结构在地震作用下的位移按方向可分为水平向位移和竖向位移。水平向位移主要由水平向地震作用引起，由于幕墙支撑结构与楼面的连接刚度很大，支撑结构在水平向跟随主体楼面刚体运动（可看做楼面在水平向的延伸），因此其水平向变形规律和一般超高层建筑的楼层水平向变形规律一致，这里不另作探讨。

与地震作用反应类似，水平向地震作用也能引起幕墙支撑结构的竖向位移反应，但幕墙支撑结构在水平向地震作用下的竖向位移特征与风荷载作用下类似，已在第 5 章进行了分析，因此本章也不作探讨。

7.5.3 加速度反应

幕墙板块的地震反应由其悬挂位置处的加速度水平决定。这在我国《玻璃幕墙工程技术规范》JGJ 102—2003（以下简称《幕规》）以及《建筑抗震设计规范》GB 50011—2010（以下简称《抗规》）中有所体现。

按照《幕规》规定，幕墙板块及连接件的地震作用按式（7.1）、式（7.2）计算：

$$q_{EK}=\beta_E\alpha_{max}G_k/A \tag{7.1}$$

$$p_{Ek}=\beta_E\alpha_{max}G_k \tag{7.2}$$

其中，β_E 为考虑动力效应的放大系数，可取 5.0。该计算方法源于《抗规》中关于非结构构件抗震计算的等效侧力法，β_E 为 4 个系数的乘积：

$$\beta_E=\gamma\eta\zeta_1\zeta_2 \tag{7.3}$$

其中，γ 为功能系数，反映建筑物的重要程度，对于乙类、丙类建筑幕墙取 1.4；η 为构件类别系数，玻璃幕墙取 0.9；ζ_1 为状态系数，反映幕墙（附属结构）对楼面激励的放大作用，幕墙构件计算时一般取 2.0；ζ_2 为位置系数，反应幕墙（附属结构）安装位置的楼面加速度大小，表示为与基底加速度的比值，一般随高度而增加，《抗规》对于一般的高层建筑取顶部的加速度为基底加速度的 2 倍，对于需要补充时程计算的建筑结构，此比值应依据时程分析法进行调整，幕墙构件计算时，一般取为 2。

由该计算方法可知，当幕墙板块构造类型确定后 γ、η ζ_1 均为定值，仅通过系数 ζ_2 反应板块悬挂位置的加速度水平，并且其地震作用计算是以楼层加速度为基准的。对于传统的幕墙体系，幕墙板块均直接固定于楼板边缘，楼板在平面内可认为无限刚，此方法一般是适用和恰当的。而对于上海中心的幕墙系统，外幕墙支承结构为过渡的结构系统，板块地震作用的大小直接取决于该结构环梁处的加速度反应，而非楼面加速度。因此需分析悬挂钢环梁的加速度来评估幕墙板块所承受的地震作用，并验证《抗规》和《幕规》中的计算方法对上海中心外幕墙是否适用。

1. 水平向加速度反应

表 7.5 给出了水平地震作用下 8 区典型层环梁水平加速度与其对应楼面加速度峰值的对比，由表中数值可以看出，楼层加速度反应一般在 1.03~1.27m/s^2，平均值为 1.11m/s^2，幕墙支撑结构环梁的加速度反

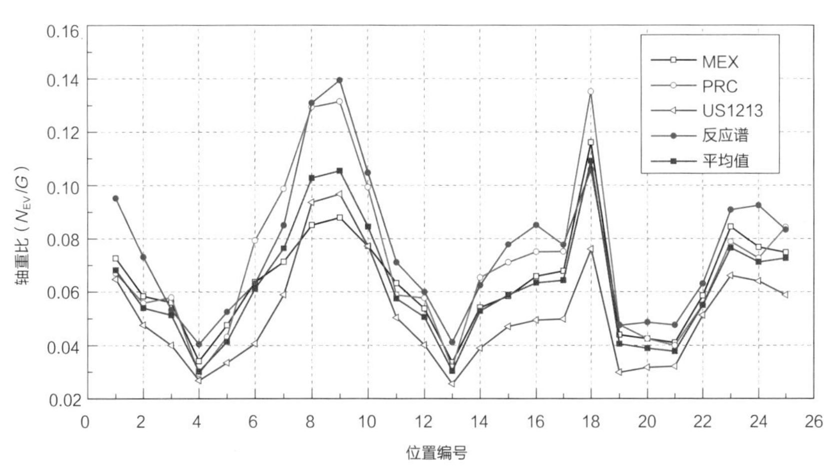

图 7.15 水平地震作用下幕墙吊杆轴重比

应为 0.93~1.52m/s^2, 平均值为 1.20m/s^2。各条地震波作用下一般环梁加速度反应较楼面加速度反应偏大 −10%~20%，平均偏大 8%；以上分析看出，由于幕墙支撑结构的水平向刚度较大，在水平向以随主体结构刚体运动为主，对于楼面加速度放大作用有限（8%），环梁水平加速度与楼面水平加速度相当，根据《抗规》和《幕规》规定取用楼层水平加速度计算是合适的。

表 7.5 水平地震作用下楼面加速度与环梁加速度反应峰值

地震波	楼面加速度峰值（m/s^2）	环梁加速度峰值（m/s^2）	（环梁 − 楼面）/ 楼面
MEX	1.02	1.16	14%
PRC	1.27	1.52	20%
US1213	1.03	0.93	−10%
平均值	1.11	1.20	8%

2. 竖向加速度反应

水平向地震作用下，由于设备层转动通过吊杆带动环梁整体竖向振动，各层环梁竖向加速度反应峰值如图 7.16 所示，环梁加速度反应总体呈现上小下大的趋势，时程分析的环梁竖向加速度反应峰值为 1.09~1.6m/s^2 之间，平均值为 1.3m/s^2，水平地震作用引起的竖向加速度反应峰值与水平向加速度反应峰值（1.20m/s^2）相当。可见其水平荷载作用下的竖向地震反应亦不容忽视。

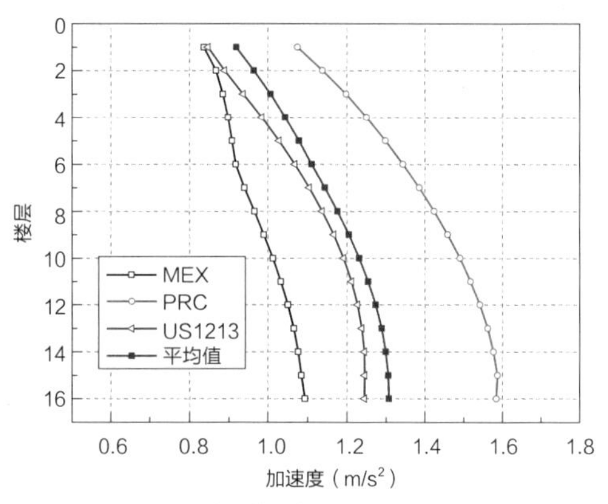

图 7.16 水平地震作用下各层环梁加速度峰值

7.6 小结

本章对幕墙支撑结构地震响应进行了较为系统的评估，首先比较了整楼与幕墙支撑结构自身的模态特性，然后重点分析了竖向地震作用下的幕墙支撑结构反应，并进一步分析了水平地震作用下的幕墙支撑结构反应。所得主要结论如下：

（1）幕墙支撑结构竖向悬挂刚度柔且幕墙支撑结构与主楼竖向振动周期均位于上海 IV 类场地反应谱的平台段（0.1~0.9s），结构竖向地震响应不容忽视。

（2）竖向地震作用下，幕墙支撑结构反应较大，且随高度的增加而逐渐增大。无论是吊杆轴重比反应还是吊点加速度反应，均沿塔楼高度增高而逐渐增大；各区顶吊杆轴重比和吊点加速度分布不均，呈现悬挑越长、刚度越弱处反应越强的特点；对于同区同一编号的吊杆，其轴重比和加速度自上至下也有一定程度的增加。需要指出的是吊杆最大轴重比从 2 区到 8 区，放大了 2.2 倍，达到 0.65。而 8 区底部环梁的加速度峰值已达到 8.0m/s^2（0.82g）相当于基底输入加速度的 12.3 倍。另外，环梁也产生了很大的竖向位移，最大达 36mm，相邻吊点位移差也达到 16mm。可见，上海中心悬挂式幕墙支撑结构的竖向地震反应非常突出，在设计中需要引起重视。

（3）水平地震作用下，幕墙支撑结构的径向支撑、环梁等构件内力较小可忽略不计。但塔楼整体弯曲会导致吊杆产生竖向地震反应，吊杆的轴重比约为 0.11~0.14，强度设计应考虑其影响。由于幕墙支撑结构水平向刚度较大，环梁水平向加速度反应与主体结构加速度反应相当，支撑结构对幕墙板块的水平地震作用没有明显的放大作用。同时水平地震作用亦会引起竖向加速度反应，其数值与水平加速度相当。

8 CHAPTER 第 8 章

施工过程对幕墙支撑结构的影响分析
Analysis on effect of construction on CWSS

8.1 引言

上海中心幕墙分区悬挂重量大，达 2200~3200t，悬挂设备层的竖向支承刚度柔，且各悬挂点的竖向支承刚度大小不一，幕墙悬挂重量会使设备层发生不均匀的竖向变形，从而导致幕墙系统各层环梁安装完成后偏离预定的设计标高、环梁外观不平整，从而影响建筑外观及幕墙板块的安装和正常使用，同时，过大的不均匀变形容易引起板块剪切破碎。为此，需对幕墙支撑结构的安装过程进行施工模拟分析，并根据分析结果采取有效的调整措施，控制幕墙安装完成后环梁的平整度。

此外，幕墙分区高度高，高约 60m，相应区段内主楼的巨柱压缩将使得幕墙系统相对主楼发生竖向相对位移，这不仅影响底环梁竖向伸缩节点及短支撑节点滑动行程的确定，同时会引起支撑结构产生附加内力。在幕墙支撑结构安装完成后，主楼区段的压缩除了后续重力荷载产生的弹性变形外，还包括随时间增长的混凝土收缩、徐变产生的非弹性变形，分区总压缩变形达到 35~50mm，并且由于上海中心主楼超高、施工周期长，因此需结合主楼的施工过程（图 8.1）进行施工模拟分析，以评估主体结构压缩对支撑结构及相关节点的影响 [32,33]。

8.2 幕墙支撑结构施工过程分析

8.2.1 幕墙支撑结构施工方案

1. 总体施工技术路线

幕墙施工采取“桁架层外挑区域布置行走式塔吊、桁架层底部设置升降式平台、从上往下安装幕墙支撑钢结构、从下往上悬挂幕墙板块”的总体施工技术路线。具体路线如下 [34]：

（1）幕墙支撑结构落后于主体结构，待区顶桁架层外挑区域混凝土施工完毕并达到一定养护强度后方进行幕墙支撑结构的安装。

（2）每个区段内，幕墙支撑结构由上至下逐层安装，待环梁安装完成后，幕墙板块由下至上逐层悬挂。

（3）每区桁架层顶部外挑区域布置行走式塔吊，服务于幕墙支撑及幕墙板块的吊挂施工（图 8.2）。

（4）由于幕墙区段悬挂高度达 67.5m，且幕墙远离主体结构，幕墙施工处于凌空状态，为此专门设置了整体施工升降平台悬挂于顶部桁架层悬挑端（图 8.2），作为施工安装的作业面。

幕墙支撑结构各区结构体系基本相同，受力性态相似，由于 2 区幕墙悬挂重量最大，自身悬挂下的竖向变形最大，且该区施工在前，主楼后续施工产生的区段压缩量大，幕墙支撑结构自身以及主楼的施工过程对其最终几何状态和内力状态影响最大，故本章分析如无特殊说明均以 2 区幕墙支撑结构为例进行探讨。

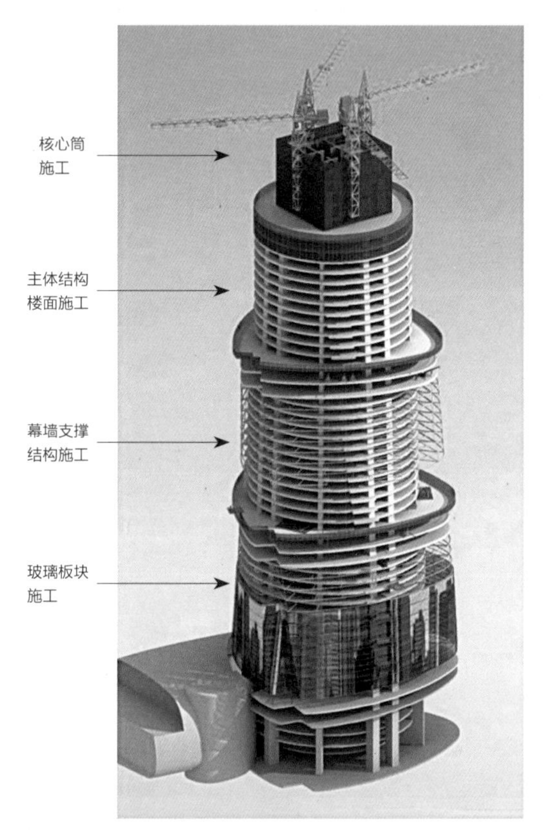

图 8.1 塔楼幕墙施工过程示意

图 8.2 升降平台示意（以 2 区为例）

2. 总体施工流程

通过对主楼施工流程及幕墙施工技术可行性的分析，对幕墙系统按“幕墙支撑钢结构落后主体结构一个区施工，玻璃板块落后幕墙支撑钢结构一个区施工”的原则，控制幕墙系统施工的整体立面流程。

幕墙系统施工与主体结构施工进度的竖向相对关系如图 8.3 所示。在每个施工区段内，将整个幕墙支撑体系分三个区域，从而可以实现三条作业线独立流水作业，每个区域安排单独的设备进行施工安装（图 8.4）。每个区段内各个区域内幕墙系统的施工顺序协调一致，总体可分为两个阶段（图 8.5）：（1）幕墙支撑钢结构的吊装施工；（2）幕墙板块吊装施工。幕墙支撑钢结构施工采用由上至下逐层悬挂的方法施工，由位于顶部的行走小塔吊逐层吊装拼接，当幕墙支撑结构全部吊装连接完毕后，再从底层环梁开始由下至上逐层安装幕墙玻璃板块。

图 8.3 塔楼幕墙施工过程示意

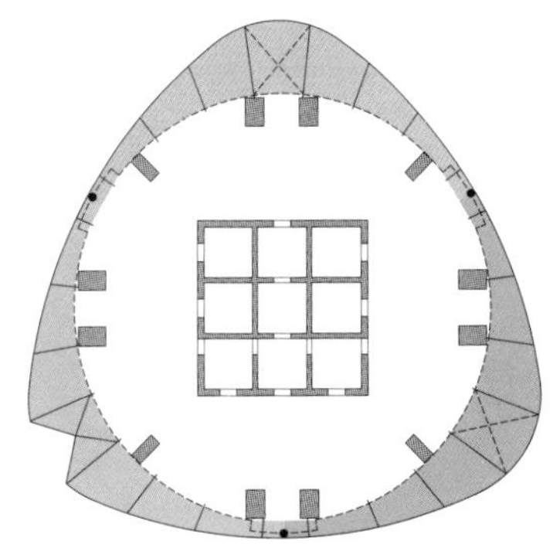

图 8.4 幕墙施工平面分区示意

（a）幕墙支撑钢结构吊装（由上至下）

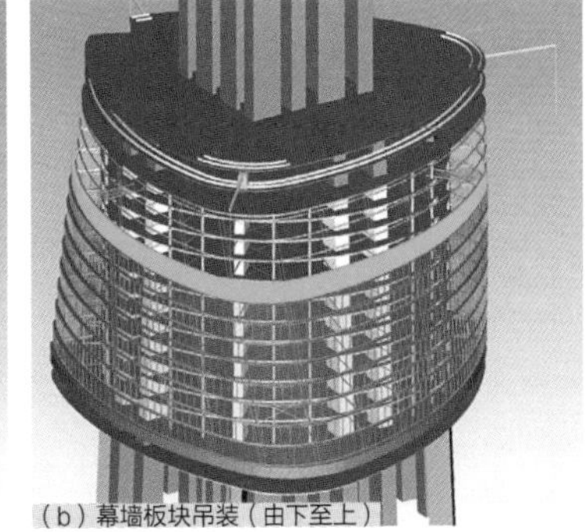

（b）幕墙板块吊装（由下至上）

图 8.5 外幕墙施工顺序

8.2.2 分析模型

选取 2 区带有幕墙支撑结构的主塔楼整体模型，对幕墙支撑结构进行施工过程模拟，如图 8.6 所示。对塔楼的设备层准确建模，以考虑主体结构竖向支承刚度对幕墙支撑结构的影响。分析时，不考虑楼板的刚度贡献。

采用分步加载的施工过程分析方法，将幕墙的施工过程模拟分为 26 个施工步，假定各层环梁施工时自动找平，模拟开始时仅有塔楼主结构，第 1 个施工步激活顶层环梁并施加环梁自重，然后从上到下每个施工步激活一层环梁，并施加相应的钢结构自重荷载，直到第 13 个施工步激活最底层环梁并施加环梁自重及底环梁配重，至此，环梁吊装过程模拟完毕。从第 14 个施工步开始进行幕墙板块的安装，即从下至上每步施加一层幕墙板块重量，到第 26 步顶层环梁幕墙板块自重施加完毕后，整个幕墙系统的施工过程模拟完毕。

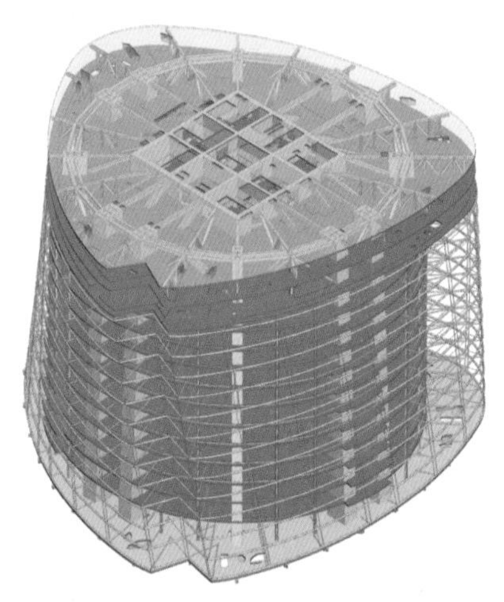

图 8.6 幕墙支撑结构施工过程分析模型

幕墙玻璃板块及铝框的重量为 5.4kN/m，幕墙底部环梁配重为 1.5~3.5kN/m，钢结构重量由程序根据构件规格自动计算，约合 2.7kN/m。

8.2.3 幕墙施工过程变形分析及预调值的确定

1. 基于施工过程的环梁竖向位移分析

选取位于凸台位置的悬挑长度较小的 20 号位置（吊点竖向支承刚度大）和位于角部的悬挑长度较大的 16 号位置（吊点竖向支承刚度小）对环梁的竖向变形特征进行分析，各层 16、20 号位置在环梁上的位置如图 8.7 所示。

图 8.8 为各层环梁在 16、20 号位置施工过程中的竖向变形情况，从中可以看出：

（1）随着施工步的增加，竖向位移增大，16 号点最大竖向位移达到了 31.7mm，20 号位置最大竖向位移达到了 14.3mm。各吊点的竖向位移存在较强的不均匀性。

（2）环梁安装时，平面上位于同一位置但处于较低楼层的环梁位移曲线斜率大于上部楼层环梁位移曲线斜率，这表明下部楼层的竖向位移增加速率相对于上部楼层更快，这是因为某层环梁的总竖向位移等于其顶部吊点刚体位移和其上部各层吊杆伸长量的累加，越位于下部的楼层由于吊杆总长度越长，因此位移增加速率更快。

（3）板块安装时，各层位移曲线随着施工步的增加均有位移增速减慢的趋势，且下部楼层这种趋势发生的更早、更明显，这是因为悬挂某层板块时，幕墙板块仅引起该层以上吊杆的伸长而对该层以下吊杆伸长没有影响，随着幕墙板块向上安装，产生伸长的吊杆随着板块往上悬挂而逐渐缩短，因此，悬挂板块

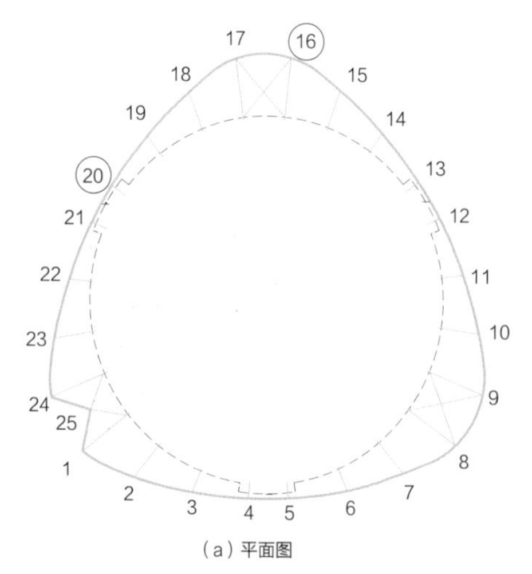

（a）平面图

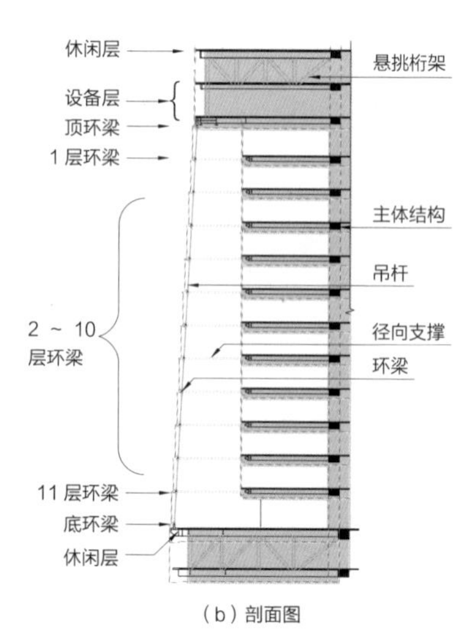

（b）剖面图

图 8.7 楼层及位置编号

导致的吊杆伸长增量逐层递减，并且越位于下部的环梁由于板块吊装越早递减效应也出现的更早。

图8.9为16、20号位置由吊杆弹性伸长引起竖向位移对比，从图中可看出，两个位置吊杆的最大位移量分别为14.5mm及12.8mm，两个吊杆伸长量演变的规律基本相同且各层最大位移量也基本接近。这表明，由于系统的构成特性，导致其吊杆的伸长变形对施工过程不敏感。

2. 一次加载与施工模拟的对比分析

图8.10为20号点和16号点采用一次成型加载和施工过程模拟分析的各层环梁竖向位移的分布图。

由图8.10看以看出，施工过程分析的各层竖向位移均比一次加载成型分析有所降低，如20号点一次成型分析最大竖向位移位于底层环梁，约有18.4mm，而施工模拟分析的最大竖向位移仅为14.3mm，且最大竖向位移并未发生在最底层环梁而是发生在第10层环梁。同样16号点的最大竖向位移也由一次加载的41mm降低到31.7mm，且最大位移的位置也由最底层环梁变为第8层环梁。产生这种现象主要是因为，考虑分步加载的施工过程分析，上部环梁的部分竖向位移在下部环梁吊装之前已经进行找平，不会对下部环梁产生积累的效应，因此考虑施工过程分析得到的环梁竖向位移普遍比不考虑施工过程时有所降低。

3. 幕墙支撑结构变形预调值的确定

影响环梁竖向位移的因素除上文分析的幕墙系统安装时的设备层吊点竖向位移以及吊杆的伸长外，还包括在幕墙安装后设备层的设备荷载以及附加恒载引起的吊点竖向位移。

如图8.11所示，若环梁采用逐层找平的正常方法施工，施工完成后，环梁的竖向位移将使幕墙的几何位置偏离设计标高，16号位置最大偏移值达到36mm（8层环梁），而20号位置竖向位移仅为14mm，沿环向各点位移值分布极不均匀。因此有必要结合施工过程环梁的竖向变形特性对环梁标高进行预调整，以

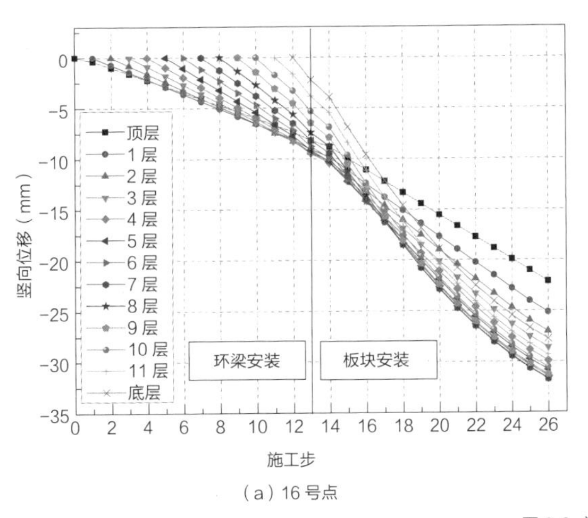

（a）16号点

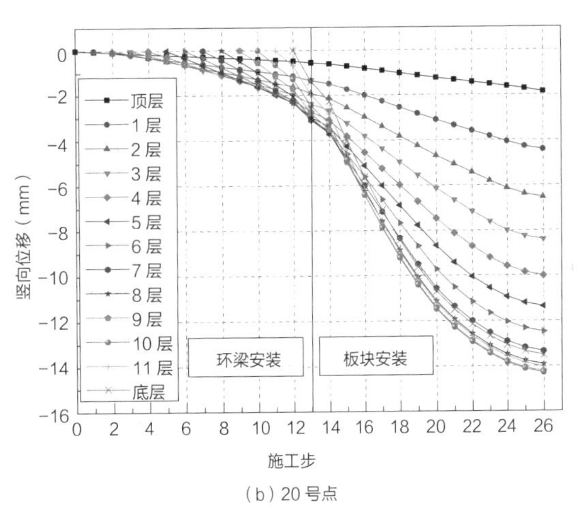

（b）20号点

图8.8 总竖向位移

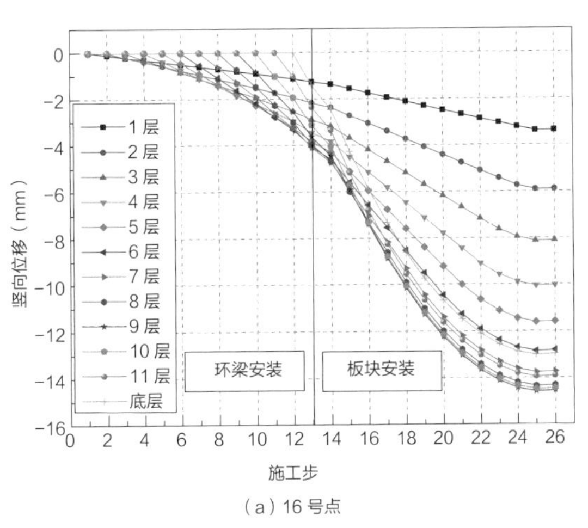

（a）16号点

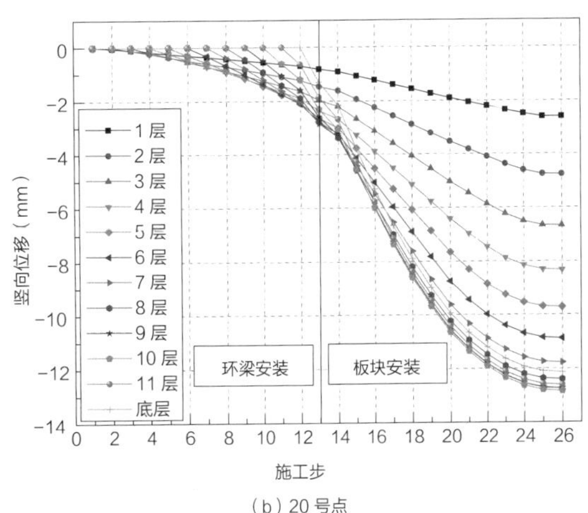

（b）20号点

图8.9 吊杆伸长量

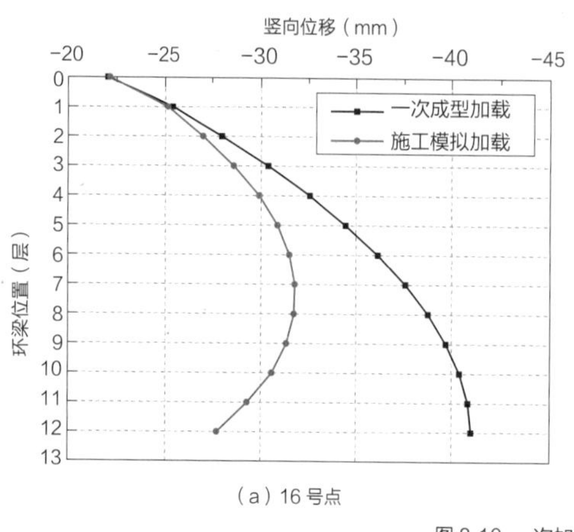

（a）16 号点

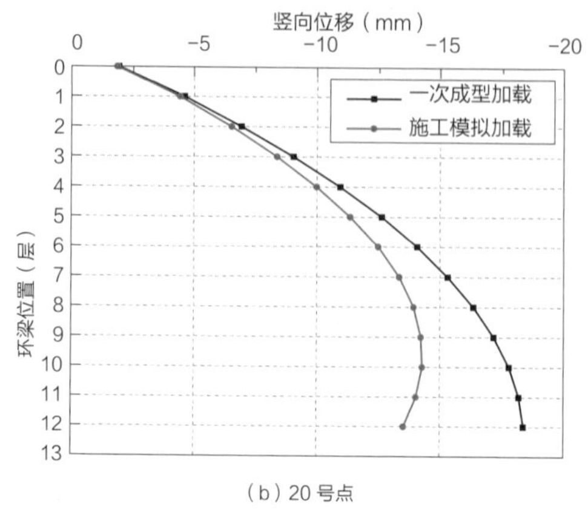

（b）20 号点

图 8.10 一次加载与施工模拟竖向位移对比

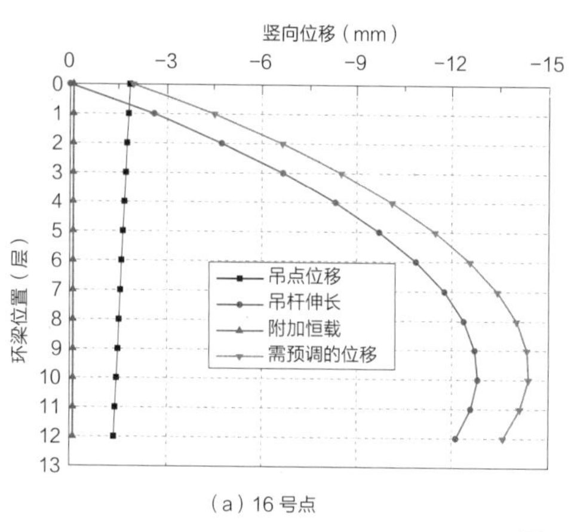

（a）16 号点

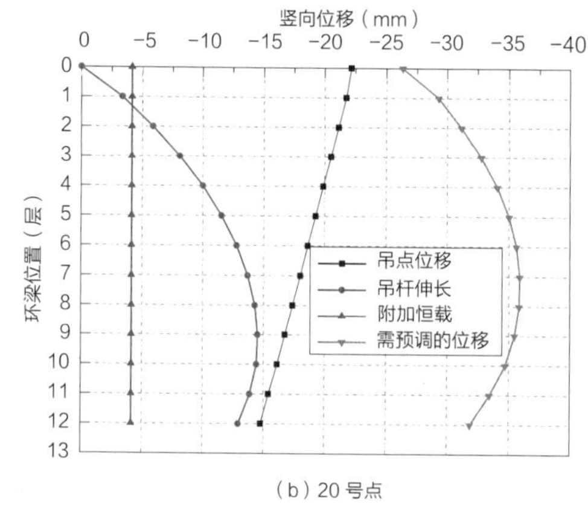

（b）20 号点

图 8.11 预调位移构成

使幕墙系统安装完成后的几何形态能够满足建筑的外观及幕墙板块的构造需求。

由图 8.11 可以看出，幕墙环梁的竖向位移主要由幕墙自重引起的吊点位移，设备层附加恒载引起的吊点位移，以及吊杆伸长组成。各个位置吊杆伸长相同，但吊点位移不同，且各个位置变形的主导因素也并不相同，对于悬挑较小位置（20 号位置），变形主要由吊杆伸长引起，而对于悬挑较大位置（16 号位置），顶部吊点竖向位移和吊杆伸长对环梁竖向位移均有较大影响。基于前述分析，对环梁标高的调整主要从以下两个方面解决：

（1）吊点预抬高。通过调整吊点标高可以调整由于主体结构变形引起的环梁偏离设计标高的问题，并改善环梁平整度。

（2）吊杆长度预调整。通过预调吊杆长度，可以解决由于吊杆自身伸长使环梁偏离设计标高的问题。

各个吊点标高调整量如图 8.12 所示，每层各个位置吊杆的伸长量基本一致，可统一按图 8.13 所示各层吊杆长度的预调整量进行调整。

吊点位移引起的环梁竖向位移通过预抬吊点标高进行调整，理论上各个吊点的预抬高量即是图 8.12 中所示数值。然而考虑到混凝土材料的特殊性，其对模型的刚度贡献难以准确预测，且一旦开裂，支承刚度退化，环梁挠度迅速加大，因而计算分析时，并未考虑楼面混凝土刚度对结构刚度的贡献，故计算结果偏于保守。基于以上原因，实际操作中，对模型计算的顶部吊点竖向位移考虑一定折减后进行预抬高，同时在实际施工时，对 25 个吊点位置的变形情况进行实测跟踪，现场实测数据与数值分析对比表明，实测变形与计算分析变形规律吻合较好，幕墙不均匀竖向变形得到有效控制。

8.2.4 施工过程对幕墙支撑结构内力的影响

由第 6 章的分析可知，幕墙环梁与主体结构的位移差将会使径向支撑产生附加弯矩，而径向支撑越短则对竖向位移差越敏感。以 20 号点位置径向支撑（短支撑）为例。图 8.14 给出了幕墙支撑结构在两种加

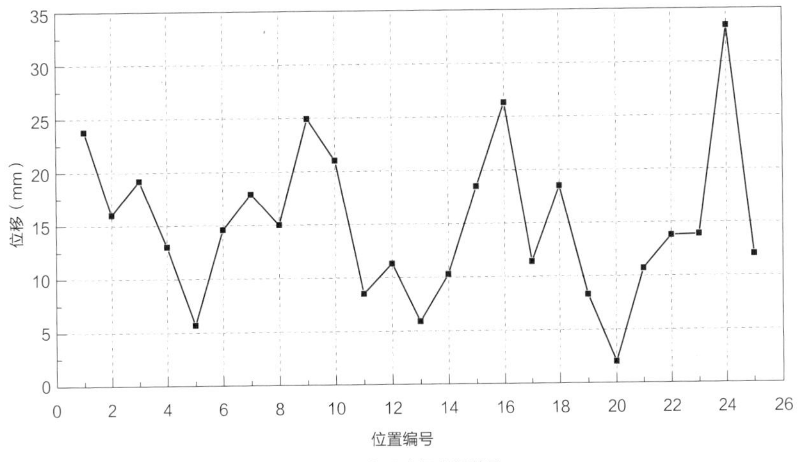

图 8.12 各吊点标高调整量

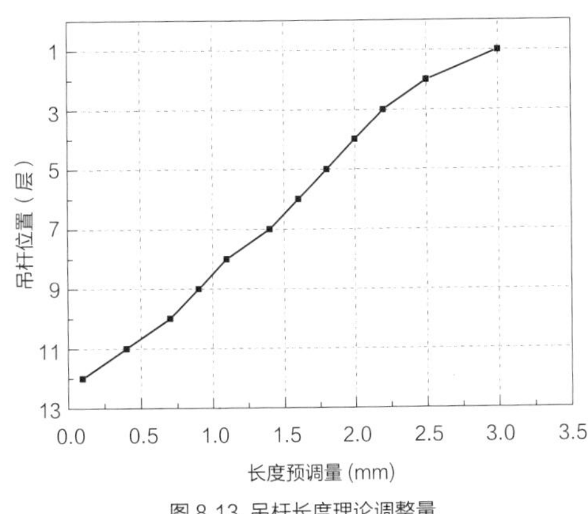

图 8.13 吊杆长度理论调整量

施工模拟加载
一次成型加载
环梁位置（层）
径向支撑弯矩（kN · m）

图 8.14 20 号点径向支撑弯矩

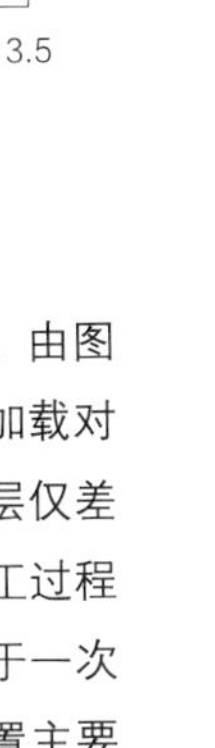

载模式下不同标高径向支撑端弯矩的分布情况。由图 8.14 可以看出，施工模拟过程加载和一次成型加载对径向支撑的端弯矩影响很小，差异最大的第 5 层仅差 0.5kN·m，两者基本一致。这是因为，尽管施工过程模拟加载下幕墙环梁与主楼的相对位移普遍小于一次成型加载，但环梁与主楼位移差异比较大的位置主要位于下部楼层（图 8.10），而下部楼层径向支撑长度相对较长，对竖向位移不很敏感；而位于上部的短支撑虽然对竖向位移差比较敏感，但由于施工过程对上部位移差的影响很小，与一次加载分析比较接近（图 8.14），1~6 层一次成型分析与施工过程模拟分析的 20 号点竖向位移差异均不足 1.5mm，因此也不会对弯矩产生较大影响。可见考虑施工过程的幕墙支撑结构的内力与一次加载成型分析基本一致，施工过程对幕墙支撑结构内力影响很小。

8.3 主体结构的竖向变形对幕墙支撑结构的影响分析

8.3.1 主体结构施工方案

结合上海中心大厦实际的施工情况，按以下原则编排施工进度：

（1）地下室施工期间，核心筒与巨柱同步施工，楼板滞后 1 层施工。

（2）地上结构施工期间，核心筒领先施工；巨柱钢骨在核心筒施工至 11 层时开始施工，并且在后续施工阶段滞后于核心筒 9~19 层；巨柱与楼板同步浇筑，滞后于核心筒 12~25 层；外幕墙结构在核心筒施工至 65 层时开始施工；伸臂桁架按照滞后一个区的原则进行合拢。

根据上述施工顺序，将整个施工过程划分为 28 个施工阶段（表 8.1），其中 22 个阶段为主体结构建设阶段，每个阶段施工 4 ~ 9 层，用时 50 ~ 70 天；其余

6 个阶段为伸臂桁架合拢阶段，合拢阶段用时 0 天。图 8.15 所示为 22 个主体结构建设阶段的塔楼结构状态。

表 8.1　施工阶段划分表

施工阶段	时间	核心筒施工进度区号	施工楼层号				总天数	时间间隔
			核心筒	外围巨柱	楼板及与附加恒载	外幕墙		
1	10/09/10	1 区	B5 ~ B2	B5 ~ B2	B5 ~ B2	—	67	67
2	10/11/03		B1 ~ 3	—	—	—	131	64
3	10/12/28		4 ~ 7	—	—	—	186	55
4	11/01/25	2 区	8 ~ 11	—	—	—	257	71
5	11/04/27		12 ~ 16	B1 ~ 3	B1	—	306	49
6	11/06/29		17 ~ 20	4 ~ 9	1 ~ 4	—	371	65
7	11/08/31	2 区设备层 – 3 区	21 ~ 28	10 ~ 19	5 ~ 9	—	434	63
8	11/10/31	3 区	29 ~ 37	20 ~ 26	10 ~ 16	—	491	57
9	11/12/28	4 区	38 ~ 47	27 ~ 31	17 ~ 22	—	549	58
10	12/02/29		48 ~ 51	32 ~ 37	23 ~ 26	—	611	62
11	12/04/30	4 区设备层 – 5 区	52 ~ 59	38 ~ 40	27 ~ 37	—	672	61
12	12/06/30	5 区	60 ~ 65	41 ~ 52	38 ~ 46	—	733	61
13	12/06/30	2 区伸臂桁架终固					733	0
14	12/08/31	5 区设备层 – 6 区	66 ~ 72	53 ~ 62	47 ~ 52	6	795	62
15	12/10/31	6 区	73 ~ 80	63 ~ 68	53 ~ 62	22	856	61
16	12/10/31	4 区伸臂桁架终固					856	0
17	12/12/31	6 区设备层 – 7 区	81 ~ 89	69 ~ 78	63 ~ 68	35	917	61
18	13/02/28	7 区	90 ~ 97	79 ~ 84	69 ~ 78	50	978	61
19	13/02/28	5 区伸臂桁架终固					978	0
20	13/04/30	7 区设备层 – 8 区	98 ~ 106	85 ~ 94	79 ~ 84		1039	61
21	13/06/30	8 区	107 ~ 114	95 ~ 101	85 ~ 94	66	1100	61
22	13/06/30	6 区伸臂桁架终固					1100	0
23	13/08/31	8 区设备层 – 塔冠	115 ~ 121	102 ~ 111	95 ~ 101		1162	62
24	13/10/31	塔冠	ZT121 ~ 124	112 ~ 118	102 ~ 111	84	1223	61
25	13/10/31	7 区伸臂桁架终固					1223	0
26	13/12/31				112 ~ 118	99	1284	61
27	13/12/31	8 区伸臂桁架终固					1284	0
28	14/01/31				119 ~ 124	塔冠	1315	31

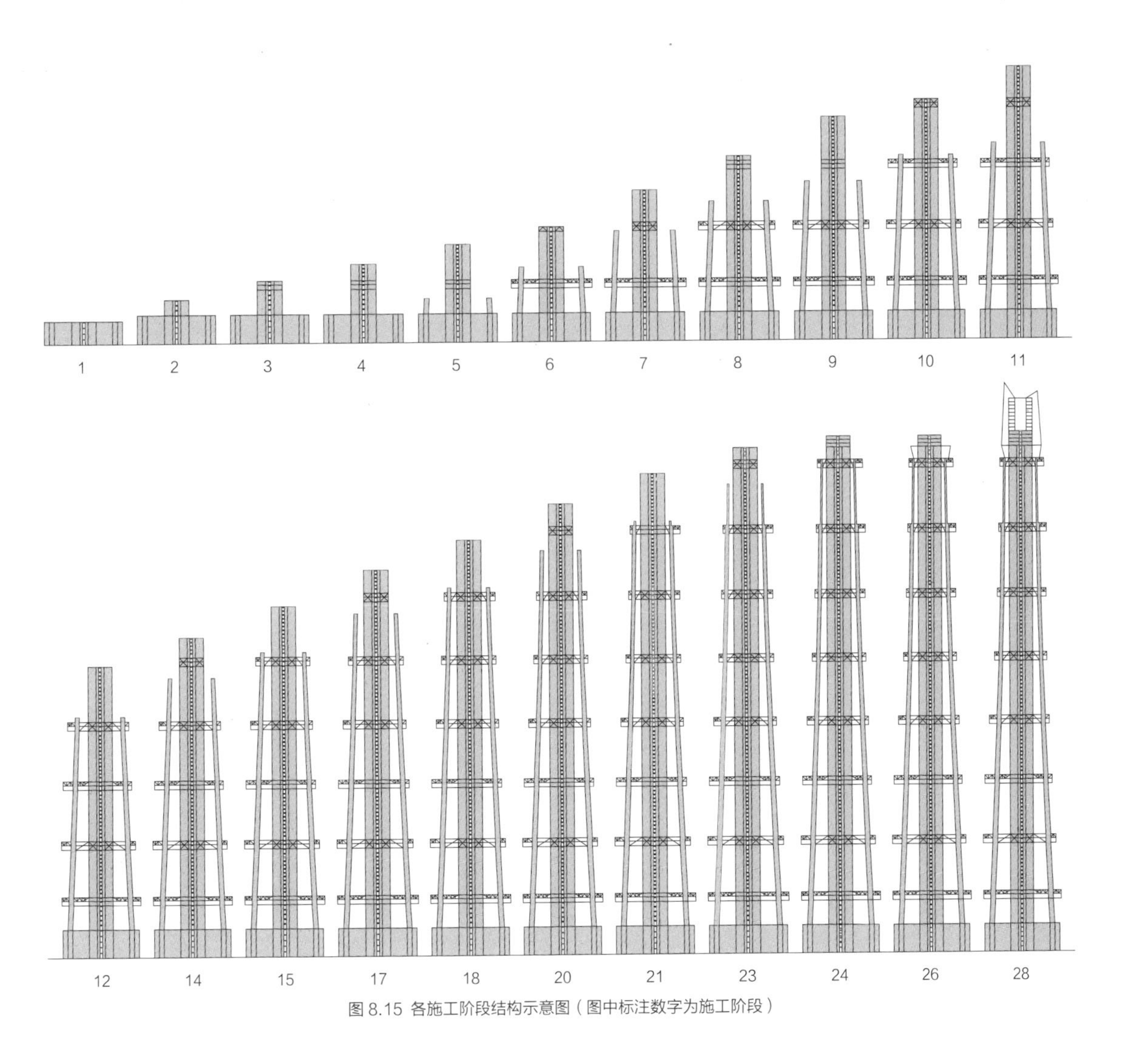

图 8.15 各施工阶段结构示意图（图中标注数字为施工阶段）

8.3.2 分析模型及主要计算参数

由于混凝土收缩徐变的各个理论模型分析结果往往存在差异，考虑到工程的复杂性，为方便对计算结果进行判断和控制，在计算主体结构收缩徐变时采用 CEB-FIP 和 B3 两种模型[35,36]，以起到相互校核的作用。

采用 SAP2000 和 ABAQUS[37] 两种软件对上海中心的主楼进行考虑施工过程的竖向变形分析。施工模拟时，按实际施工阶段分成 28 个施工步，每个阶段计算模型如图 8.15 所示。

SAP2000 内置有 CEB-FIP 模型，因此采用 SAP2000 建立主塔楼模型进行基于 CEB-FIP 收缩徐变计算模型的主塔楼竖向变形计算。由于现有的通用有限元软件及常用的工程分析软件均无法进行基于 B3 模型的收缩徐变分析，因此对 ABAQUS 软件进行了二次开发，利用 FORTRAN 语言编制了基于 B3 模型的混凝土收缩徐变本构计算程序，并将其内嵌入 ABAQUS 软件中进行收缩徐变分析。

分析时，设备层活荷载按 100% 考虑，其余活荷载按 40% 考虑。由于外幕墙重量对巨柱压缩的影响较小，故各区幕墙施工过程简化为吊点荷载一次施加。整体模型建模方法参见 5.2 节。

为准确计算混凝土的收缩、徐变，对巨柱及核心筒中的钢骨及钢筋进行了准确模拟。

（1）巨柱中的钢骨和钢筋，两种模型采取不同的模拟方法，对于钢骨，在两种软件模型中均采用建立梁单元与巨柱混凝土壳单元共用节点方式进行模拟。对于钢筋，SAP2000 无法直接考虑钢筋作用，因此采用等效弹性模量的方法近似考虑钢筋作用，ABAQUS 中采用分层壳单元模拟巨柱，在分层壳中建立钢筋层模拟钢筋作用。

（2）核心筒中的钢筋采用和巨柱钢筋相同的模拟方法，而对于核心筒的钢板墙在 SAP2000 中按等效弹性模量的方法近似考虑，ABAQUS 中采用分层壳单元模拟。

混凝土收缩、徐变的主要计算参数如下：

（1）环境相对湿度：70%；

（2）加载龄期：5 天；

（3）养护时间：7 天；

（4）水泥类型：快硬高强水泥。

（5）各主要构件的体表比见表 8.2，含钢率及配筋率见表 2.13、表 2.14。

表 8.2　竖向构件体表比

区	巨柱		角柱外墙		剪力墙			
					外墙		内墙	
	截面（mm）	体表比	截面（mm）	体表比	墙厚（mm）	体表比	墙厚（mm）	体表比
1	3700×5300	1089	2400×5500	835	1200	600	900	450
2	3400×5000	1012	2200×5000	764	1200	600	900	450
3	3000×4800	923	1800×4800	655	1000	500	800	400
4	2800×4600	870	1500×4800	571	800	400	700	350
5	2600×4400	817	1200×4500	474	700	350	650	325
6	2500×4000	769	—	—	600	300	600	300
7	2300×3300	678	—	—	600	300	500	250
8	1900×2400	530	—	—	500	250	500	250

8.3.3　主体结构竖向变形及对幕墙支撑结构变形的影响

在幕墙悬挂区段内，主楼的巨柱压缩将导致幕墙系统相对主楼产生竖向相对位移，该相对位移既影响底环梁竖向伸缩节点及短支撑节点滑动行程的确定，同时会引起支撑结构产生附加内力。而主楼区段的压缩除了后续重力荷载产生的弹性变形外，还包括随时间增长的混凝土收缩、徐变产生的非弹性变形，故本节通过对主楼的施工模拟分析确定主体结构的竖向变形，并评估其对幕墙支撑结构及相关节点的影响。

1. 主体结构区间压缩量的计算

图 8.16 为采用两种收缩徐变模型计算的主体结构巨柱的总竖向位移，从图 8.16 可以看出，在塔楼竣工时，采用 CEB-FIP 模型计算的巨柱最大竖向位移为 96.5mm，而由 B3 模型计算的巨柱竖向位移为 80.9mm，两个模型计算的塔楼最大竖向位移量均发生在 63 层，CEB-FIP 计算的巨柱竖向变形较 B3 计算结果大 16% 左右。塔楼竣工 50 年后，CEB-FIP 计算的巨柱的竖向位移为 223.6mm，B3 模型计算的巨柱竖向位移为 269mm，两个模型计算的塔楼最大竖向位移量均发生在 112 层，此时 CEB-FIP 计算的巨柱总竖向变形较 B3 计算结果约小 20%。

从以上两个模型计算的巨柱竖向变形量的对比可以看出，CEB-FIP 模型计算的早期收缩徐变量较 B3 模型大，而 B3 模型计算的中后期的收缩徐变总量较 CEB-FIP 模型大。总体上看两者的计算偏差在 20% 以内。

图 8.17 给出了两种计算模型中，弹性、徐变以及收缩三种成分的相对比例关系，从图中可以看出，CEB-FIP 模型计算的收缩变形较大，收缩变形最大位置收缩变形占到了总变形量的 53%，发生在巨柱顶部。B3 模型计算的徐变量较大，徐变量最大位置徐变变形占到了总变形的 53%，同样发生在巨柱顶部。

根据以上的分析结果，对区间顶底竖向位移作差可求得各区巨柱的竖向压缩量如表 8.3、表 8.4 所示。从中可以看出，CEP-FIP 模型计算的区间巨柱压缩量略小于 B3 模型计算的结果，如考虑结构的设计使用年限为 50 年，则 CEB-FIP 计算的巨柱最大竖向压缩变形发生在 4 区，约为 39mm，B3 模型计算的巨柱最大竖向压缩变形发生在 3 区，约为 44mm，两者计算的偏差为 13%。

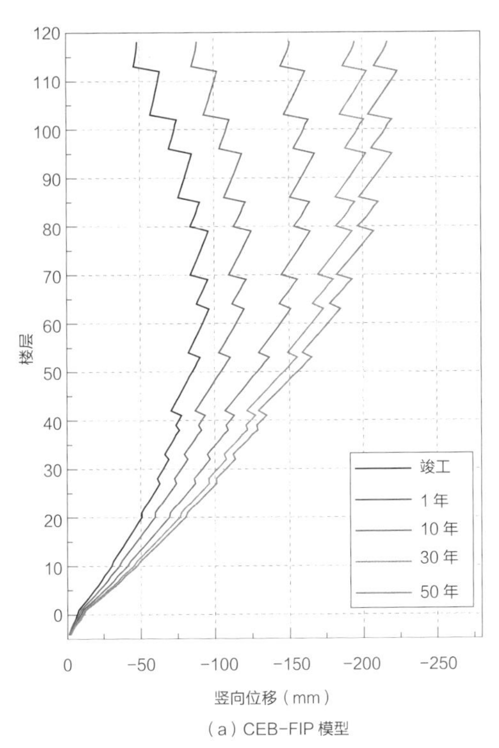

（a）CEB-FIP 模型

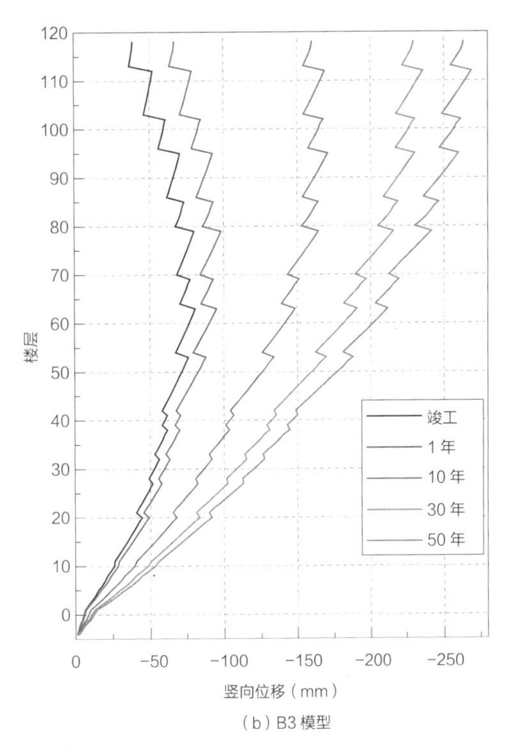

（b）B3 模型

图 8.16 巨柱竖向变形

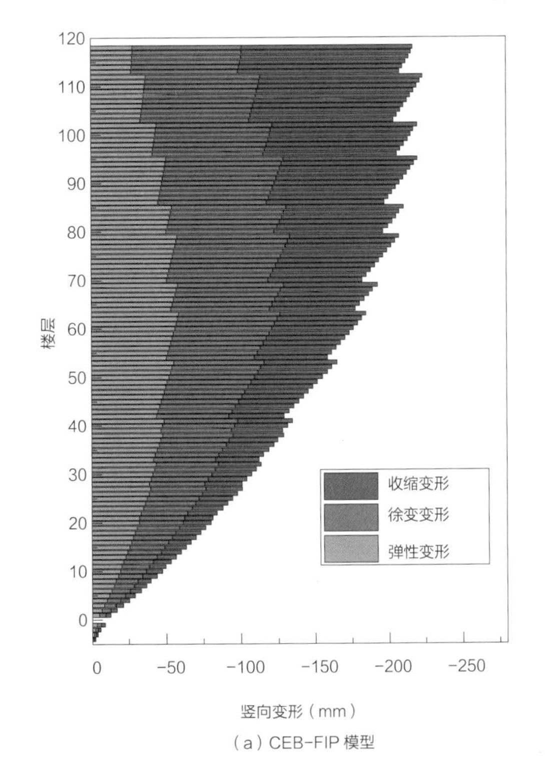

（a）CEB-FIP 模型

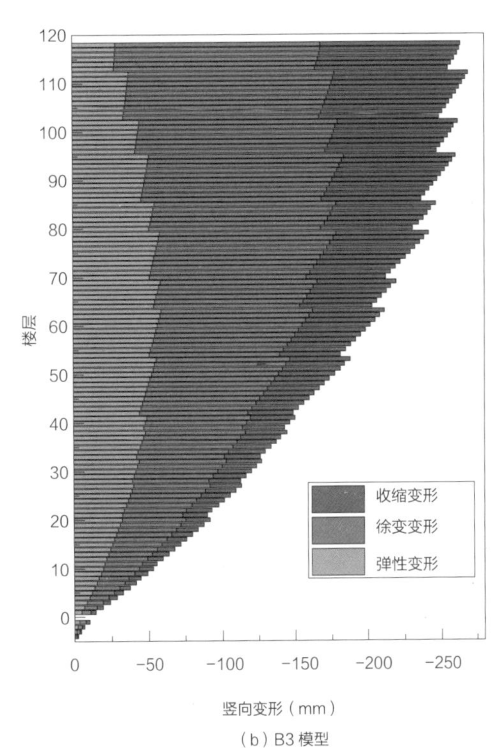

（b）B3 模型

图 8.17 巨柱竖向变形成分图

巨柱的最终压缩量各成分中，以结构封顶 50 年的数据为例，CEP-FIP 计算的区间巨柱徐变压缩量底部 2 区为 12mm，而顶部 8 区仅为 4.6mm，B3 计算结果 2 区为 17.9mm，8 区为 8.7mm；弹性变形两个模型均为 2 区 16.1mm，8 区 2.8mm。徐变和弹性压缩量呈现下部大上部小的特征，主要是因为弹性和徐变变形均和构件的应力水平呈正比，低区巨柱应力水平较上部高，巨柱下部的弹性和徐变变形量大。

表 8.3　CEB-FIP 模型计算的各区巨柱区间压缩量（mm）

区号	弹性变形	结构封顶 1 年后			结构封顶 10 年后			结构封顶 30 年后			结构封顶 50 年后		
		收缩	徐变	总计	收缩	徐变	总计	收缩	徐变	总计	收缩	徐变	总计
8 区	2.8	2.3	2.5	7.6	9.9	4.2	16.8	15.9	4.5	23.1	18.7	4.6	26.0
7 区	6.0	2.4	4.5	12.9	9.0	6.7	21.7	14.7	7.2	27.8	17.5	7.3	30.8
6 区	9.2	2.4	6.2	17.8	7.8	8.7	25.7	12.7	9.3	31.2	15.2	9.5	33.9
5 区	11.8	2.4	7.4	21.6	7.0	10.1	28.9	11.3	10.8	33.9	13.5	11.0	36.3
4 区	13.4	2.5	8.3	24.2	6.8	11.0	31.2	11.2	11.7	36.4	13.7	11.9	39.0
3 区	15.5	2.1	8.4	26.0	5.5	11.0	31.9	9.1	11.7	36.2	11.1	11.8	38.4
2 区	16.1	1.9	8.7	26.7	4.6	11.1	31.9	7.7	11.9	35.6	9.4	12.0	37.6

表 8.4　B3 模型计算的各区巨柱两端区间压缩量（mm）

区号	弹性变形	结构封顶 1 年后			结构封顶 10 年后			结构封顶 30 年后			结构封顶 50 年后		
		收缩	徐变	总计	收缩	徐变	总计	收缩	徐变	总计	收缩	徐变	总计
8 区	2.8	2.1	1.6	6.5	8.7	5.6	17.0	13.4	7.7	23.8	15.2	8.7	26.6
7 区	6.0	2.2	2.0	10.1	7.6	7.5	21.1	11.7	10.8	28.5	13.3	12.3	31.6
6 区	9.2	2.2	2.6	14.0	7.0	9.4	25.6	11.1	13.7	34.0	12.9	15.7	37.8
5 区	11.8	2.2	2.6	16.6	6.4	9.6	27.8	10.3	14.2	36.3	12.3	16.3	40.4
4 区	13.4	2.1	3.0	18.5	5.7	9.8	28.9	9.1	14.4	37.0	10.9	16.6	41.0
3 区	15.5	1.8	3.3	20.6	4.7	11.1	31.3	7.6	16.6	39.7	9.4	19.2	44.0
2 区	16.1	1.6	2.5	20.1	3.9	9.9	29.9	6.4	15.3	37.8	7.8	17.9	41.8

同样以结构封顶 50 年的数据为例，CEB-FIP 和 B3 计算的收缩变形均为下部小上部大，CEB-FIP 计算的收缩变形下部 2 区为 9.4mm，顶部 8 区为 18.7mm，而 B3 计算的 2 区收缩量为 7.8mm，顶部 8 区为 15.2mm。产生这种现象的原因是，混凝土构件的收缩变形与构件的体表比呈反比关系，巨柱越向上截面越小，体表比越小，因此构件的收缩变形越向上越大。

表 8.5　CEB-FIP 模型计算的幕墙施工后巨柱区间压缩量（mm）

区号	弹性变形	结构封顶 1 年后			结构封顶 10 年后			结构封顶 30 年后			结构封顶 50 年后		
		收缩	徐变	总计	收缩	徐变	总计	收缩	徐变	总计	收缩	徐变	总计
8 区	0.7	2.1	1.8	4.5	9.6	3.4	13.7	15.6	3.7	20.0	18.4	3.8	22.9
7 区	2.3	1.8	2.7	6.8	8.4	4.9	15.5	14.0	5.3	21.7	16.8	5.5	24.6
6 区	3.7	1.6	3.4	8.7	7.0	6.0	16.6	11.9	6.6	22.1	14.4	6.7	24.8
5 区	6.1	1.7	4.7	12.5	6.3	7.4	19.8	10.6	8.1	24.8	12.9	8.3	27.2
4 区	8.2	1.8	5.8	15.8	6.1	8.5	22.8	10.6	9.2	28.0	13.1	9.4	30.6
3 区	8.9	1.5	5.6	16.0	4.9	8.1	21.9	8.4	8.8	26.2	10.5	9.0	28.4
2 区	8.9	1.3	5.6	15.8	4.0	8.0	21.0	7.1	8.7	24.7	8.8	8.9	26.7

表 8.6　B3 模型计算的幕墙施工后巨柱区间压缩量（mm）

区号	弹性变形	结构封顶 1 年后			结构封顶 10 年后			结构封顶 30 年后			结构封顶 50 年后		
		收缩	徐变	总计	收缩	徐变	总计	收缩	徐变	总计	收缩	徐变	总计
8 区	0.7	1.9	1.4	3.9	8.5	5.3	14.4	13.2	7.4	21.2	15.0	8.4	24.0
7 区	2.3	1.6	1.7	5.6	7.0	7.1	16.5	11.1	10.4	23.9	12.7	11.9	27.0
6 区	3.7	1.5	1.7	6.8	6.3	8.5	18.4	10.4	12.8	26.8	12.2	14.8	30.6
5 区	6.1	1.6	1.8	9.5	5.8	8.9	20.7	9.7	13.5	29.2	11.7	15.6	33.3
4 区	8.2	1.6	2.1	11.9	5.1	9.0	22.3	8.6	13.6	30.4	10.4	15.8	34.4
3 区	8.9	1.3	1.9	12.1	4.2	9.7	22.8	7.2	15.2	31.2	8.9	17.7	35.5
2 区	8.9	1.1	1.7	11.7	3.4	9.1	21.4	5.9	14.5	29.3	7.3	17.1	33.3

表 8.3、表 8.4 给出的是各个区巨柱的压缩量，然而并不是所有的竖向压缩均会对幕墙的竖向变形产生影响，只有在幕墙施工后发生的竖向变形才会给幕墙带来影响。若将幕墙施工后的巨柱压缩量称为巨柱有效压缩量，则结合表 8.1 给出的外幕墙的施工顺序，对幕墙施工前的巨柱压缩变形进行扣除，可得有效巨柱压缩量如表 8.5、表 8.6 所示。

由表 8.5、表 8.6 与表 8.3、表 8.4 对比可以看出，2~8 区巨柱有效压缩量比巨柱总压缩量从上到下依次减　小 3.1mm、6.1mm、9.1mm、9.1mm、8.4mm、10.0mm、10.9mm（CEB-FIP 计算结果）及 2.6mm、4.5mm、7.2mm、7.1mm、6.6mm、8.5mm、8.4mm（B3 计算结果）。巨柱有效压缩量比总巨柱压缩量减少的数值总体上呈现下部大、上部小的特征。这是因为，越位于下部的巨柱因其施工时间与幕墙施工时间相隔较长且应力水平较上部巨柱高，因此在幕墙施工前相当一部分压缩变形已经发生。

由于徐变和收缩变形固有的离散性、模型的误差以及由材料性质和环境的随机性引起压缩量计算可能有一定的误差。基于此，两种模型均给出了分析预测的变异系数如表 8.7 所示。

设计时，对分析结果考虑一定变异系数，按结构的设计使用年限为 50 年、95% 保证率对结果按 $1+1.96\times\delta_s$ 和 $1+1.96\times\delta_{cr}$ 进行调整，则竣工 50 年后巨柱的压缩量最终可确定为表 8.8 所示结果，区间最大压缩量达到了 49.4mm，数值较大，对底环梁竖向伸缩节点滑动构造设计影响较大，因此底环梁竖向伸缩节点滑动行程确定时应计入主体结构巨柱的区间压缩量。

表 8.7　CEB-FIP&B3 模型的变异系数

收缩徐变分析模型	收缩变异系数 δ_s	徐变变异系数 δ_{cr}
CEB-FIP	0.35	0.2
B3	0.34	0.23

表 8.8　巨柱压缩量（50 年 95% 保证率）（mm）

区号	CEB-FIP	B3
8 区	34.9	37.9
7 区	36.2	40.8
6 区	35.4	45.5
5 区	37.6	48.3
4 区	41.5	48.5
3 区	37.6	49.4
2 区	34.7	45.9

2. 幕墙支撑结构与楼面相对变形计算

巨柱压缩导致环梁与对应楼面产生相对位移，环梁与楼面的相对位移会影响短支撑内端节点滑动量的确定并在径向支撑内产生附加弯矩。以 2 区为例分析幕墙环梁与楼面间的相对竖向位移。

图 8.18 为各层环梁与楼面的竖向位移差（位置及楼层编号见图 8.7），从图中可以看出，各个位置径向支撑与楼面间的位移差呈现大小相间的分布规律，最大位移差达 48mm，而最小位移差不足 5mm。图中位移差较大的位置均位于径向支撑连接于楼面次框架柱附近（图 8.19），如图 8.20 中 3 号、9 号、15 号等位置，并且这些位置的各层位移差大小基本相同。

而位移差从高到低呈现渐增规律的位置则位于巨柱附近如 8 号、14 号、20 号等位置（图 8.19）。

产生图 8.20 中所示位移差分布规律的原因是由于连接巨柱和次框架柱的边梁为铰接梁，当本区巨柱发生竖向压缩时，次框架钢柱并不会受其影响发生竖向缩短，所以，当外围幕墙环梁在巨柱压缩带动下发生 45.9mm 沉降时，即与楼面次框架柱间出现了 45.9mm 的竖向位移差，也即是巨柱的区间压缩量。而连接于巨柱附近的径向支撑其内端支撑点会在巨柱的带动下发生竖向沉降，越位于上部的径向支撑由于巨柱累计长度较长其竖向位移也就越大，因而与外围的环梁位移差也就越小，当巨柱截面在区间不发生变化时，各层巨柱压缩量相当，因此位于巨柱附近的径向支撑两端的位移差也就呈现从上到下逐渐递增的等差数列。

环梁与楼面位移差规律表明：位于不同位置的短支撑，由巨柱压缩引起的两端实际位移差是各不相同的。以 1 层短支撑为例，12、13、20、21 号位置短支撑其两端的位移差分别为 30mm、45mm、7mm、45mm（图 8.20），因此不能简单地认为各区位于上部的短支撑其与楼面的位移差较小。由上文分析可知，尽管位于 1 层，连接于次框架柱附近的短支撑其两端位移差仍大致等于巨柱的区间压缩量。

8.3.4 主体结构竖向变形对幕墙支撑结构内力的影响

常规幕墙结构作为静定的次结构，主体结构变形不会引起其次内力，而上海中心幕墙支撑结构作为周长近 300m、高度 60m 的悬挂结构，幕墙支撑结构与主体结构的空间连接关系复杂，主体结构的变形将在幕墙支撑结构的径向支撑中产生附加内力。

顶部楼层径向支撑长度较短，对竖向位移差更为敏感，因此选取最顶层径向支撑进行分析，支撑内端采用竖向滑动边界。

图 8.20 为巨柱压缩与幕墙系统自重引起的径向

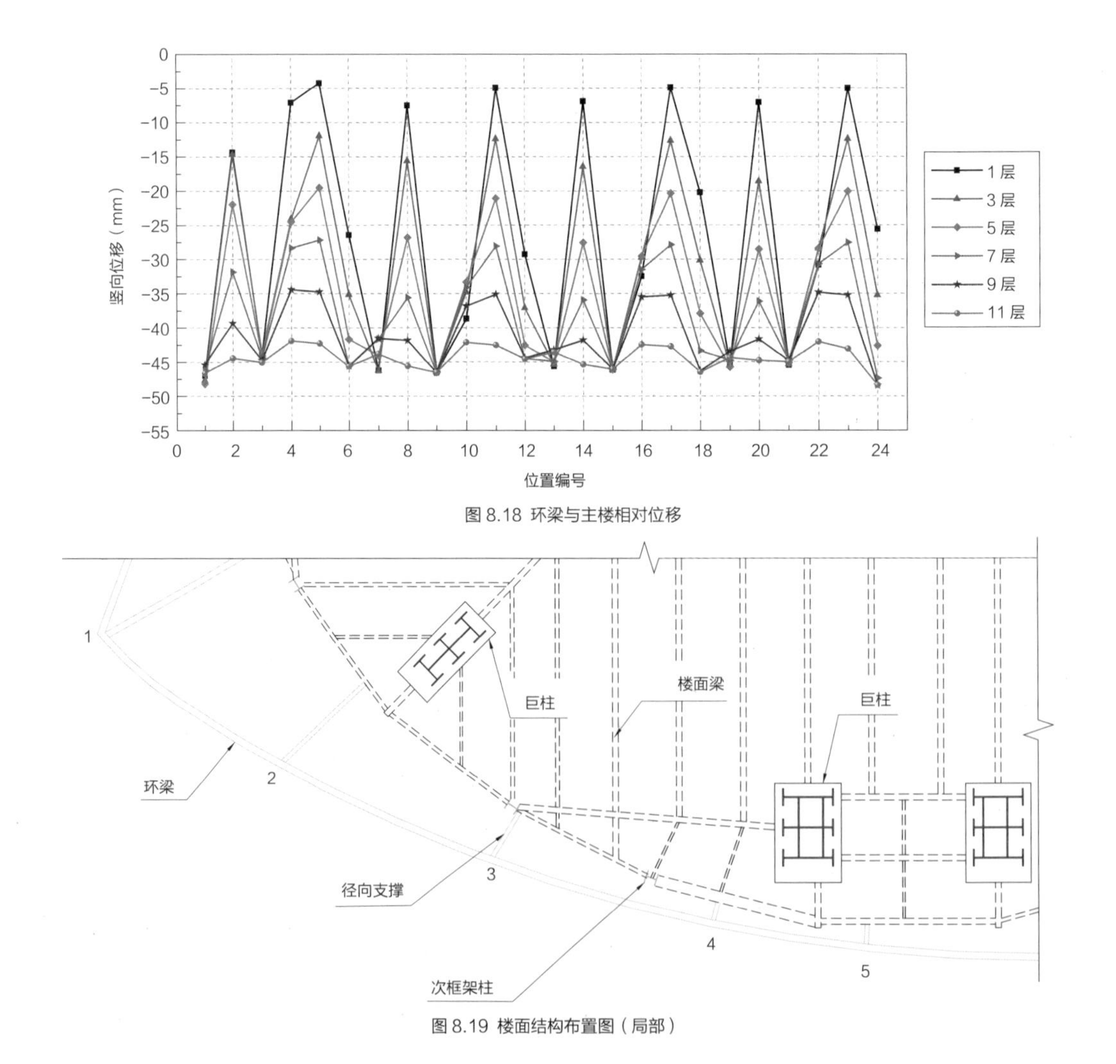

图 8.18 环梁与主楼相对位移

图 8.19 楼面结构布置图（局部）

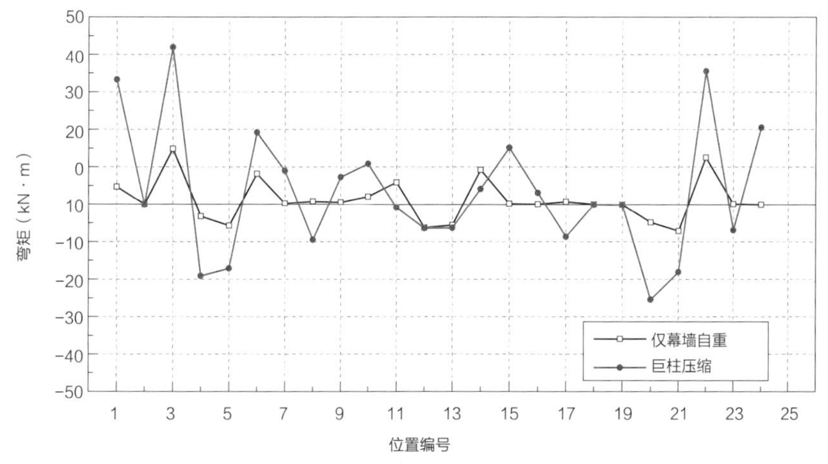

图 8.20 巨柱压缩引起径向支撑附加弯矩（1 层）

支撑的附加弯矩的对比。如图 8.20 所示，在 45.9mm 的巨柱压缩量作用下，径向支撑产生了较大的附加弯矩，附加弯矩最大的位置发生在 3 号位置（位置编号见图 8.7），最大附加弯矩为 42kN·m，约为径向支撑抗弯承载力的 30%。远大于幕墙自重作用下径向支撑的附加弯矩 15kN·m，这表明巨柱压缩引起的环梁与楼面间竖向变形差会显著增加径向支撑的附加弯矩，因此径向支撑强度设计时考虑巨柱压缩引起的附加弯矩是非常有必要的。

另外，巨柱的压缩也将引起环梁产生 42kN·m 的附加扭矩，由于环梁的截面抗扭承载力较高，附加扭矩仅为其承载力的 6% 左右，不会对环梁的强度设计产生影响。

8.4 小结

上海中心外幕墙支撑结构体系构成特殊，与主体结构连接关系复杂，导致其施工过程力学行为复杂，通过对其施工过程进行模拟分析，可得到如下结论：

（1）由于设备层刚度柔且不均匀性较强，即使采用逐层找平的施工方法，施工完成后环梁与设计标高的偏差仍达到 31.7mm，最大与最小位移相差达 17.3mm。根据幕墙支撑结构施工过程模拟分析结果，采用吊点预抬高和吊杆长度调整的措施对环梁标高进行预调整，保证了幕墙的几何形态和安全使用。

（2）幕墙支撑结构为由吊杆串联的结构系统，其整体竖向刚度较柔，施工过程对幕墙支撑结构内力分布影响较小。

（3）主体结构巨型框架 + 次框架的构成特点，导致巨柱区间压缩量会引起幕墙支撑结构与主体结构楼面发生数值较大且分布规律复杂的竖向位移差，通过施工模拟方法对底环梁竖向伸缩节点、短支撑内端节点主体压缩下的滑动行程进行了确定。

（4）主体结构施工引起的巨柱区间压缩将引起径向支撑较大的附加弯矩，最大附加弯矩应力比达到 0.3，其对幕墙支撑结构安全的影响不容忽视。

CHAPTER 第9章

幕墙支撑结构特殊节点分析与设计
Analysis and design of the special joints

9.1 引言

上海中心大厦幕墙系统分区悬挂重量重、高度高、刚度柔，在各类荷载及非荷载效应下，幕墙支撑结构会相对主体结构产生较大的相对位移，这将导致幕墙支撑结构内部产生较大的次应力，为保证幕墙支撑结构正常使用，降低支撑结构应力水平，防止因支撑结构失效造成玻璃破碎，在幕墙支撑结构与主体结构之间设计了几种特殊的节点（图 9.1），用以吸收幕墙与主体结构间的相对竖向位移。

这些节点包括：（1）底环梁竖向伸缩节点，位于底环梁与休闲层之间，为底环梁提供侧向约束，同时吸收底环梁与休闲层相对位移，防止底层幕墙板块受压破坏；（2）底环梁水平伸缩节点，位于底环梁中，用于释放底环梁温度内力，防止底环梁膨胀收缩致使竖向伸缩节点卡死，无法滑动；（3）限位约束，位于各层环梁与楼面相切位置，为环梁提供环向扭转约束，同时在竖向和水平向能自由滑动；（4）短支撑内端节点，位于限位约束两侧短支撑内端，能沿竖向自由滑动，用于释放竖向位移引起的短支撑附加内力；（5）交叉支撑（拉索）内端节点，位于交叉拉索及 V 口处径向支撑内端，允许支撑内端上下转动，以吸收幕墙与主体结构相对位移[15]。

限位约束节点、交叉支撑内端节点、底环梁水平伸缩节点的设计已在第 4 章进行介绍，由于底环梁竖向伸缩节点及短支撑内端节点采用了特殊的滑动构造，受力复杂且易发生自锁，其分析和设计过程均较为复杂，因此在本章进行专项介绍。因各区结构布置相似，节点受力特性基本相同，如未特别说明节点分析均以 2 区为例。

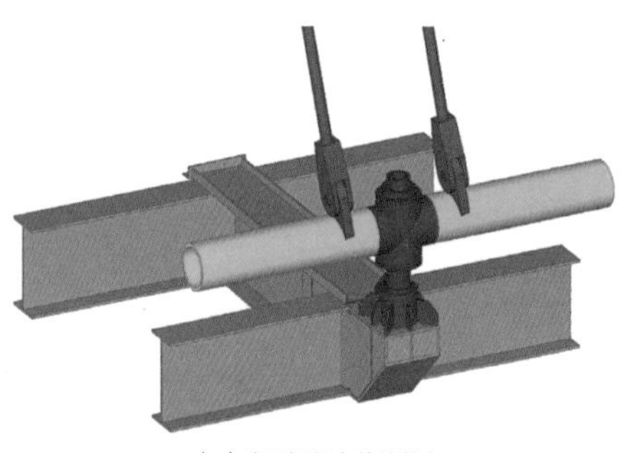
（a）底环梁竖向伸缩节点

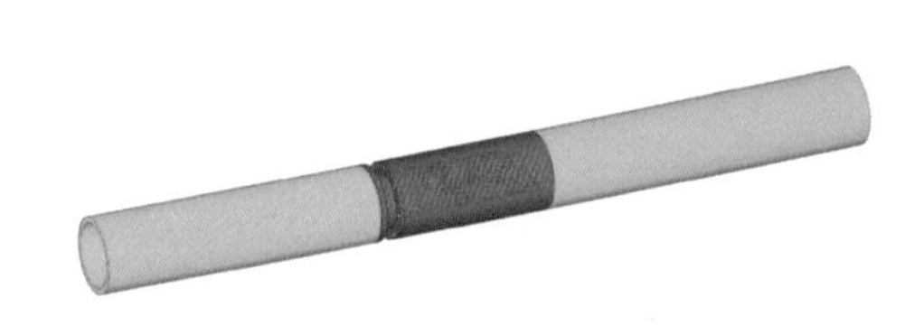
（b）底环梁水平伸缩节点

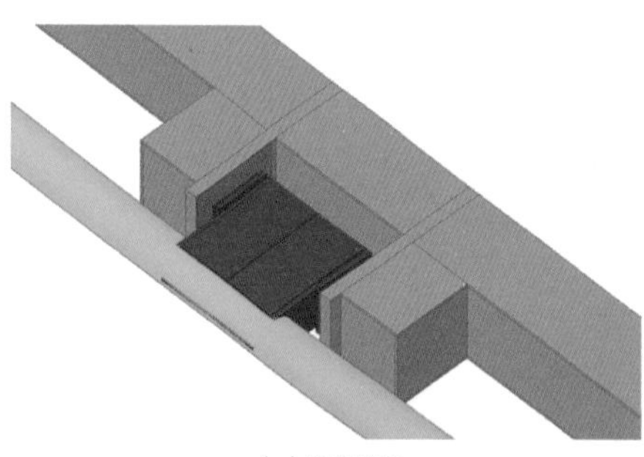
（c）限位约束

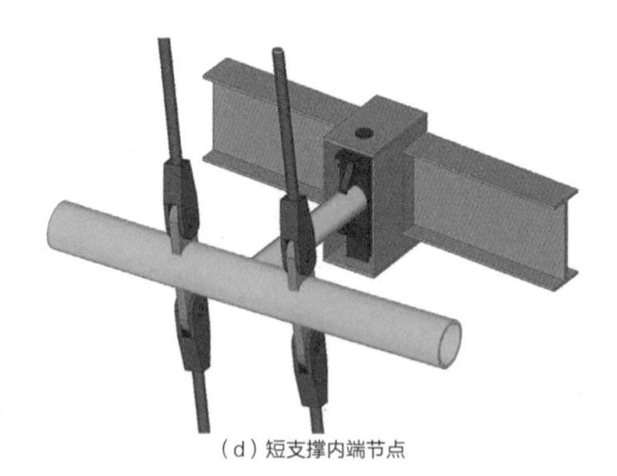
（d）短支撑内端节点

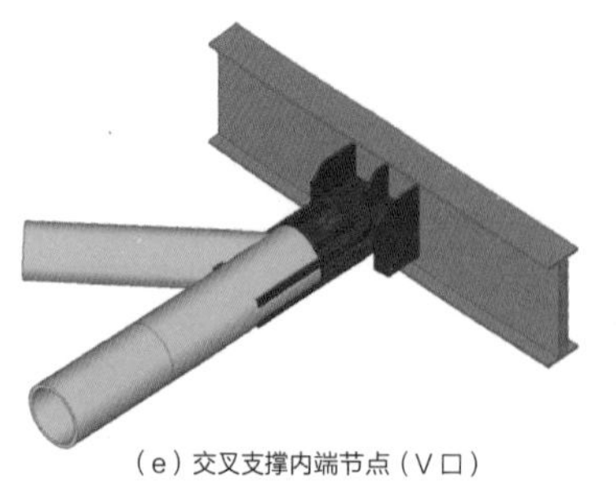
（e）交叉支撑内端节点（V 口）

（f）交叉拉索内端节点

图 9.1 外幕墙特殊节点构造分类

9.2 底环梁竖向伸缩节点

9.2.1 节点作用及工作机理

每区底层环梁位于休闲层楼板之上 540mm（净距 360mm），无法在这一层设置径向支撑为其提供支承。因此，在方案阶段每区底环梁设置了 50 个立柱通过套筒连于楼面结构，形成竖向可伸缩构造（图 9.2），伸缩立柱分别位于吊杆下部及两组吊杆之间的环梁跨中，如图 9.3 所示。

套筒内设置减摩双滑环，并与焊接在环梁上的立柱紧密接触。这样的连接方式，可以约束环梁在水平面内的移动，并限制环梁由于幕墙偏心悬挂产生的扭转，同时允许环梁相对主楼上、下滑动。

9.2.2 节点设计难点

竖向伸缩节点的设计难点主要体现在两方面：一是伸缩变形量大且成因复杂；二是节点受力复杂，易发生自锁。

1. 伸缩变形量大且成因复杂

幕墙支撑结构在施工阶段和正常使用阶段均会发生相对于主体结构的各类复杂的竖向位移，而底环梁竖向伸缩节点的滑动范围须能容纳这些位移。由于这些复杂的相对变形已在前文各章有详细分析，这里仅按荷载作用的类型分类如下：

一是竖向荷载（作用）引起的变形（图 9.4）。在幕墙悬挂重力及设备层附加恒活荷载作用下，幕墙顶部吊点将产生较大的竖向位移；吊杆自身也将因吊挂作用而伸长。此外，竖向地震作用亦将引起幕墙结构产生较大的竖向变形。

二是水平荷载（作用）引起的变形（图 9.5）。在水平地震作用或风荷载作用下，主体结构的侧向弯曲效应较大，带动幕墙亦产生随动变形，从而造成幕墙相对主结构发生一侧向上另一侧向下的位移。

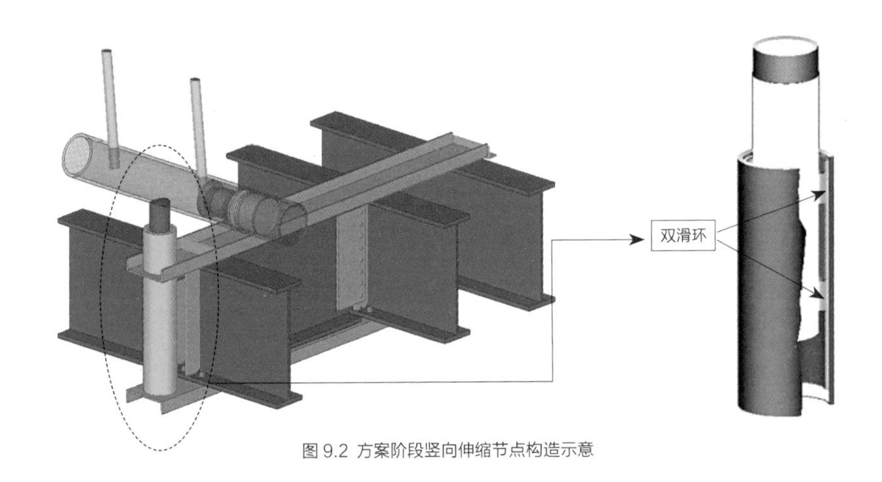

图 9.2 方案阶段竖向伸缩节点构造示意

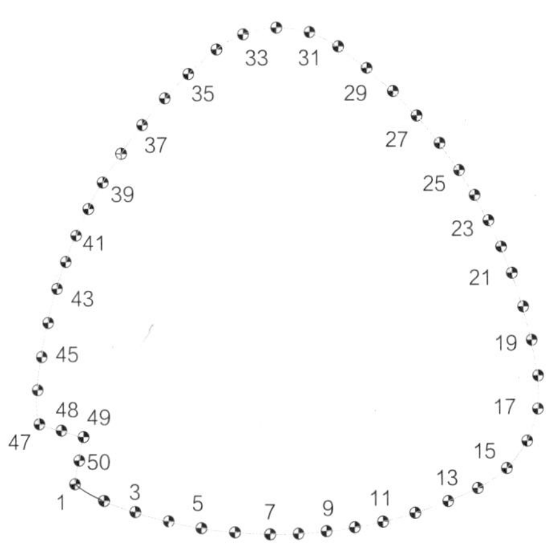

图 9.3 方案阶段底环梁竖向伸缩节点布置

三是非荷载效应引起的变形（图 9.4）。由于主体结构超高、重量大且建造时间长，幕墙施工完成后，主结构仍产生较大的后继区间压缩变形，从而带动幕墙结构产生较大的竖向位移。此外，在温度作用下，由于吊杆的伸长、缩短，亦将导致底环梁相对休闲层楼面主结构产生竖向变形。

伸缩节点的滑动行程按节点的工作模式可分为张开和闭合两种情况。为保证节点滑动行程设计的保守性和可靠性，计算节点“张开”位移时，不考虑幕墙顶部悬挂设备层在附加恒载及附加活载作用下向下的竖向位移；计算节点“闭合”位移时，不考虑幕墙底部休闲层在附加恒载及附加活载作用下向下的竖向位

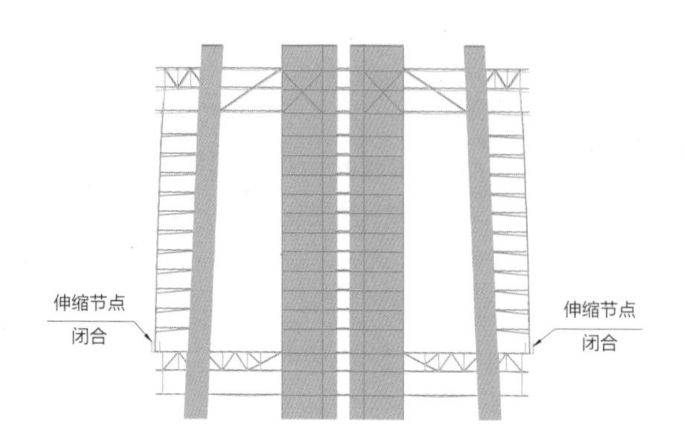

图 9.4 竖向荷载及非荷载效应引起的竖向伸缩节点变形

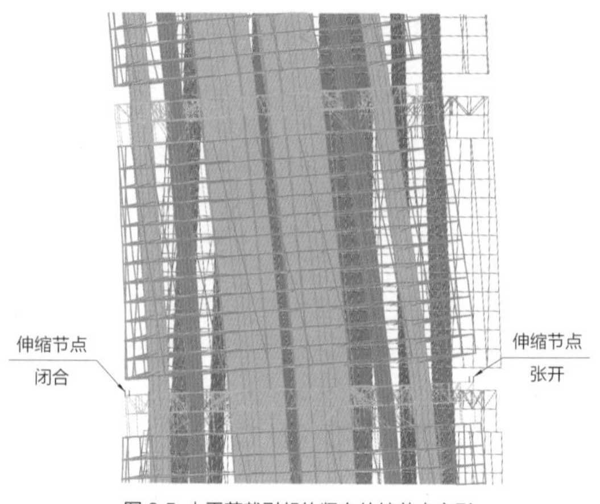

图 9.5 水平荷载引起的竖向伸缩节点变形

移。另外，尽管幕墙施工过程中可以对吊点变形、吊杆伸长进行预调整，使幕墙施工后，底环梁位于设计标高，从而抵消幕墙支撑结构自重下的竖向位移，但在确定节点滑动行程时，未考虑这些有利影响，将其作为滑动量的安全储备。

计算滑动行程时，依照《建筑结构荷载规范》GB 50009 规定的标准组合进行。其中，恒载包括幕墙自重及设备层附加恒载；活载主要为设备层机房荷载；主楼压缩指幕墙施工悬挂后同区段塔楼在后续荷载（作用）下的压缩量，包括弹性压缩及收缩、徐变变形，其组合系数取为 1.0。详细的荷载组合如表 9.1 所示。以 2 区为例，竖向伸缩节点各工况下以及最终组合的“张开”、“闭合”位移计算见表 9.2。

由表 9.2 可知，总的滑动行程由第 5 项组合“1.0 恒载 +1.0 主楼压缩 +0.5 活载 +1.0 水平中震 +0.5 竖向中震”控制。而幕墙自重和主楼压缩下的位移分别达到了 48mm 和 45.9mm，在总滑动行程中占比最大。

2. 节点受力复杂，易发生自锁

一是伸缩节点立柱两侧环梁跨度不均匀、吊点支承刚度不均匀引起的环梁不均匀竖向变形，以及休闲层楼面的不均匀变形，都将导致连接休闲层楼面与底环梁的伸缩节点产生较大的环向弯矩和剪力作用。二是幕墙板块的偏心悬挂以及风荷载的作用，导致节点在径向也产生较大的弯矩和剪力作用。

这些剪力、弯矩将引起滑环与外套管间的挤压力（图 9.6），从而产生阻碍滑动的摩擦力。如摩擦力

表 9.1　竖向伸缩节点滑动行程计算组合

	恒载	主楼压缩	活载	风荷载	小震作用		中震作用		温度作用
组合	S_{GK}	S_{CK}	S_{QK}	S_{WK}	S_{EFH}	S_{EFV}	S_{EMH}	S_{EMV}	S_{T30}
1	1	1	0.9	1	0	0	0	0	0
2	1	1	1	0.6	0	0	0	0	0
3	1	1	0.5	0.2	1	0.5	0	0	0
4	1	1	0.5	0.2	0	1	0	0	0
5	**1**	**1**	**0.5**	**0**	**0**	**0**	**1**	**0.5**	**0**
6	1	1	0.5	0	0	0	0	1	0
7	1	1	0.9	0	0	0	0	0	1
8	1	1	0.9	0.6	0	0	0	0	1
9	1	1	0.9	1	0	0	0	0	0.7
10	1	1	0.5	0	1	0.5	0	0	0
11	1	1	0.5	0	0	1	0	0	0

表 9.2 伸缩节点滑动行程

荷载 / 作用类型		代号	张开位移（mm）	闭合位移（mm）
恒载	幕墙自重	S_{GK1}	—	48
	附加恒载（顶部）	S_{GK2}	—	7.5
	附加恒载（底部）	S_{GK3}	27.3	—
主楼压缩		S_{CK}	—	45.9
活载	活载（顶部）	S_{QK1}	—	10.5
	活载（底部）	S_{QK2}	28.6	—
风荷载		S_{WK}	22.5	22.5
小震作用	水平	S_{EFH}	10.7	10.7
	竖向	S_{EFV}	12.7	12.7
中震作用	水平	S_{EMH}	31.5	31.5
	竖向	S_{EMV}	35.6	35.6
温度作用		S_{T30}	22	22
控制荷载组合			5	5
位移（考虑施工预调）			90.9	113.2
位移（未考虑施工预调）			90.9	161.2

大于驱动力——底层环梁及板块重量，节点将不能滑动，发生自锁。自锁后，将使底层吊杆和幕墙板块等竖向受挤压，造成玻璃板块破裂。

尽管弯矩与剪力均会产生摩擦力，但二者并不存在叠加效应。为便于分析，将立柱在环梁形心处的剪力等效为作用于双滑环形心的剪力和附加弯矩联合作用，弯矩则直接等效至滑环形心处，并用柱状图表示双滑环处的挤压力（图 9.7）。如图 9.8 所示，当等效后的弯矩与剪力合成时，其中一个滑环为压力叠加，另一个为压力抵消，两个滑环的叠加值与抵消值始终相等，故总压力和始终等于弯矩或剪力产生的总压力较大者。即，当弯矩较大时，摩擦力由弯矩控制，当剪力较大时，摩擦力由剪力控制。

9.2.3 节点初步受力分析及滑动验算

1. 节点初步受力分析

为便于说明，首先定义节点的局部坐标系如图 9.9 所示。除 V 口区域外，一般地，2 向为环向，3 向为径向。

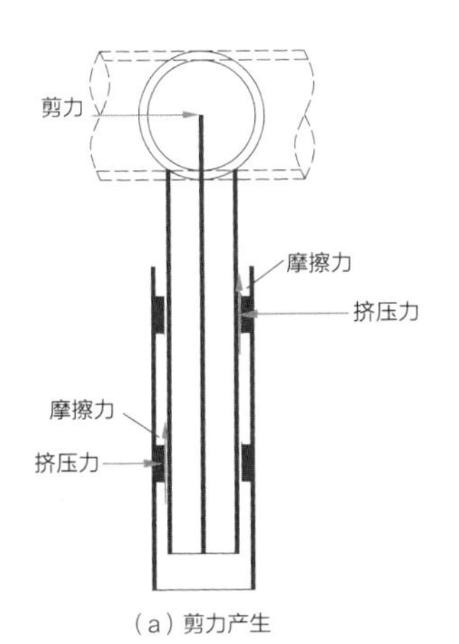

（a）剪力产生

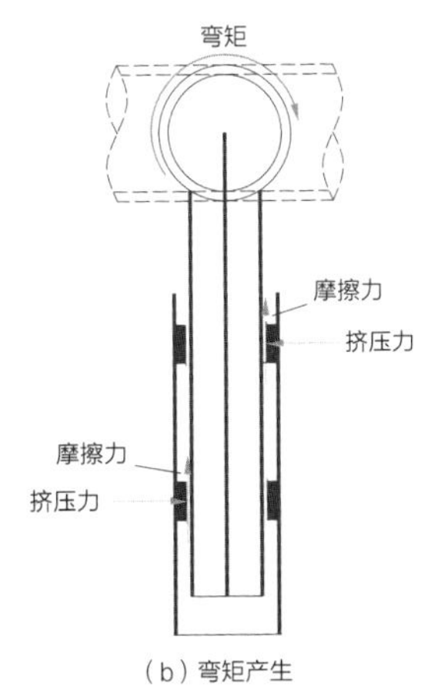

（b）弯矩产生

图 9.6 滑环与立轴间挤压力、摩擦力

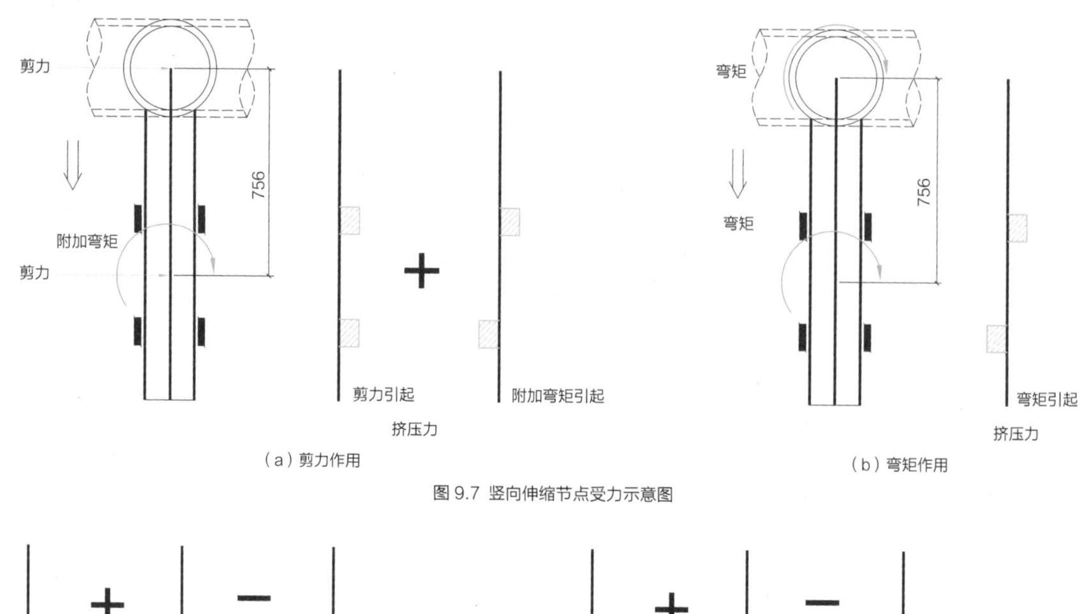

图 9.7 竖向伸缩节点受力示意图

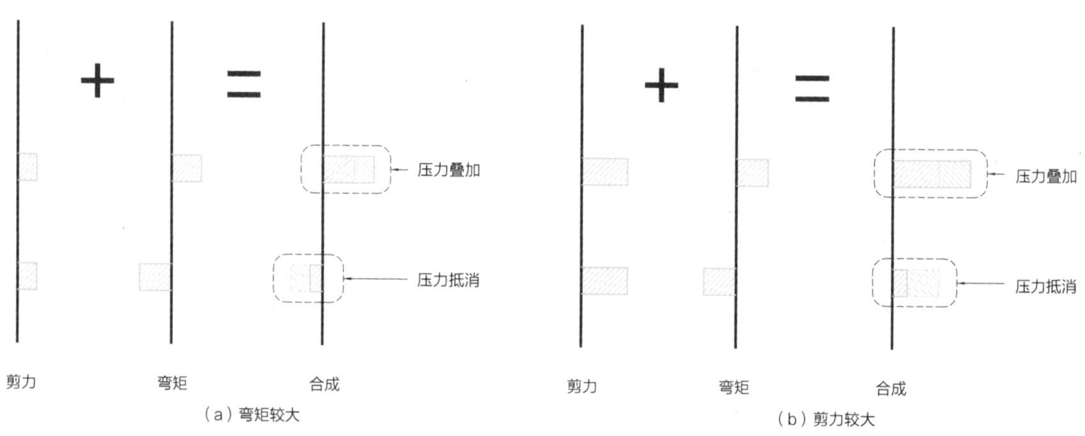

图 9.8 弯矩和剪力下滑环压力合成示意

如前文所述，竖向伸缩节点所受的作用力从方向性角度可分为环向和径向两方面。

沿环向弯矩 M_3 和剪力 V_2，主要由两个方面因素造成。第一方面，在幕墙重力作用下，环梁沿环向产生明显的不均匀竖向变形，伸缩节点立柱将承受两侧环梁的不平衡弯矩（图 9.10a），从而使得立柱上产生环向的弯矩和剪力；第二方面，底环梁通过伸缩节点的立柱与休闲层楼面相连，由于休闲层楼面为大悬挑结构，在楼面竖向荷载下变形较大且不均匀，将通过伸缩节点立柱带动底环梁整体受力，从而在伸缩节点立柱产生环向弯矩和剪力（图 9.10b）。

沿径向弯矩 M_2 和剪力 V_3，主要由板块偏心悬挂（图 9.11），风荷载以及不均匀的竖向变形引起。在 V 口区域，楼面变形也会引起较大的径向弯矩与剪力。

以 2 区为例，内力分析得出立柱在环梁形心处的最大内力如表 9.3 所示。

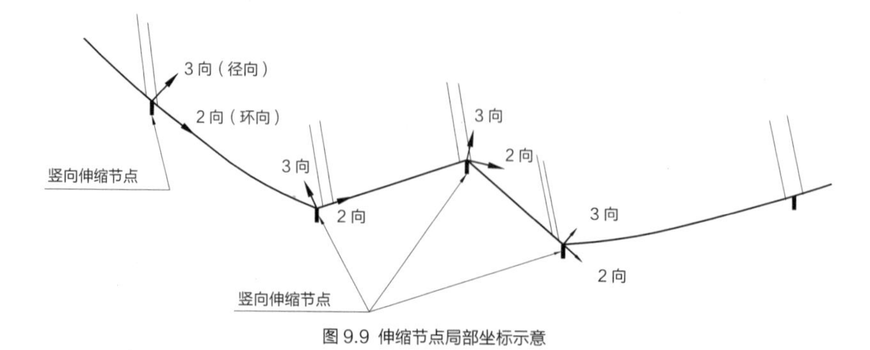

图 9.9 伸缩节点局部坐标示意

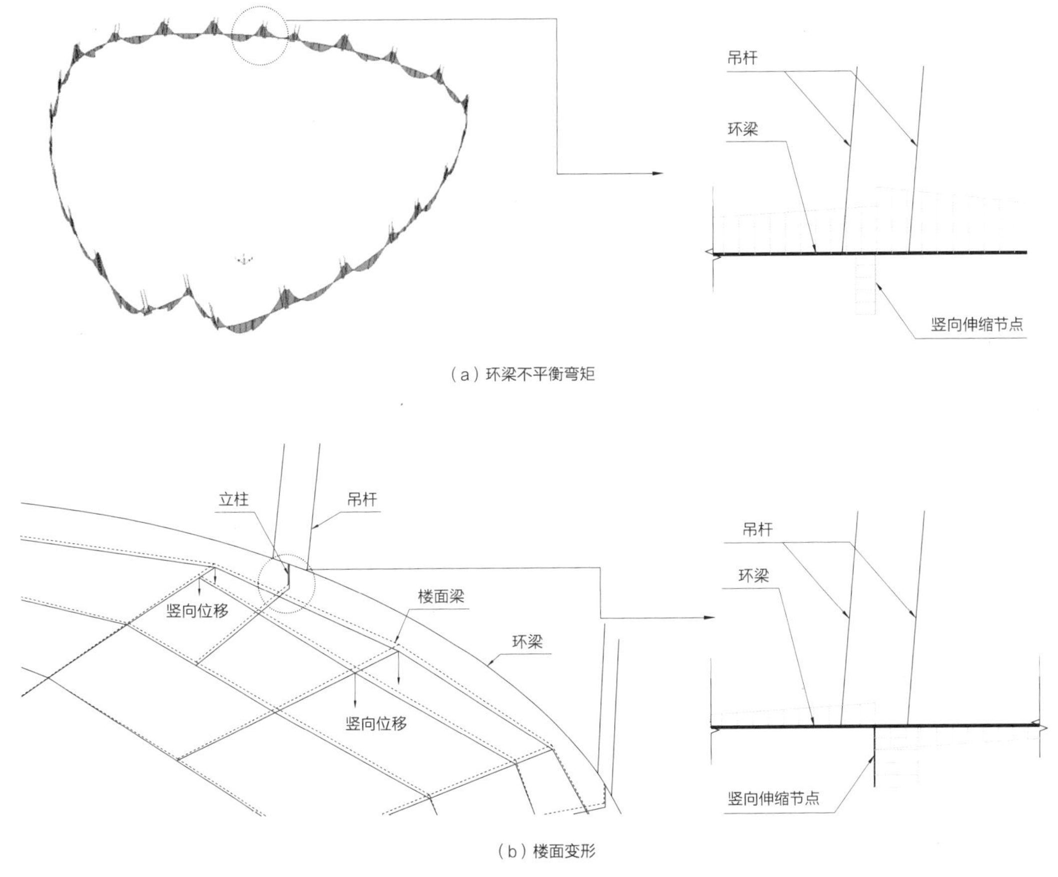

（a）环梁不平衡弯矩

（b）楼面变形

图 9.10 竖向伸缩节点沿环向弯矩产生原因

将立柱在环梁形心处的剪力等效为作用于双滑环形心的剪力和附加弯矩，等效后双滑环承受的径向和环向弯矩情况如表 9.4、表 9.5 所示。为便于分析不同弯矩成分对节点滑动的影响，表中同时列出了各种工况下滑环内力的比例关系。

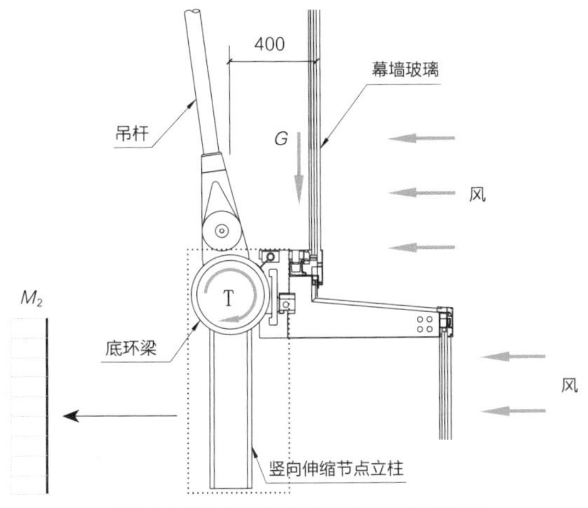

图 9.11 竖向伸缩节点沿径向弯矩产生的原因

由表 9.3 可知径向总剪力 V_3 仅为 87kN，因此，等效至滑环中心的剪力引起的挤压力亦为 87kN，而总的径向弯矩 M_2 为 179kN·m（表 9.4），引起的挤压力将达到 869kN（按滑环间距 412mm 计算）；同样，等效至滑环中心的环向剪力引起的挤压力为 24kN，对应的环向总弯矩引起的挤压力为 937kN。可见，弯矩引起的挤压力远远大于剪力引起量。

由表 9.4 可知，作用于双滑环形心总的 M_2 弯矩为 179kN·m，直接由立柱在环梁处的 M_2 弯矩引起的量为 110kN·m，占 61%，剪力偏心等效的附加弯矩为 69kN·m，占 39%，剪力附加弯矩的比重较大。由表 9.5 可知，双滑环承受总的 M_3 弯矩为 193kN·m，直接由立柱在环梁处的 M_3 弯矩引起的量为 173kN·m，占 90%，为主要成分，剪力偏心等效的附加弯矩为 20kN·m，仅占 10%，比例较小。另外，按工况来分，休闲层附加恒活载引起的 M_3 弯矩达到了总 M_3 弯矩的 59%，占比最多。

总的来说，双滑环的挤压力由弯矩控制，且环向

表 9.3　立柱在环梁形心处的内力

	幕墙自重				风	附加恒活				主楼压缩	
	V_2（kN）	M_3（kN · m）	V_3（kN）	M_2（kN · m）	V_3（kN）	V_2（kN）	M_3（kN · m）	V_3（kN）	M_2（kN·m）	M_2（kN·m）	M_3（kN·m）
内力	17	41	10	47	48	7	114	29	44	19	18

表 9.4　双滑环径向弯矩（M_2）

	幕墙自重		风	附加恒活		主楼压缩	总 M_2 弯矩
	V_3 附加 M_2（kN）	M_2（kN · m）	V_3 附加 M_2（kN）	V_3 附加 M_2（kN）	M_2（kN · m）	M_2（kN · m）	M_2（kN · m）
内力数值	8	47	38	23	44	19	179
比例	4.5%	26.3%	21.2%	12.8%	24.6%	10.6%	100.0%

表 9.5　双滑环环向弯矩（M_3）

	自重		附加恒活		主楼压缩	总 M_3 弯矩
	V_2 附加 M_3（kN）	M_3（kN · m）	V_2 附加 M_3（kN）	M_3（kN · m）	M_3（kN · m）	M_3（kN · m）
内力数值	14	41	6	114	18	193
比例	7.3%	21.2%	3.1%	59.1%	9.3%	100.0%

与径向两个方向的总弯矩基本相当。在径向弯矩中，剪力偏心效应引起的节点附加弯矩占比较大，超过 50%。沿环向的弯矩中，休闲层楼面变形引起的弯矩占比较大，超过 50%。

2. 初步滑动验算

根据表 9.3 ~ 表 9.5 所列双滑环受力，对该节点滑动性能做初步的校核。根据竖向伸缩节点的滑动驱动力情况，将其分为 A、B 两类（图 9.12）：A 类位于环梁跨度较小处，每跨悬挂 4 块玻璃面板；B 类位于环梁跨度较大处，每跨悬挂 6 块玻璃面板，相应的滑动驱动力更大。验算的基本参数如表 9.6 所示。

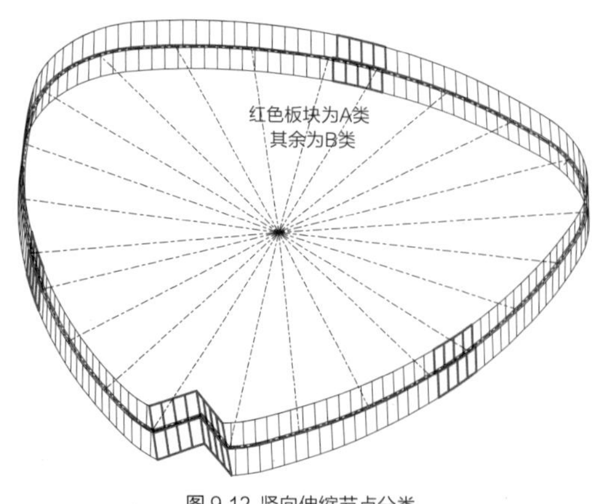

图 9.12 竖向伸缩节点分类

表 9.6　竖向伸缩节点验算参数

参数	数值
滑环间距	412mm
摩擦系数	根据试验结果取值约 0.07
环梁自重	2.0kN/m；A 类长 4m，B 类长 6m
玻璃板块重力	0.9kN/m^2；高 2.55m
幕墙板块下部插接处的摩擦阻力	1.039kN/m
安装误差产生的径向剪力	14.5kN

根据上述参数进行分析，结果表明，节点的摩擦力主要由弯矩控制。以滑动驱动力较大的 B 类伸缩节点为例，节点的滑动驱动力为 19.5kN，而总的摩擦力为 89kN，摩擦力是驱动力的 4.6 倍，节点无法滑动。另外，计算表明仅幕墙自重下，摩擦力已达到 26.3kN，已超过节点的滑动驱动力，可见节点存在严重的自锁问题。由于单个竖向伸缩节点的对应的环梁跨度有限，即使将环梁改为实心钢棒，其最大驱动力也仅为 33.8kN/m，节点仍无法滑动。因此有必要对节点构造进行优化和调整，以减小滑环受力，保证节点在各种工况下可以滑动。

9.2.4　节点构造优化

根据上小节分析的问题，节点构造优化主要从两

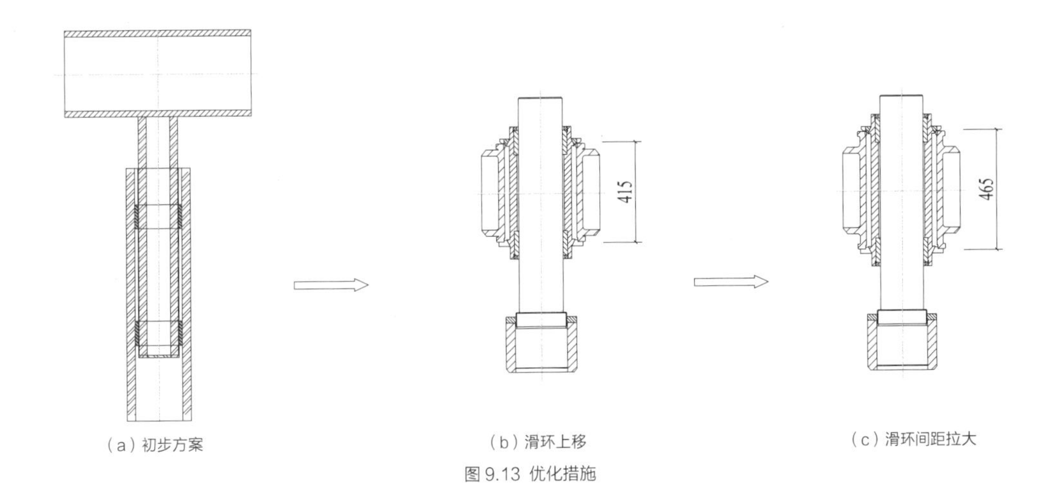

（a）初步方案　（b）滑环上移　（c）滑环间距拉大

图 9.13 优化措施

方面寻求解决办法，一是减小滑环与立柱之间的挤压内力，从而减小摩擦力；二是增加促使滑动的驱动力。具体优化措施如下：

1. 滑环位置优化

将双滑环中心上移到环梁形心位置，可消除剪力偏心引起的附加弯矩。分析表明，合成总弯矩由上移前的 263kN・m 减少到 205kN・m，弯矩下降 22%。

增大滑环间距。将滑环间距由原方案 412mm 增加到 465mm，由弯矩引起的滑环压力相应地减小 11%。

2. 伸缩节点数量减半

将竖向伸缩节点的数量由 50 个减少到 25 个，数量减半后，单个竖向伸缩节点对应的环梁跨度加倍，从而使节点的驱动力加倍。

3. 环向抗弯约束释放

经过上述优化后，竖向伸缩节点共计 25 个，对其重新编号，如图 9.14 所示。对优化后的方案，分别计算径向、环向总的弯矩和剪力作用下双滑环压力之和的分布，结果如图 9.15 所示。从中可以看出，无论是径向还是环向，滑环压力均由弯矩控制，且一般情况下，环向弯矩 M_3 大于径向弯矩 M_2，滑环压力由环向弯矩控制。在普通位置（V 口位置以外），滑动最不利的点为 9 号点，其 M_3 引起的滑环压力约为 M_2 的 8 倍。

绘制所有点位双滑环在不同工况下承受的弯矩作用，如图 9.16 所示，可以看出，除 V 口区域外，径向弯矩 M_2 值较为稳定，环向弯矩 M_3 有较大的起伏，数值较大，且 M_3 主要由休闲层的附加恒活载所引起，分析表明，该内力为休闲层楼面变形通过伸缩节点立柱带动环梁转动引起。可见，休闲层附加恒活载引起的双滑环在环向的弯矩 M_3 成为阻碍节点滑动的主要矛盾。

进一步研究表明，释放伸缩节点对环梁的环向弯曲约束并不会对环梁的强度和刚度带来不利影响。为此，释放竖向伸缩节点对环梁的环向弯曲约束，形成半刚接节点构造，如图 9.17 所示，在立柱与管接套筒（连接环梁）间设置内套筒，通过立柱与内套筒间的双滑环实现竖向滑动。内套筒与管接间，在下部设置球面构造形成球铰，使内套筒与管接间可相对转动，以释放环向弯矩 M_3；在上部与管接连接处设置径向限位构造，以限制二者在径向的相对转动，实现对环梁的扭转约束。

此外，由图 9.16 还可知，在 V 口位置，环向弯矩 M_3 和径向弯矩 M_2 数值均很大，但由于 V 口处环梁

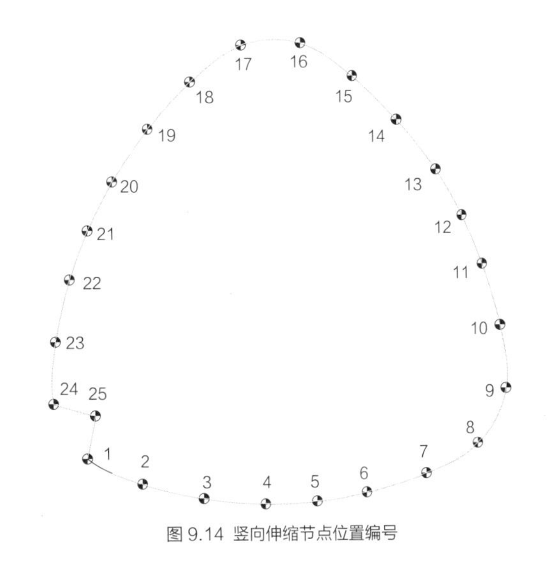

图 9.14 竖向伸缩节点位置编号

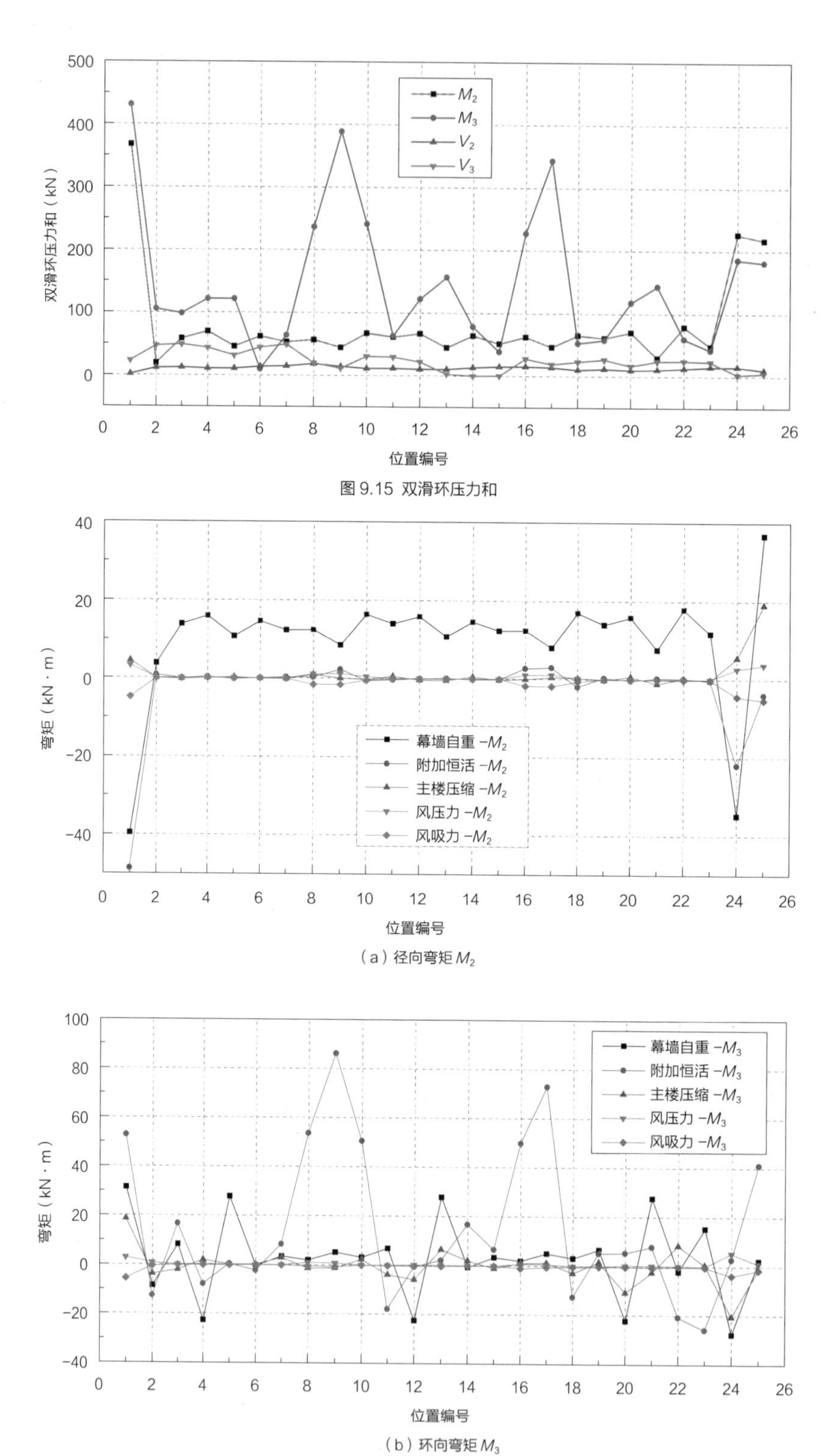

图 9.15 双滑环压力和

（a）径向弯矩 M_2

（b）环向弯矩 M_3

图 9.16 双滑环承受的弯矩

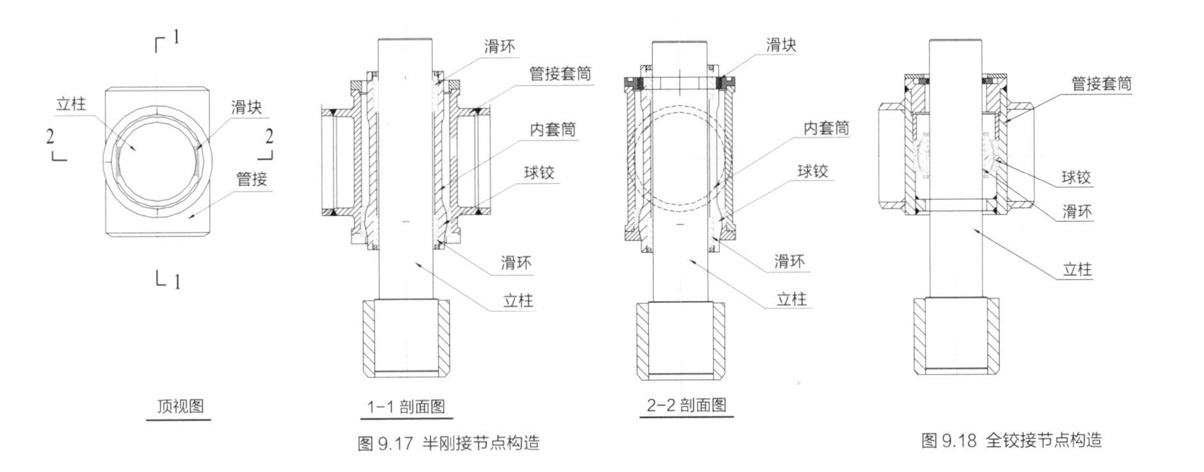

图 9.17 半刚接节点构造

图 9.18 全铰接节点构造

特殊的折线构型，环梁的扭转可实现自平衡，无需依靠竖向伸缩节点的径向抗弯约束来为环梁提供环梁扭转约束，因此对节点环向和径向的双向弯曲约束同时释放，形成全铰接节点构造，如图 9.18 所示，在半刚接节点构造的基础上，取消内套筒，直接于管接套筒和立柱之间设置球铰及滑环，实现节点双向自由转动和竖向滑动。

经上述约束释放后，滑环承受的最大弯矩由未释放时合成弯矩的 87kN・m 下降为释放后径向弯矩的 18kN・m，下降了 79%。

4. 最终的节点构造

经过上述一系列优化，双滑环承受的弯矩由优化前的双向弯矩 $\sqrt{179^2+183^2}$ =256kN・m 下降为 18kN・m 的径向弯矩，弯矩总共下降了 93%。双滑环总压力和由优化前的 1243kN 下降为 77kN，仅为优化前的 6%。滑环压力仍由弯矩控制，但在多数位置，弯矩引起量与剪力引起量已基本相当。

最终采用的节点构造方案为，在 V 口以外区域采用半刚接节点构造，每区计 22 个，如图 9.17 所示；在 V 口位置采用全铰接节点构造，每区计 3 个，如图 9.18 所示。主要的零部件中，管接套筒、内套筒采用 ZG340-550H 铸钢，立柱采用 35CrMo，滑环为铜合金，球铰和滑块分别为铝青铜和高力铜。

5. 滑动复核和设计

根据构造优化后的节点内力并考虑在环梁内施以 1.5kN/m 的配重，经复核，各节点驱动力与摩擦力之比均超过 2，最小值为 2.32（图 9.19），具有较高的滑动冗余度。针对 V 口区域，考虑其受力复杂，加大配重至 3.5kN/m 以避免底部吊杆受压。

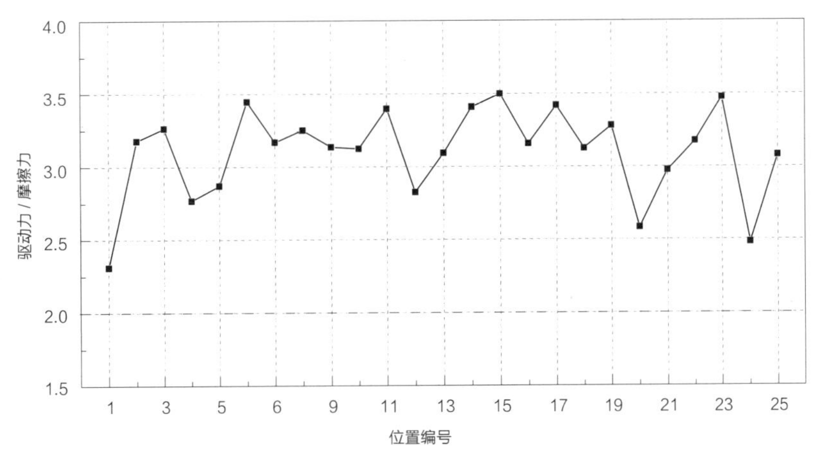

图 9.19 竖向伸缩节点驱动力 / 摩擦力

9.2.5 节点强度有限元分析

底环梁竖向伸缩节点构造复杂，节点组成零件多，且各零件间多为接触传力，为保证节点的设计安全，采用有限元对底环梁竖向伸缩节点进行应力分析，以确保节点强度满足设计要求。

有限元分析采用 ABAQUS 软件，单元采用三维四面体及六面体 C3D4、C3D6、C3D8R 单元。在立柱与滑环、滑环与套筒、套筒与管接间建立接触关系，接触面间摩擦模型为库仑摩擦，滑环摩擦系数采用 0.07，该摩擦系数为试验确定。模型中 Q345、ZG340–550H，铜合金采用弹塑性模型，其余材料均为线弹性。

底座按实际边界条件设置为固定约束，约束节点 UX、UY、UZ 方向线位移。在节点左右两侧环梁上施加荷载，荷载由整体计算模型提取，具体数值如表 9.7 所示（局部坐标方向参见图 9.9）。分析得到竖向伸缩节点的应力分布如图 9.20 所示。

（a）整体应力云图

（b）整体应力云图（剖面）

（c）滑块滑板应力云图

（d）球轴承应力图

（e）套筒应力云图

（f）滑环应力云图

（g）实心轴应力云图

（h）底座应力云图

图 9.20 竖向伸缩节点应力云图

表 9.7 有限元模型施加的荷载

内力	方向	左侧（kN·m）	右侧（kN·m）
弯矩 M_3	径向向心	–190	190
扭矩 T	环向向右	5	50
弯矩 M_1	竖向向上	–140	140
剪力 V_3	径向向心	–95	–95
剪力 V_2	环向向右	–90	–40

竖向伸缩节点主要承受节点两侧环梁传来的水平竖向弯矩（M_1，M_3）、水平剪力（V_3）及环梁扭矩（T）。环梁两侧弯矩较大，但其在管接铸钢件内自平衡，不向立柱传递。而环梁的水平剪力及扭矩则需通过与立柱间的接触向立柱传递，从而引起立柱受弯。

从图 9.20（a）可见，由于两侧环梁的水平、竖向弯矩以及水平剪力在管接铸钢件内形成较大的合成弯矩，从而在横竖管交界面处引起较大应力，最大应力为 335MPa（图 9.20a），达到 ZG340–550H 屈服强度。环梁水平剪力通过滑块和滑板向立轴传递，由于滑块滑板等接触面积较小，从而应力水平较高，局部应力为 351MPa（图 9.20c），约等于高力铜的屈服强度。同时，水平剪力作用下，立柱根部弯矩较大，引起立柱根部和底座固定套接触面边缘应力较高，约 340MPa（图 9.20g~h），小于 Q345、40Cr 钢材屈服强度。

总体上看，节点应力水平较高区域范围较小，均属于构件形状突变的应力集中区域，小部分区域应力达到屈服强度后钝化，应力重分布，并不影响节点的整体强度。其余部件均在屈服强度以内。

9.2.6 节点滑移性能试验验证

为对内嵌铜合金滑环（图 9.21）的竖向伸缩节点在不同荷载水平下的滑移性能进行验证，并测试滑环的摩擦系数为竖向伸缩节点滑动验算提供依据，特进行了试验研究。

节点滑移性能及摩擦系数测试采用图 9.22 所示装置，通过调整两个 500kN 作动器输出力比例可模拟不同压力等级下伸缩节点承受的弯矩和轴力，竖直方向通过 100kN 作动器可推动支座外套筒与立柱发生相对滑移，节点滑动时作动器的输出力即为滑动时的摩擦力。试验共测试了 80kN、100kN、160kN、200kN、300kN、400kN、600kN 共 7 个压力等级下竖向伸缩节点的滑移性能，并换算出不同压力等级下的节点的滑动摩擦系数作为滑动验算的依据 [38]。

在测试过程中可以观测到内外套筒间缓慢的相对滑移，摩擦行为稳定。竖向伸缩节点在设定的压力等级下，具有良好的滑移性能，整个滑移过程持续稳定无明显突变、跳跃。观察图 9.23 给出的不同压力级下的摩擦力—移曲线可知，随着接触压力的增大，铜环滑动摩擦力的波动幅度逐渐减小，试验完成后观察到铜环有一定的磨损。

取摩擦力均值计算摩擦系数，可获得铜合金滑环摩擦系数随压力变化的曲线如图 9.24 所示。由图可以看出，摩擦系数位于 0.066~0.113，且呈现随接触压力增大而减小且趋于稳定的趋势。

图 9.21 竖向伸缩节点铜质滑环

（a）整体

（b）细部

图 9.22 伸缩节点试验实景

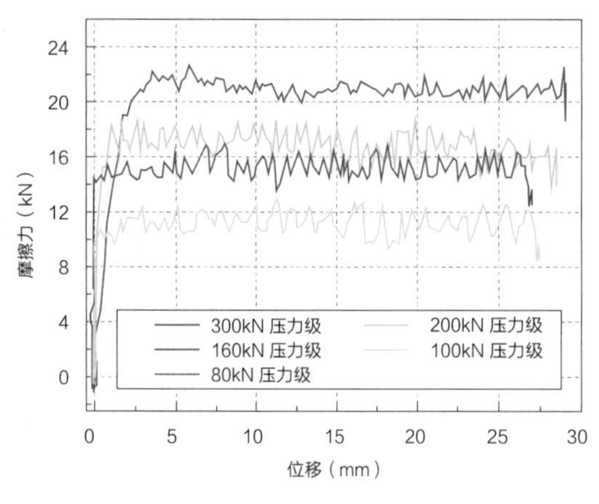

图 9.23 各级压力下摩擦力－位移曲线

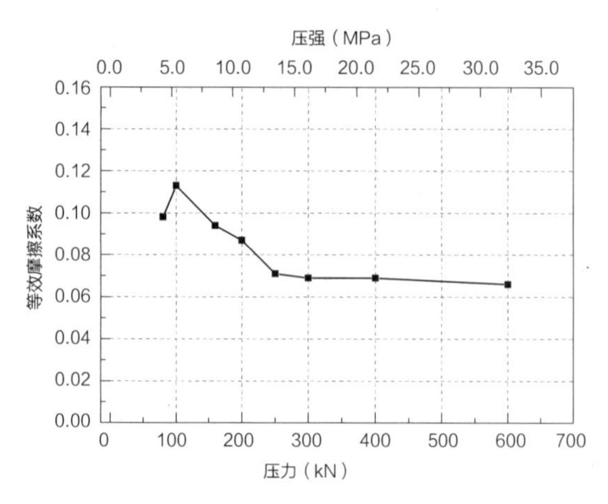

图 9.24 竖向滑移支座进口铜套等效摩擦系数随压力分布图

9.3 短支撑内端滑动节点

9.3.1 节点作用及工作原理

外幕墙与主体楼面相切位置，径向支撑长度较短，线刚度较大，对幕墙支撑结构的约束作用较强，如采用普通的铰接构造，幕墙与主体结构位移差（图 9.4、图 9.5）会在短支撑内引起较大的附加弯矩，从而导致短支撑受弯破坏。因此，在短支撑内端设置了滑动的节点形式（图 9.1d）以减小短支撑两端位移差，降低支撑附加弯矩，并同时为环梁提供水平向支撑和扭转约束。

短支撑内端节点最初采用了如图 9.25 所示内衬管和外套筒均为圆形的构造，由于环箍效应，滑环曲面的等效摩擦系数约为平面摩擦系数的 1.57 倍。为降低滑动面的摩擦系数，将径向支撑的构造调整为方形构造（图 9.26），该构造滑动面均为平面接触。铝青铜质滑垫固定于外套筒，并与内衬管紧密接触，从而为短支撑提供弯曲约束，防止环梁扭转。内衬管与楼面连接处设置销轴，使其可绕竖轴转动，以降低风荷载、温度作用下节点水平向附加弯矩。此外，由于短支撑应力水平较高，对其承载力适当提高采用 Q390 钢材，其余部分采用 Q345。

9.3.2 节点设计难点

图 9.27 所示为该节点的受力示意图，N 为风荷载、温度作用引起的径向支撑轴力，M 为由于板块偏心悬挂产生的偏心弯矩和相邻跨环梁扭转不平衡对径向支撑产生的端弯矩之和，此外环梁与楼面竖向相对位移变化也将引起径向支撑端弯矩的变化，在上述 N、M 组合作用下，滑动接触面产生法向压力 F，进而形成阻碍节点滑动的摩擦力。径向支撑剪力 P 既是套筒滑动驱动力，同时又会产生摩擦阻力增量。当以上两种因素引起的摩擦力大于节点驱动力 P 时将使节点“自锁”。

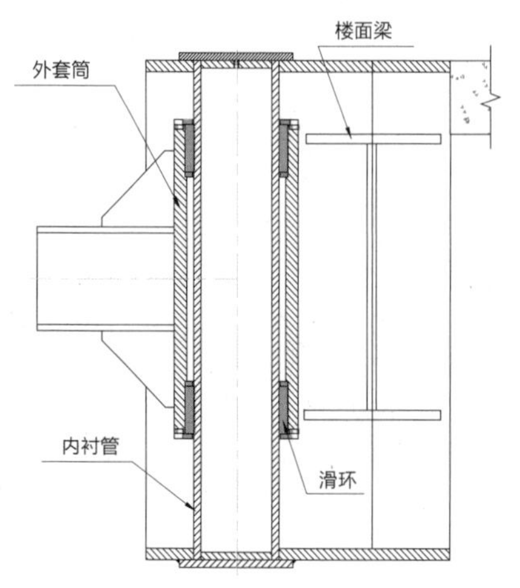

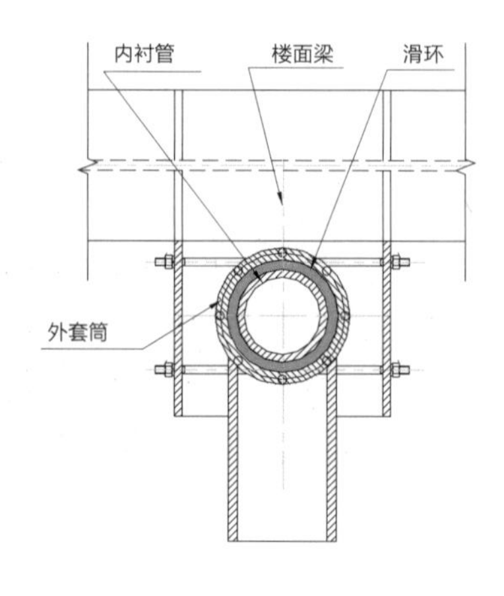

图 9.25 短支撑内端节点（圆形）

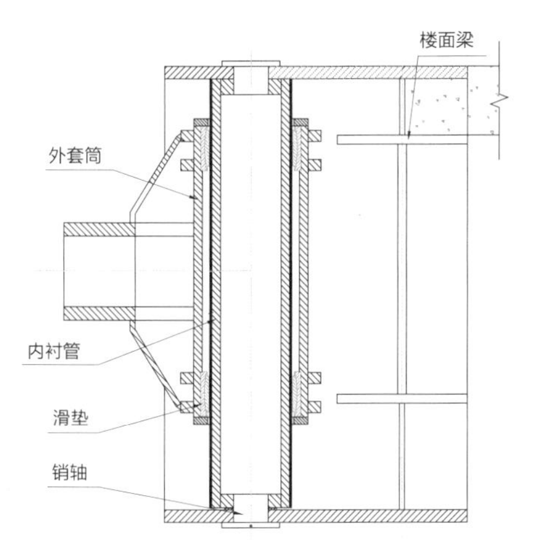

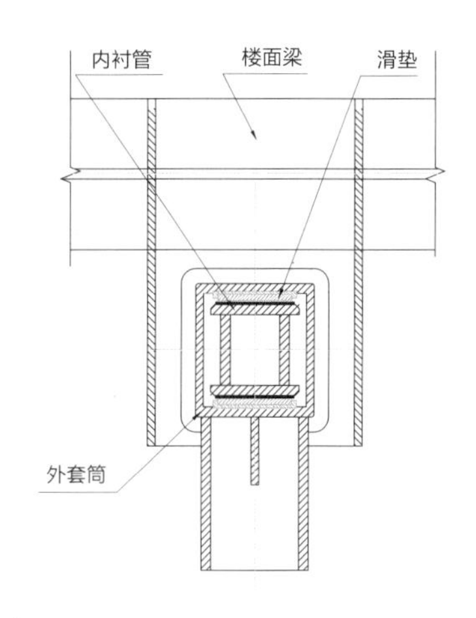

图 9.26 短支撑内端节点构造（方形）

此外，与底环梁伸缩节点一样，节点滑移量确定也是设计难点之一，其计算方法和原则与前者类似，不再赘述。

9.3.3 节点滑动性能分析

由于短支撑内端节点的受力比较复杂，节点滑动面的法向接触压力及竖向摩擦力，是随结构与楼面的相对竖向变形动态变化的，采用传统的分析方法无法准确判定节点能否滑动，节点能否滑动需建立包括摩擦单元的整体分析模型，经过反复迭代非线性计算确定。

1. 分析模型

综合考虑计算精度及计算效率，短支撑内端节点滑动分析采用单独幕墙区段模型进行，从幕墙与塔楼的整体模型中提取环梁相对楼面的竖向相对变形，并在幕墙单独模型中作为位移边界条件来实现滑动分析。为验证分析结果的有效性，采用 ABAQUS 与 SAP2000 两种软件分别建模进行对比分析。

2. 短支撑内端滑动节点模拟方法

短支撑内端滑动节点采用摩擦单元模拟，在刚性杆上下两端布置两个摩擦单元。摩擦单元通过刚性杆与结构连接（图 9.28）。

对于摩擦属性的模拟，在 SAP2000 中采用 T/C Friction Isolator[23] 单元，其本质是一个双轴摩擦摆模型，当将单元曲率的控制参数调整为 0 时，即可模拟两个平面接触面的摩擦行为，单元的摩擦模型是基于 Wen、Park 和 Ang 等 [39 ~ 41] 提出的滞回行为。在 ABAUQS 中采用 SLOT Connector[42] 单元，其主要特性可理解为一个滑动槽，可模拟在滑动过程中的摩擦行为，其摩擦模型基于库仑模型。

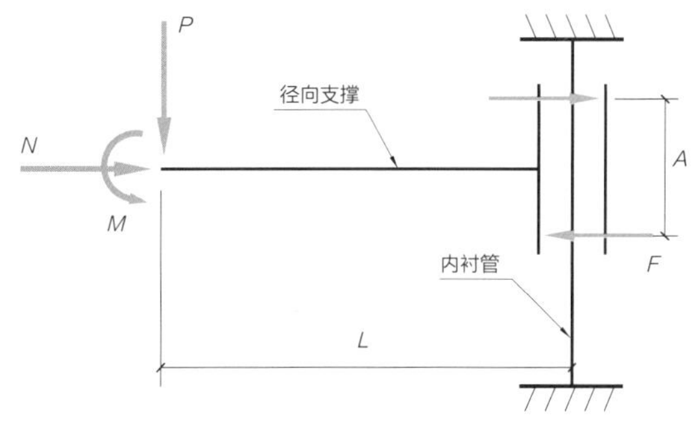

图 9.27 短支撑受力示意图

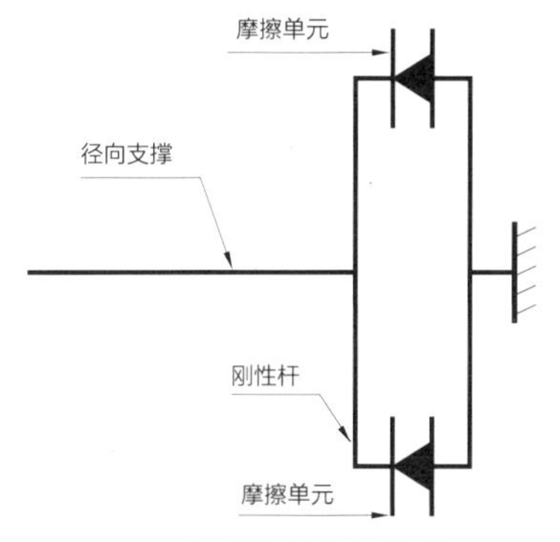

图 9.28 短支撑内端节点计算模型

3. 滑动验算

由于采用摩擦单元后径向支撑的剪力始终与摩擦力平衡，无法用竖向剪力与摩擦力的比值关系来给出滑动性能的判定。因此采取逐步增大摩擦系数直到径向支撑锁死，此时的摩擦系数 μ 定义为临界摩擦系数，将其与滑垫实际摩擦系数的比值定义为滑动安全系数。

以 2 区 3 个短支撑为例对滑动验算的结果进行

说明。短支撑的位置如图 9.29 所示。1 号位置的短支撑长度为 760mm；2、3 号位置的短支撑长度为 1700mm。分析考虑两种工况，一种为仅考虑重力工况 1.0DL；一种为考虑重力与风荷载和温度的组合工况，1.0DL+1.0W+0.6T。

为考察 1~3 号位置径向支撑内端节点自锁时的摩擦系数，分析时，逐步提高径向支撑内端节点的摩擦系数，直到径向支撑发生锁定。分析的主要结果汇总如图 9.30、图 9.31 所示。由于 SAP2000 和 ABAQUS 分析的结果非常接近，图中仅列出 SAP2000 的分析结果。

图 9.30、图 9.31 中最大静摩擦力为由滑动面压力乘以摩擦系数换算而来，从图中可看出两条曲线在开始时处于重合状态，此时径向支撑的竖向剪力 = 滑动摩擦力 = 最大静摩擦力；当摩擦系数增加到某一数值后，两条曲线出现分岔，此时由于摩擦系数不断增加，节点的最大静摩擦力不断增大，而支撑的竖向剪力小于最大静摩擦力从而节点锁死，分岔点即为支撑开始自锁时的摩擦系数。

由图 9.30、图 9.31 可知，工况 1 时，1 号位置当摩擦系数增大到 0.33 左右时，节点自锁；2 号位置摩擦系数增大到 0.19 左右时，节点自锁；3 号位置摩擦系数增大到 0.17 左右时，节点自锁。工况 2 时，1 号位置节点摩擦系数增大到 0.38 时仍未自锁，这已经超过了一般未经处理的钢板表面的摩擦系数(0.30)，摩擦系数再增大已无实际意义，因此终止分析；2、3 号位置摩擦系数增大到 0.19 左右时，节点自锁。

由以上的分析可知，长度较长的径向支撑更容易

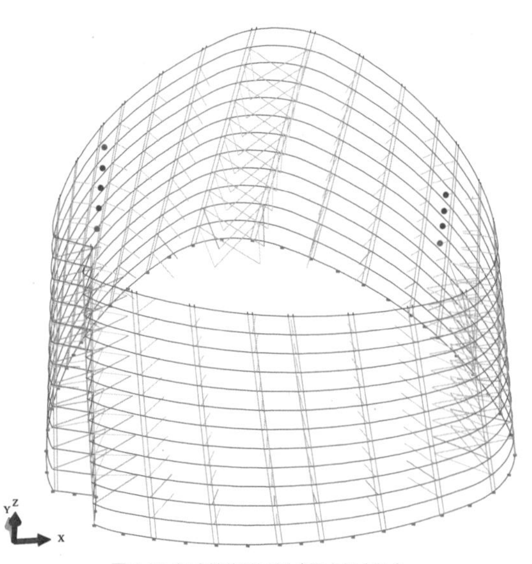

图 9.29 短支撑位置示例（图中红点处）

自锁，这主要是因为长度较长的径向支撑力臂长，由竖向剪力增加的附加弯矩较大所致。而同长度的径向支撑在不同的位置和不同的工况下，自锁时的摩擦系数也可能不同，这说明，支撑自锁不仅与摩擦系数和支撑长度有关，还和支撑受力性态相关，影响支撑自锁的因素较复杂。

综合 2 区各个节点的分析结果，短支撑自锁时的摩擦系数最小为 0.17 左右，根据摩擦系数试验结果，实际摩擦系数为 0.05~0.07，则可知短支撑节点的安全系数 K 为 2.4~3.4，节点滑动冗余度较高。

9.3.4 节点强度有限元分析

短支撑内端滑动节点构造和传力复杂，为此采用有限元方法对短支撑内端节点的强度及应力分布进行分析。有限元分析采用 ABAQUS 进行。单元采用三维四面体及六面体 C3D4、C3D6、C3D8R 单元。在内衬管与滑垫、滑垫与外套筒间建立接触关系，接触面间摩擦模型为库仑摩擦，滑垫摩擦系数偏保守取试验结果上限 0.07。

边界条件及荷载按下面方式施加：（1）在节点上下部钢板周边设置固接约束；（2）径向支撑端部施加 190kN · m 弯矩、350kN 轴力的最不利组合内力；（3）由于外套筒受力与内衬管、外套筒相对位置无关，内衬管受力与内衬管、外套筒相对位置相关，当外套筒滑移至向下 180mm 时，内衬管所受弯矩最大，此时内衬管受力最为不利，因此强度计算取外套筒向下滑移 180mm 时的位形计算；分析端部销轴强度时，取外套筒向上移动 80mm 的位形，此时销轴处内力最大(图 9.32)。

短支撑内端节点的应力分布如图 9.33 所示。

从图 9.33（b）可见，内衬管整体 Mises 应力满足承载力要求，滑垫接触处 Mises 较高，局部应力为 258MPa。

从图 9.33（c）可见，外套筒应力满足承载力要求，与滑垫接触部位局部应力水平较高，但均小于 345MPa，竖向加劲肋与钢管相交转角位置有小范围应力集中，不影响节点整体强度。

从图 9.33（d）~（e）可见，滑垫整体受力不均匀，两端应力水平较中部应力水平高；角部小范围区域应力集中，超过铝青铜屈服强度 250MPa，铜材屈服后应力重分布，边角处小范围衬垫屈服并不影响衬垫的整体强度，衬垫大部分区域整体应力水平低于 100MPa。

从图 9.33（f）可见，销轴局部挤压应力较高但低于 400MPa，低于 Q345 钢材局部承压力。

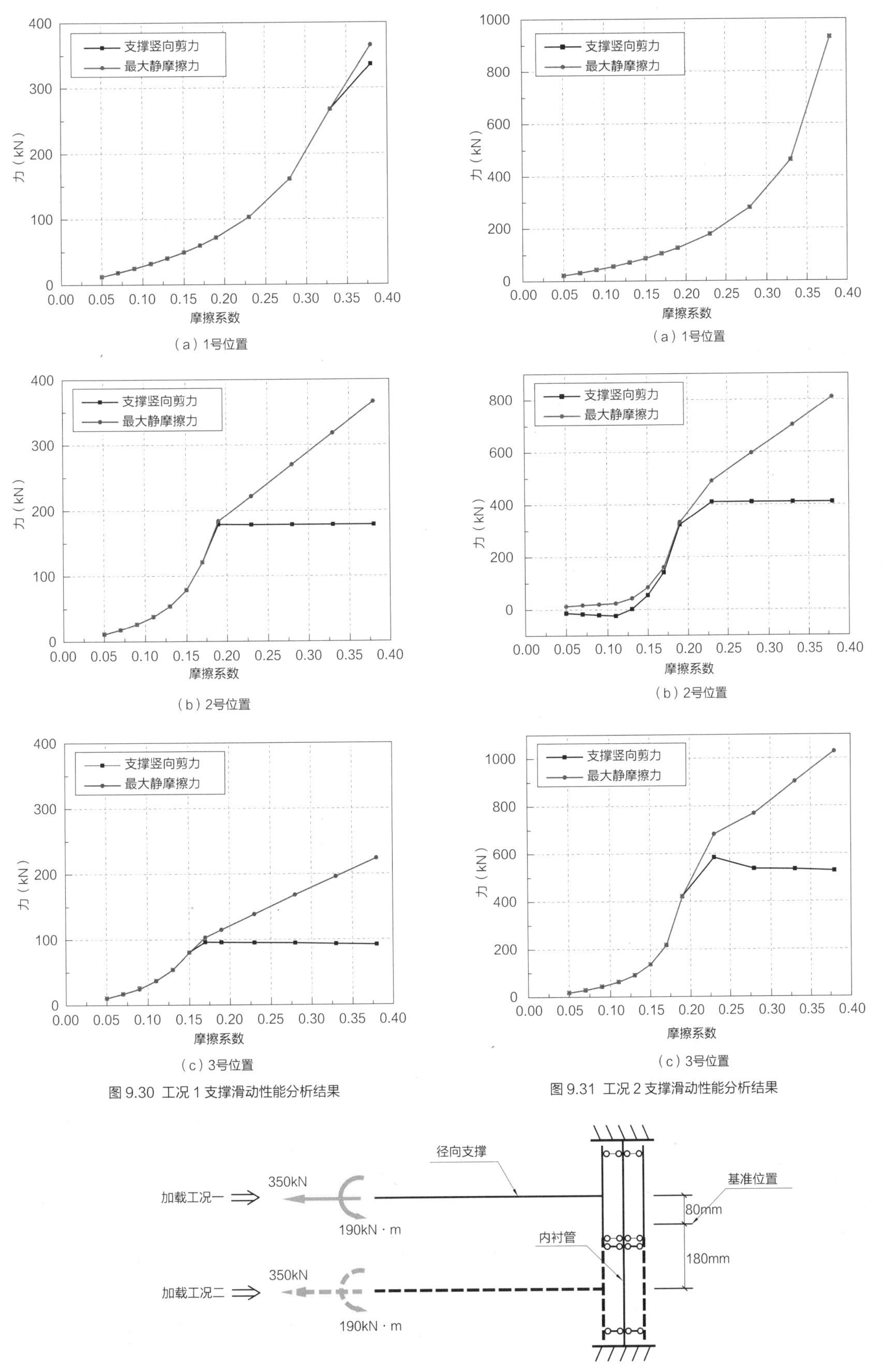

图 9.30 工况 1 支撑滑动性能分析结果

图 9.31 工况 2 支撑滑动性能分析结果

图 9.32 分析模型加载模式及边界条件示意

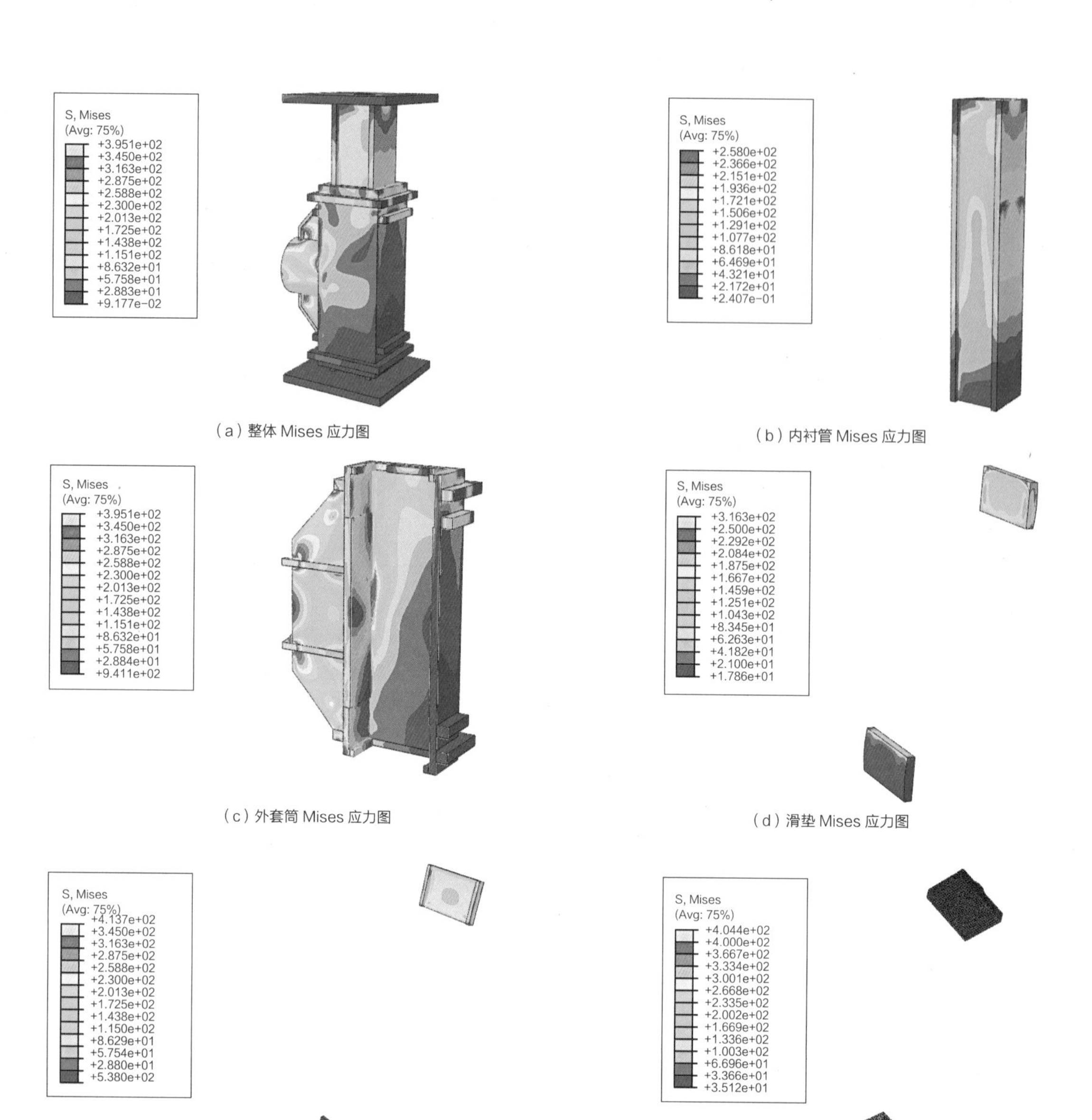

（a）整体 Mises 应力图

（b）内衬管 Mises 应力图

（c）外套筒 Mises 应力图

（d）滑垫 Mises 应力图

（e）衬垫 Mises 应力图

（f）销轴附近 Mises 应力图

图 9.33 短支撑内端节点应力分布图

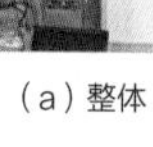

（a）整体

（b）局部

图 9.34 短支撑内端节点试验实景

分析结果表明，短支撑内端节点强度满足设计要求。

9.3.5 节点滑移性能试验验证

短支撑节点滑移性能试验主要包含两个方面的内容：（1）测试滑垫平面摩擦系数为节点滑移分析提供依据；（2）由于短支撑内端节点计算摩擦力及节点滑动验算的方法较为特殊，特对三组（表 9.8）较为不利的实际受力工况下节点摩擦力进行了测试，以验证分析方法的可靠性。

节点滑移性能及摩擦系数测试采用图 9.34 所示装置，通过调整两个 500kN 作动器输出力比例可模拟不同压力等级下伸缩节点承受的弯矩和轴力，竖直方向通过 100kN 作动器可推动支座外套筒与内衬管发生相对滑移，并可测得滑动时的摩擦力。试验共测试了 100kN、200kN、300kN、400kN、500kN 共 5 个纯压力等级下及 24kN · m、48kN · m、57.6kN · m、72kN · m 共 4 个纯弯矩等级下节点的滑移性能，并换算出不同压力等级下节点的滑动摩擦系数作为滑动验算的依据。

在测试过程中可以观测到节点内衬管和外套筒间缓慢地相对滑移，摩擦行为稳定。试验记录的各级压力和弯矩下的摩擦力一位移曲线如图 9.35、图 9.36 所示。由摩擦力换算出的摩擦系数如图 9.37 所示，介于 0.038~0.065 之间。且随压强增大呈下降趋势。纯压力水平下的摩擦系数略高于纯弯矩作用下的摩擦系数，产生这种现象的原因是，弯矩作用下内滑垫受力不均匀，滑垫仅有部分与内轴接触，因而接触压强较均匀受压的衬垫高，因此名义的摩擦系数较低。

同时试验还测试了如表 9.8 所示三组实际工况下节点滑动性能，以对滑动性能数值分析方法进行校对。实际工况加载记录数据如图 9.38 所示，短支撑内端节点摩擦阻力与有限元模拟分析摩擦阻力吻合较好，表明节点滑动性能分析采用的分析方法是有效可靠的。

表 9.8 实际工况加载数值

试验工况	弯矩（kN · m）	轴力（kN）
工况一	88.2	64.5
工况二	71.3	101.9
工况三	82.6	102.5

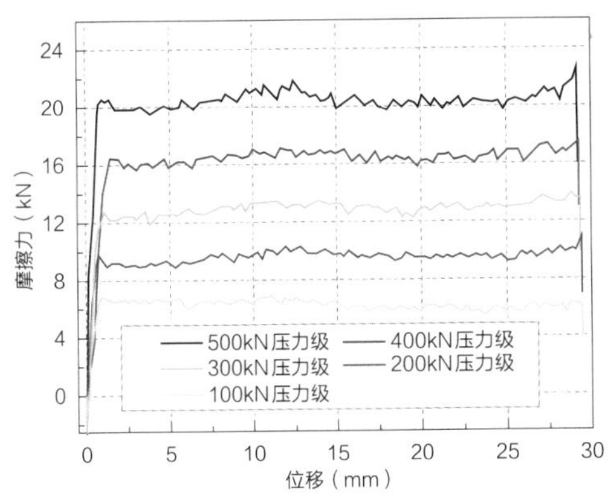

图 9.35 纯压力作用下节点摩擦力一位移曲线

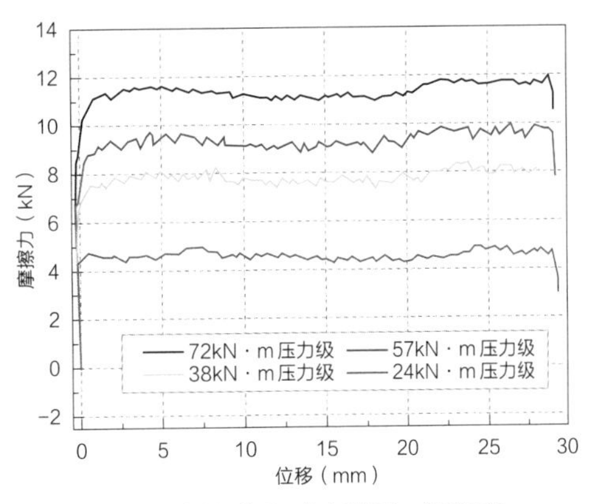

图 9.36 纯弯矩作用下节点摩擦力一位移曲线

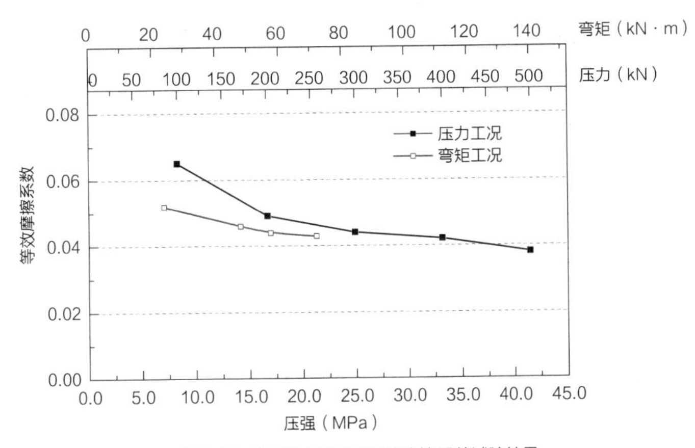

图 9.37 短支撑内端节点衬垫摩擦系数试验结果

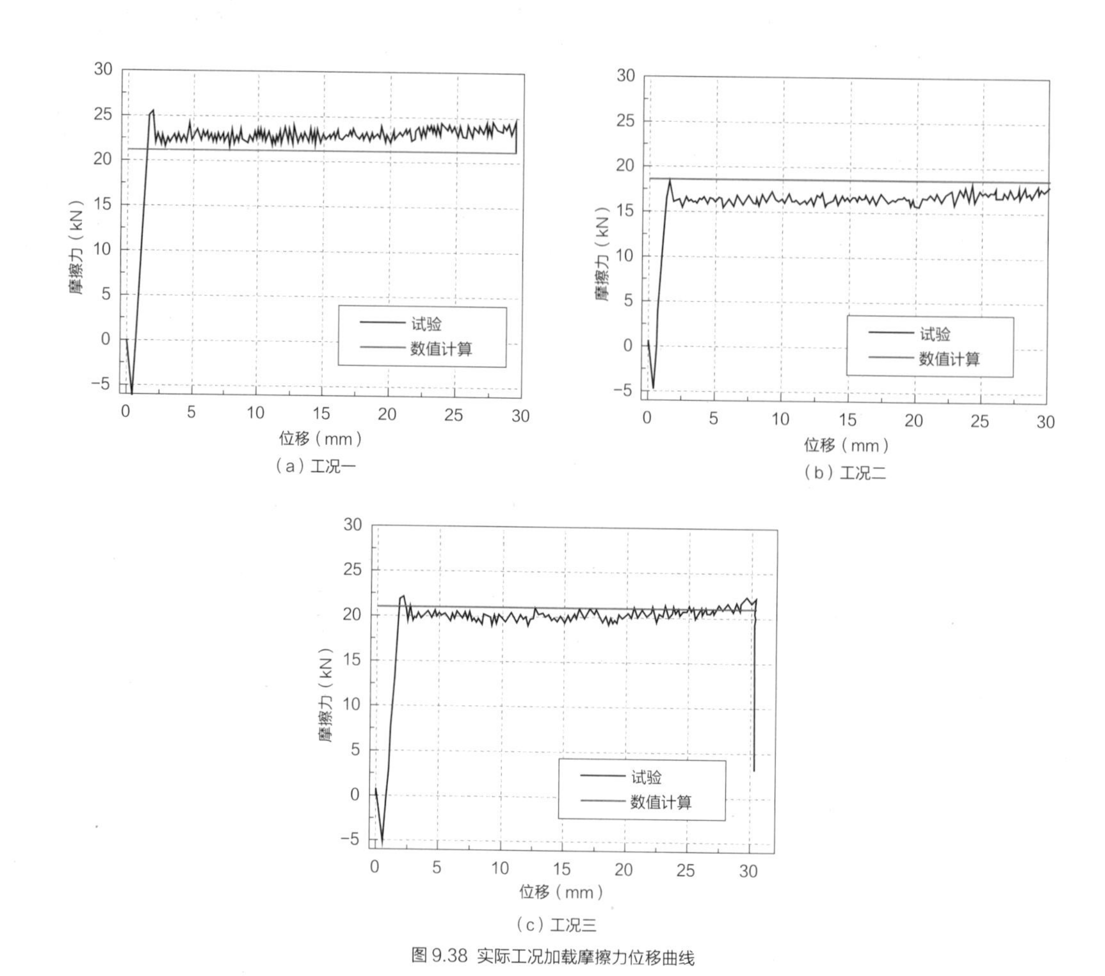

（a）工况一

（b）工况二

（c）工况三

图 9.38 实际工况加载摩擦力位移曲线

9.4 小结

竖向滑动节点的分析和设计是整个幕墙系统结构节点设计中最为关键的环节。为保证滑动节点构造能够按预定的设计需求有效滑动，对底环梁竖向伸缩节点和短支撑内端滑动节点的受力构造进行了较为系统的研究和优化，理论分析和试验研究均验证了优化节点形式的有效性。

（1）底环梁竖向伸缩节点采用铰接构造可有效释放不必要的节点内力，改善节点受力，降低摩擦力。只需采用较低配重即可保证节点滑动，且滑动节点安全系数均在 2.0 以上。

（2）短支撑内端滑动节点理论分析表明，短支撑内端节点采用的方形构造形式，改善了节点及短支撑受力，可保证短节点在设计荷载下能有效滑动不发生自锁。

（3）底环梁竖向伸缩节点及短支撑内端节点的试验结果表明，两类节点在设计的各种荷载工况下均可平稳滑动，验证了两类滑动节点构造设计的有效性。

附录 1

APPENDIX 1

上海中心设计风荷载

本附录中附表 1~ 附表 4 用于计算塔楼整体风荷载效应，其中附表 1、附表 3 中所列楼层风荷载及组合系数用于塔楼构件强度分析，附表 2、附表 4 所列楼层风荷载及组合系数用于计算塔楼变形以及分析塔楼变形对幕墙支撑结构的影响。

附表 5~ 附表 12 所列风荷载用于 1~8 区幕墙支撑结构构件的强度校核。

附表 1　上海中心大厦 100 年回归期等效楼层风荷载（阻尼比 2.0%）

	高度（m）	X 向力（N）	Y 向力（N）	扭矩（N·m）
1	0	104177	100514	737874
2	6.4	195445	188580	1376904
3	12.06	181304	174942	1410213
4	17.64	179167	172910	1495052
5	23.22	179919	173665	1565651
6MEP	28.9	161890	156269	1747789
7MEP	33.4	156833	151392	1605831
8	38.8	171871	165959	1988775
9	44.3	196183	189423	1657606
10	48.8	175902	169846	1509305
11	53.3	175219	169193	1520457
12	57.8	174537	168558	1531398
13	62.3	173854	167905	1540482
14	66.8	178915	167252	1571053
15	71.3	187279	166617	1613329
16	75.8	195815	165964	1649864
17	80.3	204610	169061	1699000
18	84.8	213491	177889	1767000
19	89.3	249274	210975	2102000
20MEP	94.6	328945	289441	2843000
21MEP	100	334377	298929	2797000
22	104.5	411030	378633	4437000
23	110	259103	218071	1774000
24	114.5	246687	210232	1686000
25	119	256172	219886	1742000
26	123.5	266001	230035	1803000
27	128	276348	240678	1868000
28	132.5	286954	251487	1933000
29	137	297818	262708	1997000
30	141.5	308854	274177	2061000
31	146	320064	285728	2122000
32	150.5	331445	297527	2180000
33	155	342827	309243	2231000
34	159.5	400079	365019	2626000
35MEP	164.8	518637	485482	3582000
36MEP	170.2	554334	528304	3755000

续表

	高度（m）	X 向力（N）	Y 向力（N）	扭矩（N·m）
37	174.7	718850	703140	6454000
38	180.2	389388	350250	2164000
39	184.7	369987	335893	2040000
40	189.2	380851	347445	2081000
41	193.7	392061	359491	2125000
42	198.2	403701	371867	2171000
43	202.7	415427	384409	2218000
44	207.2	427326	397280	2263000
45	211.7	439311	410151	2309000
46	216.2	451469	423188	2353000
47	220.7	463713	436472	2394000
48	225.2	475957	449673	2431000
49	229.7	552437	526654	2840000
50MEP	235	750235	734741	4001000
51MEP	240.4	791536	785484	4181000
52	244.9	1036413	1051162	7340000
53	250.4	510791	479294	2239000
54	254.9	480009	453221	2098000
55	259.4	491477	465515	2138000
56	263.9	503462	478304	2184000
57	268.4	515792	491505	2231000
58	272.9	528295	504871	2277000
59	277.4	541142	518568	2324000
60	281.9	553903	532347	2371000
61	286.4	567009	546291	2414000
62	290.9	580029	560235	2454000
63	295.4	592790	573931	2492000
64	299.9	605810	588205	2524000
65	304.4	705571	690021	2956000
66MEP	309.7	964847	966178	4285000
67MEP	315.1	1026066	1038786	4494000
68	319.6	1401140	1447205	8438000
69	325.1	616588	590681	2148000
70	329.6	583650	563040	2013000
71	334.1	595032	575004	2033000
72	338.6	606327	587380	2055000
73	343.1	618054	600169	2077000

续表

	高度（m）	X向力（N）	Y向力（N）	扭矩（N·m）
74	347.6	630125	612958	2102000
75	352.1	642283	626324	2125000
76	356.6	654699	639526	2147000
77	361.1	666770	652727	2168000
78	365.6	679187	666259	2188000
79	370.1	691344	679625	2206000
80	374.6	705312	694559	2228000
81	379.1	810161	802481	2575000
82MEP	384.4	1134708	1150998	3979000
83MEP	389.8	1224381	1254134	4204000
84	394.3	1707236	1782190	8263000
85	399.8	714107	696127	2056000
86	404.1	643404	628140	1784000
87	408.4	656855	641506	1794000
88	412.7	668581	652727	1801000
89	417	680135	663453	1808000
90	421.3	691172	674262	1815000
91	425.6	702812	685318	1822000
92	429.9	714107	696127	1830000
93	434.2	725662	707183	1838000
94	438.5	737083	718328	1843000
95	442.8	748482	729176	1850000
96	447.1	759335	740059	1854000
97	451.4	770239	750644	1858000
98	455.7	838397	814171	2001000
99MEP	461	1283995	1280655	3369000
99MEP	466.4	1415867	1429680	3612000
101	470.9	2043882	2101718	7361000
102	476.4	753174	721779	1505000
103	480.7	714538	690946	1424000
104	485	723717	700630	1425000
105	489.3	721500	698423	1398000
106	493.6	732910	710637	1402000
107	497.9	742881	721468	1406000
108	502.2	751833	730582	1405000
109	506.5	760126	739718	1405000
110	510.8	769128	749454	1406000

续表

	高度（m）	X向力（N）	Y向力（N）	扭矩（N·m）
111	515.1	759716	739211	1368000
112	519.4	764303	744405	1361000
113	523.7	779533	760582	1376000
114	528	787543	769296	1375000
115	532.3	852567	830298	1474000
116MEP	537.6	1328444	1332037	2552000
117MEP	543	1481841	1502767	2791000
118	547.5	2140507	2208406	5588000
119	553	673663	635938	1112000
120	557.5	729138	704223	1227000
121	562	1266176	1281624	2666000
122	566.3	362849	314800	452400
123	570.6	436816	397948	496800
124	574.9	1095569	1097164	1324000
Z9_C5	579.2	502358	502934	1427618
Z9_C6	583.5	498973	499630	821211
Z9_C7	587.8	495589	496326	1377605
Z9_C8	592.1	1071430	1097871	659300
Z9_C9	596.4	488719	489717	1394351
Z9_C10	600.7	485334	486413	1369795
Z9_C11	605	505942	507308	1494621
Z9_C12	609.3	516396	517415	1556018
Z9_C13	613.6	500268	500019	1445353
Z9_C14	617.9	493597	408179	1145939
Z9_C15	622.2	478365	279991	732652
Z9_C16	626.5	413256	270467	606745
Z9_C17	630.8	159972	171075	197343
Z9_C18	633	25399	25589	19760
Total		8.23E+07	7.99E+07	3.06E+08

附表 2　上海中心大厦 50 年回归期等效楼层风荷载（阻尼比 4.0%）

	高度（m）	X 向力（N）	Y 向力（N）	扭矩（N·m）
1	0.00	98217	97050	686853
2	6.40	184264	182081	1279998
3	12.06	170932	168913	1259619
4	17.64	168917	166951	1301500
5	23.22	169626	167680	1342845
6 MEP	28.90	152629	150884	1423967
7 MEP	33.40	147860	146175	1325871
8	38.80	162038	160240	1610178
9	44.30	184960	182895	1519545
10	48.80	165838	163993	1372211
11	53.30	165195	163362	1372755
12	57.80	164551	162749	1375401
13	62.30	163908	162119	1376185
14	66.80	163576	161488	1376310
15	71.30	168360	160875	1395865
16	75.80	173144	160245	1410430
17	80.30	178112	159632	1423410
18	84.80	183080	159001	1431509
19	89.30	208840	172467	1605250
20 MEP	94.60	259992	187431	1886336
21 MEP	100.00	257416	190869	1823000
22	104.50	301208	242801	2727000
23	110.00	215648	172795	1384311
24	114.50	201664	154903	1258256
25	119.00	207000	154272	1262840
26	123.50	212520	153659	1268711
27	128.00	218316	154174	1281000
28	132.50	224204	161386	1316000
29	137.00	230368	168780	1351000
30	141.50	236532	176353	1385000
31	146.00	242788	184017	1418000
32	150.50	249228	191770	1449000
33	155.00	255576	199524	1476000
34	159.50	293296	235678	1714000
35 MEP	164.80	366252	314027	2263000

续表

	高度（m）	X向力（N）	Y向力（N）	扭矩（N·m）
36 MEP	170.20	380788	342157	2335000
37	174.70	474076	455849	3820000
38	180.20	288420	226752	1460000
39	184.70	270572	217646	1364000
40	189.20	276644	225220	1386000
41	193.70	282900	233154	1409000
42	198.20	289340	241268	1433000
43	202.70	295872	249563	1458000
44	207.20	302588	258038	1482000
45	211.70	309212	266513	1506000
46	216.20	316020	275078	1529000
47	220.70	322828	283824	1551000
48	225.20	329636	292569	1569000
49	229.70	378212	342698	1814000
50 MEP	235.00	495604	478118	2474000
51 MEP	240.40	513268	511117	2551000
52	244.90	651820	683864	4289000
53	250.40	355672	312495	1483000
54	254.90	331476	295544	1379000
55	259.40	337824	303569	1400000
56	263.90	344540	312044	1424000
57	268.40	351348	320699	1449000
58	272.90	358340	329535	1473000
59	277.40	365424	338461	1498000
60	281.90	372600	347567	1522000
61	286.40	379868	356673	1545000
62	290.90	387044	365779	1565000
63	295.40	394220	374885	1585000
64	299.90	401396	384172	1602000
65	304.40	462852	450620	1857000
66 MEP	309.70	614836	630399	2607000
67 MEP	315.10	643816	677552	2701000
68	319.60	855324	943074	4870000
69	325.10	413540	386606	1411000
70	329.60	388240	368394	1313000
71	334.10	394496	376328	1322000
72	338.60	400752	384442	1333000

续表

	高度（m）	X向力（N）	Y向力（N）	扭矩（N·m）
73	343.10	407192	392827	1344000
74	347.60	413908	401212	1356000
75	352.10	420624	409958	1367000
76	356.60	427524	418613	1378000
77	361.10	434148	427268	1389000
78	365.60	441048	436194	1398000
79	370.10	447764	444940	1407000
80	374.60	455492	454677	1418000
81	379.10	519616	525182	1624000
82 MEP	384.40	708124	751934	2413000
83 MEP	389.80	752928	819104	2519000
84	394.30	1024880	1162162	4750000
85	399.80	464784	456480	1332000
86	404.10	417128	411851	1157000
87	408.40	424580	420596	1161000
88	412.70	431020	427990	1164000
89	417.00	437460	434932	1166000
90	421.30	443532	442054	1169000
91	425.60	449880	449267	1171000
92	429.90	456136	456390	1174000
93	434.20	462484	463603	1178000
94	438.50	468820	470918	1179000
95	442.80	475286	478113	1182000
96	447.10	481501	485282	1183000
97	451.40	487724	492330	1183000
98	455.70	532582	534369	1280000
99 MEP	461.00	791333	838783	2050000
100 MEP	466.40	861689	935830	2167000
101	470.90	1219240	1373589	4229000
102	476.40	486559	475631	1004000
103	480.70	457713	455243	936400
104	485.00	463267	461885	935700
105	489.30	462348	460845	919800
106	493.60	469340	469208	920800
107	497.90	475461	476706	921200
108	502.20	480969	483061	919600
109	506.50	486258	489545	918500

续表

	高度（m）	X向力（N）	Y向力（N）	扭矩（N·m）
110	510.80	491955	496429	917600
111	515.10	487075	490156	895700
112	519.40	490247	494058	890400
113	523.70	499551	505158	897100
114	528.00	504680	511411	895700
115	532.30	548597	552727	964900
116 MEP	537.60	832122	884884	1573000
117 MEP	543.00	917897	998375	1690000
118	547.50	1303941	1465781	3228000
119	553.00	448426	426684	765100
120	557.50	475778	471735	811100
121	562.00	790459	855178	1598000
122	566.30	259328	213889	376800
123	570.60	300545	269118	387600
124	574.90	693942	734832	865800
Z9_C5	579.20	475590	466070	1517380
Z9_C6	583.50	472385	463008	889632
Z9_C7	587.80	469181	459946	1465711
Z9_C8	592.10	682497	708343	482800
Z9_C9	596.40	462677	453822	1469878
Z9_C10	600.70	459473	450760	1445041
Z9_C11	605.00	478983	470123	1576687
Z9_C12	609.30	488879	479490	1641856
Z9_C13	613.60	473611	463369	1525623
Z9_C14	617.90	467296	378260	1210013
Z9_C15	622.20	452875	259468	771880
Z9_C16	626.50	391235	250642	636528
Z9_C17	630.80	151448	158535	198824
Z9_C18	633.00	16916	23246	13947
	SUMS	5.64E+07	5.48E+07	2.06E+08

注：1. 楼层风荷载数值由RWDI公司提供；
2. 表中数值需联合表4.11中的组合系数共同使用；
3. 表中风荷载方向如附图1所示。

附图 1　风荷载坐标示意（来自：RWDI）

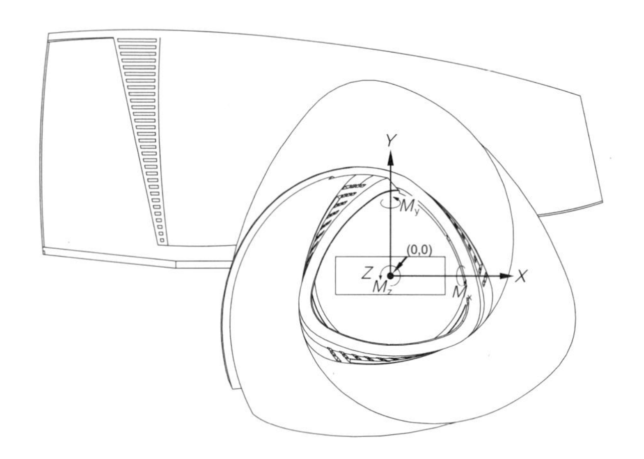

附表 3　上海中心大厦楼层风荷载组合系数

工况	X 向力组合系数	Y 向力组合系数	扭矩组合系数
1	90%	55%	30%
2	90%	55%	−45%
3	90%	−55%	30%
4	90%	−55%	−45%
5	−100%	55%	30%
6	−100%	55%	−30%
7	−100%	−35%	30%
8	−100%	−40%	−35%
9	50%	100%	30%
10	50%	100%	−30%
11	50%	−95%	30%
12	50%	−95%	−30%
13	−30%	100%	30%
14	−30%	100%	−30%
15	−30%	−95%	30%
16	−30%	−95%	−30%
17	30%	30%	100%
18	30%	30%	−95%
19	30%	−30%	100%
20	30%	−45%	−95%
21	−35%	30%	100%
22	−40%	30%	−95%
23	−35%	−30%	100%
24	−40%	−45%	−95%

注：表中组合系数须联合附表 1 中数值使用。

附表 4　上海中心大厦楼层风荷载组合系数

工况	X 向力组合系数	Y 向力组合系数	扭矩组合系数
1	80%	65%	30%
2	80%	65%	−45%
3	80%	−65%	30%
4	80%	−65%	−45%
5	−100%	60%	30%
6	−100%	60%	−30%
7	−100%	−40%	30%
8	−100%	−45%	−35%
9	65%	100%	30%
10	65%	100%	−40%
11	65%	−90%	30%
12	65%	−90%	−40%
13	−45%	100%	30%
14	−45%	100%	−40%
15	−45%	−90%	30%
16	−45%	−90%	−40%
17	30%	30%	100%
18	30%	30%	−90%
19	30%	−30%	100%
20	30%	−55%	−90%
21	−40%	30%	100%
22	−45%	30%	−90%
23	−40%	−30%	100%
24	−45%	−55%	−90%

注：表中组合系数须联合附表 2 中数值使用。

附表 5　1 区幕墙支撑结构风荷载

1 区—水平环梁 1				
位置	正风压 (kPa)	负风压 (kPa)	不平衡工况 1(kPa)	不平衡工况 2(kPa)
1	0.5	−1	0.5	−0.5
2	0.5	−1.25	0.5	−0.5
3	0.5	−1.25	0.25	−0.75
17	0.5	−1	−0.25	0
18	0.5	−1	−0.25	0
19	0.5	−1	−0.25	0

续表

1区—水平环梁2				
位置	正风压（kPa）	负风压（kPa）	不平衡工况1(kPa)	不平衡工况2(kPa)
5	0.5	−0.75	0.5	−1.25
6	0.5	−1	1	−1.5
7	0.75	−1.5	0	0
8	0.75	−1.25	−0.25	1.5
9	0.75	−0.75	−0.25	1.25
1区—水平环梁3				
位置	正风压（kPa）	负风压（kPa）	不平衡工况1(kPa)	不平衡工况2(kPa)
11	0.5	−1.25	1	−0.75
12	0.75	−1.75	1	−1
13	1	−1.75	0	0
14	1	−1.75	−1.5	1
15	1	−1.75	−0.75	1

附表6　2区幕墙支撑结构风荷载

2区—水平环梁1				
位置	正风压（kPa）	负风压（kPa）	不平衡工况1(kPa)	不平衡工况2(kPa)
1	0.75	−1.25	0.5	−0.75
2	0.75	−1.5	0.75	−0.75
3	0.5	−1.75	0.5	−1
17	0.75	−1.25	−0.5	0
18	0.75	−1.25	−0.5	0
19	0.75	−1.25	−0.5	0
2区—水平环梁2				
位置	正风压（kPa）	负风压（kPa）	不平衡工况1(kPa)	不平衡工况2(kPa)
5	0.5	−0.75	0.5	−1.5
6	0.75	−1.25	0.5	−2
7	1	−1.5	0	0
8	1	−1.5	−0.75	1.5
9	0.75	−1	−0.5	1.5
2区—水平环梁3				
位置	正风压（kPa）	负风压（kPa）	不平衡工况1(kPa)	不平衡工况2(kPa)
11	0.5	−1	1	−1
12	1	−1.75	1.5	−1.5
13	1	−1.75	0	0
14	1	−1.75	−1.5	1
15	1	−1.75	−1.25	1

附表 7　3 区幕墙支撑结构风荷载

3 区—水平环梁 1				
位置	正风压（kPa）	负风压（kPa）	不平衡工况 1（kPa）	不平衡工况 2（kPa）
1	1	−2.25	0.25	−1.25
2	1	−2	0.5	−1.5
3	0.75	−0.75	1	−1
17	0.75	−2	−1	1
18	1	−2.5	−1.75	0.5
19	1	−2.5	−1.5	0.25
3 区—水平环梁 2				
位置	正风压（kPa）	负风压（kPa）	不平衡工况 1（kPa）	不平衡工况 2（kPa）
5	0.75	−0.5	1	−2.25
6	1	−2	0.75	−3.75
7	1	−3	0	0
8	1	−2.75	−2.25	1.25
9	1	−1.25	−1.25	1.75
3 区—水平环梁 3				
位置	正风压（kPa）	负风压（kPa）	不平衡工况 1（kPa）	不平衡工况 2（kPa）
11	0.75	−0.5	0.75	−1.25
12	1.25	−2.75	1.5	−2.25
13	1.75	−3.75	0	0
14	1.5	−3.25	−1	0.75
15	0.75	−1.5	−1.25	1

附表 8　4 区幕墙支撑结构风荷载

4 区—水平环梁 1				
位置	正风压（kPa）	负风压（kPa）	不平衡工况 1（kPa）	不平衡工况 2（kPa）
1	1.25	−2.25	0.75	−1.25
2	1.25	−2.5	1	−2
3	1	−1.5	1.25	−1.5
17	0.75	−2	1.25	1.25
18	1	−2	2	1
19	1.25	−2.25	1.25	0.75
4 区—水平环梁 2				
位置	正风压（kPa）	负风压（kPa）	不平衡工况 1（kPa）	不平衡工况 2（kPa）
5	0	0	1	−4.25
6	1.75	−3	1	−4.25
7	2	−4.5	0	0
8	1.75	−4.5	−2.25	1
9	1.75	−2.25	−1.75	1.5

续表

4区—水平环梁3				
位置	正风压(kPa)	负风压(kPa)	不平衡工况1(kPa)	不平衡工况2(kPa)
11	1.5	−0.5	1.5	−0.5
12	1	−1.75	1	−1.5
13	1.5	−4.75	0	0
14	1.75	−4.5	−4	1.25
15	1	−2.25	−2.25	0.5

附表9 5区幕墙支撑结构风荷载

5区—水平环梁1				
位置	正风压(kPa)	负风压(kPa)	不平衡工况1(kPa)	不平衡工况2(kPa)
1	1.25	−2.25	0.75	−2.25
2	1.25	−2	1	−3
3	1	−1.75	1.5	−1.75
17	0.75	−2.25	−1.5	1.25
18	1	−2.25	−2.5	0.75
19	1.25	−2.25	−2	0.5
5区—水平环梁2				
位置	正风压(kPa)	负风压(kPa)	不平衡工况1(kPa)	不平衡工况2(kPa)
5	1	−2.5	1.5	−2.5
6	1.75	−4.5	1	−4.25
7	2	−4.5	0	0
8	1.25	−3	−3.5	1.5
9	1.5	−0.5	−2.25	1.75
5区—水平环梁3				
位置	正风压(kPa)	负风压(kPa)	不平衡工况1(kPa)	不平衡工况2(kPa)
11	1.75	−0.25	1.75	−2
12	1	−2	1.25	−2
13	1	−4.5	0	0
14	1.5	−4.75	−4.75	2
15	0.75	−2.25	−2.75	1.5

附表 10　6 区幕墙支撑结构风荷载

6 区—水平环梁 1				
位置	正风压 (kPa)	负风压 (kPa)	不平衡工况 1(kPa)	不平衡工况 2(kPa)
1	1.5	−2	1	−2
2	1.5	−2	1.25	−3.75
3	1.25	−2	1.5	−2.5
17	0.5	−3	−1.75	1.75
18	1.25	−2.25	−2.75	1.25
19	1.5	−2	−1.5	0.5
6 区—水平环梁 2				
位置	正风压 (kPa)	负风压 (kPa)	不平衡工况 1(kPa)	不平衡工况 2(kPa)
5	0.75	−2.5	1.5	−2.75
6	1.5	−4.5	1.25	−4.5
7	1.25	−4	0	0
8	0.75	−2.25	−3.75	1
9	1.5	−0.25	−2.5	1.75
6 区—水平环梁 3				
位置	正风压 (kPa)	负风压 (kPa)	不平衡工况 1(kPa)	不平衡工况 2(kPa)
11	2	−0.25	2.25	−3.25
12	1.25	−2	1.75	−5.25
13	1.25	−5.25	0	0
14	1.75	−6.25	−6.5	1.25
15	1	−3.25	−4	2.25

附表 11　7 区幕墙支撑结构风荷载

7 区—水平环梁 1				
位置	正风压 (kPa)	负风压 (kPa)	不平衡工况 1(kPa)	不平衡工况 2(kPa)
1	1.5	−1.75	0.75	−2.75
2	1.25	−1.75	1.25	−4.5
3	0.5	−1.5	1.75	−3
17	1	−3.5	−2	1.75
18	1.5	−2.25	−3.25	1.5
19	1.5	−1.75	−2.25	1

续表

7区—水平环梁2				
位置	正风压（kPa）	负风压（kPa）	不平衡工况1（kPa）	不平衡工况2（kPa）
5	1.75	−2.5	2	−3.25
6	1	−4.5	1.25	−4.5
7	1	−5.25	0	0
8	2	−2.5	−5.25	1.75
9	1	−0.25	−3.25	2
7区—水平环梁3				
位置	正风压（kPa）	负风压（kPa）	不平衡工况1（kPa）	不平衡工况2（kPa）
11	1.75	−0.25	2.25	−2.75
12	1.25	−1.5	1.75	−4.5
13	1.25	−5	0	0
14	2	−6.25	−6.5	1.5
15	1	−3.25	−4.25	2

附表12　8区幕墙支撑结构风荷载

8区—水平环梁1				
位置	正风压（kPa）	负风压（kPa）	不平衡工况1（kPa）	不平衡工况2（kPa）
1	1.5	−1.5	1.25	−1
2	1.25	−1.5	1.75	−1.25
3	0.5	−1.5	1.75	−1.5
17	1	−3.5	−2.5	−0.25
18	1.5	−2	−3	−0.25
19	1	−1.5	−1.5	−0.25
8区—水平环梁2				
位置	正风压（kPa）	负风压（kPa）	不平衡工况1（kPa）	不平衡工况2（kPa）
5	1.75	−3	1.75	−3
6	1	−5.75	1.25	−5
7	1	−4.75	0	0
8	1.75	−2.5	−4.5	−1.25
9	0.75	−0.25	−3	2
8区—水平环梁3				
位置	正风压（kPa）	负风压（kPa）	不平衡工况1（kPa）	不平衡工况2（kPa）
11	2	−0.25	2.5	−3.5
12	1.25	−1.75	2.25	−5
13	1.25	−5	0	0
14	1.75	−6	−5.25	2
15	1	−3.25	−4	2.25

附录 2

APPENDIX 2

上海中心大厦大事记

上海中心大厦的建设过程经历的主要事件如附表 13 所示。

附表 13　上海中心大厦项目历程

日期	事件
1993.12.28	市府 [1993]77 号文批复原则同意《上海陆家嘴中心区规划设计方案》
2006.9.12	10 家单位参加概念方案征集并提交了 19 个设计方案和 21 个设计模型
2007.12.5	上海中心大厦建设发展有限公司正式成立
2008.4.18	美国 Gensler 设计事务所的方案明确为最终设计中标方案
2008.11.29	“上海中心”正式开工并打下了第一根桩
2009.7.1	主楼桩基工程完成
2010.3.24	美国绿色建筑协会授予上海中心大厦“LEED 金奖预认证”证书
2010.3.26-29	主楼大底板 6 万 m^3 混凝土一次浇筑成功
2010.9.28	主楼完成地下结构建设，跃出地面 2 层，从 0m 向 632m 攀升
2011.6.20	主楼突破 100m
2011.12.6	主楼突破 200m
2012.5.16	主楼突破 300m
2012.8.2	主楼外幕墙安装正式启动
2012.9.13	国家住房和城乡建设部正式授予“上海中心”《三星级绿色建筑设计标识证书》
2012.12	主楼突破 400m
2013.4.11	主楼突破 500m
2013.8.3	主楼结构封顶
2014.8.3	主楼达到 632m 设计高度
2014.11.7	外幕墙吊装完成

附图 2　上海中心大厦施工建设过程

（a）桩基施工

（b）6m 厚底板大体积混凝土浇筑

（c）主楼地下室顶板施工完成

（d）主楼施工至约 100m 高度

（e）主楼施工至约 200m 高度

（f）主楼施工至约 300m 高度

（g）主楼施工至约 400m 高度

（h）主楼施工至约 500m 高度

（i）主楼施工至约 600m 高度

（j）主楼施工至约 632m 的设计高度

（k）外幕墙吊装完成

附图3 主体结构施工细节

（a）钢板剪力墙施工

（b）巨柱施工

（c）核心筒爬模施工

（d）环带桁架施工

（e）伸臂桁架施工

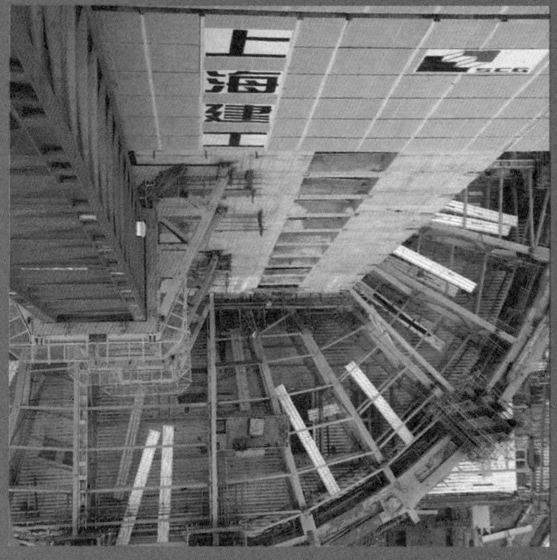

（f）设备层径向桁架施工

（g）设备层悬挑楼面结构施工

（h）次框架结构施工

（i）塔冠区 V 形柱施工

（j）塔冠区鳍状桁架施工

附图 4 幕墙支撑结构施工细节

（a）幕墙钢结构施工

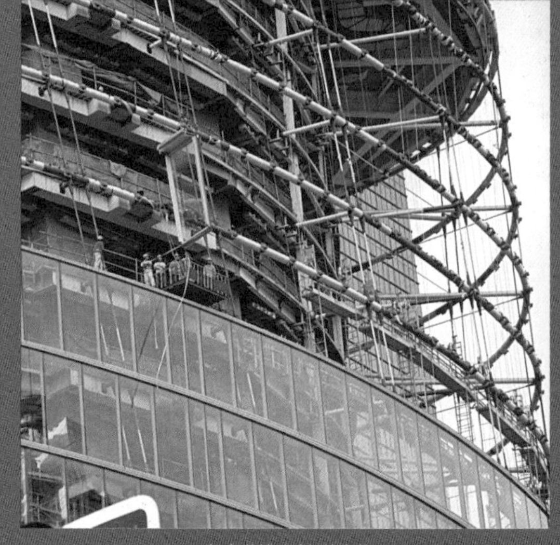

（b）幕墙玻璃板块安装

（c）幕墙支撑钢结构

（d）中庭空间（施工中）

（e）吊挂节点

（f）限位约束节点

（g）V口、交叉拉索处径向支撑内端节点

（h）底环梁竖向伸缩节点

（i）1 区幕墙支撑结构及节点

（j）短支撑内端节点

（k）普通径向支撑内端节点

参考文献
References

[1] 丁洁民 . 上海中心大厦之建筑与结构 [J]. 建筑技艺，2012，(5): 94-99.

[2] Gensler. 上海中心大厦初步设计说明 [R]., 2009.

[3] 顾建平 . 上海中心大厦 : 反思垂直城市 [Z]. 上海，2012. 5.

[4] 丁洁民，何志军，李久鹏 . 上海中心大厦新型柔性悬挂式幕墙系统设计 [J]. 建筑结构，2013, 43(24): 1-5.

[5] 彭武 . 上海中心大厦的数字化设计与施工 [J]. 时代建筑，2012，(5): 82-89.

[6] 夏军，彭武 . 上海中心大厦造型与外立面参数化设计 [Z]，上海，2012.8.

[7] 丁洁民，何志军，李久鹏，等 . 上海中心大厦悬挂式幕墙支撑结构设计若干关键问题 [J]. 建筑结构，2013，(24): 6-11.

[8] Tomasetti Thornton. 上海中心项目结构抗震专项审查报告 [R]. 2009.

[9] Dennis C. K. Poon L H Y Z. Structural Analysis and Design Challenges of the Shanghai Center[Z].

[10] 上海波宇地震工程技术有限公司 . 上海中心大厦项目工程场地地震安全性报告 [R]. 上海 , 2008.

[11] 丁洁民，等 . 上海中心大厦结构分析中若干关键问题 [J]. 建筑结构学报，2010，(6): 122-131.

[12] 丁洁民，等 . 上海中心大厦罕遇地震抗震性能分析与评价 [Z]. 重庆，2010.3.

[13] 陆天天，赵昕，丁洁民，等 . 上海中心大厦结构整体稳定性分析及巨型柱计算长度研究 [J]. 建筑结构学报，2011，(7): 8-14.

[14] 丁洁民，巢斯，吴宏磊，等 . 组合结构构件在上海中心大厦中的应用与研究 [J]. 建筑结构，2011，(12): 61-67.

[15] 何志军，丁洁民，李久鹏 . 上海中心大厦幕墙支撑结构关键节点分析设计 [J]. 建筑结构，2013, 43(24): 12-17.

[16] 丁洁民，李久鹏，何志军 . 上海中心大厦巨型框架关键节点设计研究 [J]. 建筑结构学报，2011，(7): 31-39.

[17] 中华人民共和国建设部 . GB 50009—2001 建筑结构荷载规范 (2006 年版) [S]. 北京 : 中国建筑工业出版社 , 2006.

[18] Rwdi. WIND-INDUCED STRUCTURAL RESPONSES STUDIES,SHANGHAI CENTER TOWER, SHANGHAI, P.R. CHINA[R]. Guelph: Rowan Williams Davies & Irwin Inc., 2009.

[19] 上海中心大厦建设发展有限公司 . 上海中心大厦玻璃幕墙专项施工可行性论证报告 [R]. 上海 , 2009.

[20] 上海市建设和管理委员会 . DGJ08—9—2003 上海市建筑抗震设计规程 [S]. 上海 : 上海市建设工程标准定额管理总站 , 2003.

[21] 中华人民共和国住房和城乡建设部. GB 50011—2001 建筑抗震设计规范(2008年版) [S]. 北京 : 中国建筑工业出版社 , 2008.

[22] 中华人民共和国住房和城乡建设部 . JGJ 102—2003 玻璃幕墙工程技术规范 [S]. 北京 : 中国建筑工业出版社 , 2003.

[23] Computers And Structures. CSI Analysis Reference Manual[M]. Berkeley, California,USA: Computers and Structures, Inc., 2009.

[24] 丁洁民，何志军 . 上海中心大厦柔性悬挂式幕墙支撑结构分析与设计 [J]. 建筑结构，2013，(9): 5-9.

[25] Ding J M, Li J P, He Z J, et al. Design of Flexible Hanging Curtain Wall Support Structure[C]. Shanghai，2012.

[26] American Institute of Steel Construction,Inc. Steel Construction Manual [M]. 2005.

[27] American Institute of Steel Construction,Inc. ANSI/AISC 360-05 Specification for Structural Steel Buildings[S]. 2005.

[28] the Standards Policy and Strategy Committee. EN 1993-1-1:2005 Eurocode 3 Design of steel structures[S]. 2005.

[29] 丁洁民，何志军，李久鹏 . 上海中心大厦幕墙支撑结构与主体结构协同工作分析与控制 [J]. 建筑结构学报，2014, 35(11): 1-9.

[30] 何志军，丁洁民，李久鹏 . 上海中心大厦悬挂式幕墙支撑结构竖向地震作用反应分析 [J]. 建筑结构学报，2014，(1): 34-40.

[31] 何志军，丁洁民，陆天天 . 上海中心大厦巨型框架 - 核心筒结构竖向地震作用反应分析 [J]. 建筑结构学报，2014，(1): 27-33.

[32] 丁洁民，李久鹏，何志军，等 . 上海中心大厦吊挂式幕墙支撑结构施工模拟分析 [J]. 施工技术，2013, 42(8): 90-95.

[33] 何志军 . 上海中心大厦幕墙支撑结构基于可建造性的若干设计研究 [J]. 建筑结构，2013, 43(24): 18-22.

[34] 上海机械施工有限公司 . 上海中心大厦工程外幕墙钢支撑体系施工组织设计 [R]. 2012.

[35] CEB-FIP. Model code 1990(Design Code)[S]. London, Thomas Telford，1992.

[36] Bazant Z P, Baweja S. Creep and shrinkage prediction model for analysis and design of concrete structures-model B3[J]. Materials and Structures，1995, 28: 357-365.

[37] Dassault Systèmes Simulia Corp. ABAQUS user's manual[Z]. 2010.

[38] 同济大学建筑工程系钢与轻型结构研究室 . 上海中心大厦外幕墙体系滑移支座试验研究报告 [R]. 2012.

[39] Dassault Systèmes Simulia Corp. ABAQUS theory manual[Z]. 2010.

[40] Park Y J, Wen Y K, Ang A, et al. Random vibration of hysteretic systems under bi-directional ground motions[J]. Earthquake engineering & structural dynamics, 1986, 14(4): 543-557.

[41] Zayas V A, Low S S, Mahin S A. A simple pendulum technique for achieving seismic isolation[J]. Earthquake spectra, 1990, 6(2): 317-333.

[42] Nagarajaiah S, Reinhorn A M, Constantinou M C. 3D-BASIS-Nonlinear Dynamic Analysis of Three-Dimensional Base Isolated Structures: Part II[J]. 1991.

图书在版编目（CIP）数据

上海中心大厦悬挂式幕墙结构设计／丁洁民等著. —北京：中国建筑工业出版社，2015.3
ISBN 978-7-112-17853-7

Ⅰ. ①上… Ⅱ. ①丁… Ⅲ. ①幕墙－建筑结构－结构设计－上海市 Ⅳ. ①TU227

中国版本图书馆CIP数据核字（2015）第040716号

责任编辑：刘瑞霞　辛海丽
责任校对：张　颖　姜小莲

上海中心大厦悬挂式幕墙结构设计
丁洁民　何志军　著
*
中国建筑工业出版社出版、发行（北京西郊百万庄）
各地新华书店、建筑书店经销
北京锋尚制版有限公司制版
北京顺诚彩色印刷有限公司印刷
*
开本：787×1092毫米　1/16　印张：13½　字数：420千字
2015年4月第一版　2015年4月第一次印刷
定价：88.00元
ISBN 978-7-112-17853-7
（27054）